材料科学与工程专业本科系列教材

工程设计基础

（第2版）

主　编　黄佳木

副主编　李玉刚

参　编　刘守平

U0379481

重庆大学出版社

内 容 提 要

本书将材料专业相关机械类课程的知识整合在一门课中,包括金属材料及热处理、公差配合以及机械设计基础方面的内容。教材采用国家法定计量单位,机械制图、公差与配合、机械零件等均采用国家最新标准。

本书可作为高等院校非机类相关专业的教材,也可供有关工程技术人员参考。

图书在版编目(CIP)数据

工程设计基础/黄佳木主编. —2 版. —重庆:
重庆大学出版社,2015.8
材料科学与工程专业本科系列教材
ISBN 978-7-5624-9354-9

Ⅰ.①工… Ⅱ.①黄… Ⅲ.①工程—设计—高等学校—教材 Ⅳ.①TB21

中国版本图书馆 CIP 数据核字(2015)第 171843 号

工程设计基础

(第 2 版)

主 编 黄佳木
副主编 李玉刚
参 编 刘守平
策划编辑:彭 宁
责任编辑:李定群 高鸿宽 版式设计:彭 宁
责任校对:关德强 责任印制:赵 晟

*

重庆大学出版社出版发行
出版人:邓晓益
社址:重庆市沙坪坝区大学城西路 21 号
邮编:401331
电话:(023)88617190 88617185(中小学)
传真:(023)88617186 88617166
网址:http://www.cqup.com.cn
邮箱:fxk@cqup.com.cn(营销中心)
全国新华书店经销
重庆五环印务有限公司印刷

*

开本:787×1092 1/16 印张:15.75 字数:393 千
2015 年 8 月第 2 版 2015 年 8 月第 2 次印刷
印数:3 001—4 500
ISBN 978-7-5624-9354-9 定价:33.00 元

前言

本书是在高等工科教育十几年来不断改革的大背景下编写的。在材料科学与工程专业过去的培养计划中，大都设置有"金属工艺学""公差与配合""机械设计基础"等机械类的课程作为工科学生基本工程训练的技术基础课，这些课程一般需要120学时以上。从1996年开始，历经20年的改革，材料科学与工程专业的培养计划根据社会的变革、科技的进步及工程技术的发展也在不断进行适应形势发展的调整和改革，总学时由过去的3 200学时左右降到现在的2 300学时以下，原有各门课的教学内容经过筛分、删减（重复内容）、合并以及增设补充新的内容，形成了新的教学体系。根据材料类专业的特点，在新的体系中我们将原培养计划中相关机械类的课程进行整合，形成了"工程设计基础"这门课程，总学时降到现在的56学时。

"工程设计基础"课程将金属材料及其热处理、公差配合以及机械设计基础等基本知识整合到一本教材中，使学生通过这门课的学习，能够建立起标准化的概念和基本的工程意识，结合该课程的综合课程设计以及金工实习的实践环节，达到工程基本训练的目的。

本书是2007年编写出版教材的修订版，根据工科非机类专业的要求精心组织教学内容，对原有教材的相关内容进行了增删，删去"机械图学"的相关内容，增加了"机构运动简图及平面机构的自由度"和"平面连杆机构"两章内容，并对原教材编写中的一些错误及图示进行了修改。教材编写力求简明易懂，图表数据确切实用，采用了国家法定计量单位，机械制图、公差与配合、机械零件等均采用国家最新标准。全书共13章，每章末附有一定数量的思考题和习题，供教学中使用。

参加本书编写的有黄佳木（第1章、第2章、第3章、第7章、第8章、第9章）、李玉刚（第4章、第5章、第6章、第10章、第11章、第12章）、刘守平（第13章）。本书由黄佳木主编，由李玉刚统稿。

由于编者水平有限，疏漏之处在所难免，敬请读者不吝指正。

编　者
2015年5月

目录

第1章 绪 论

工程的概念可这样来定义:工程是人们综合应用科学理论和技术手段去改造客观世界的实践活动。但工程往往又与专业领域密不可分,如土木工程、材料工程、机械工程、水利工程及环境工程等,不同的工程领域对其技术人员所要求的专业技术知识也明显不同。由于几乎每一个领域的工程技术的实施都离不开相应的机械设备,因而机械设计基础方面的知识是工程的共性基础知识,并能够很好地反映工程的概念,这也是大多数非机类工科专业(如材料、冶金、测控技术、化工、环境等)都开设有相应的机械类课程的原因。

1.1 "工程设计基础"课程的研究对象和内容

"工程设计基础"是工科机电类、近机类、非机类和工业设计各专业的技术基础课程。该课程以通用机械零部件为研究对象,以其工作原理、运动特性、结构形式以及设计、选用和计算方法等为研究内容。通过该课程的学习,使学生能够掌握常用机械机构的工作原理、特点和基本设计计算方法,并且能按最新的国家标准对通用机械零件进行正确选型;掌握公差的国家标准及其在设计中的具体应用;了解常用金属材料的基本性能、热处理方法,并能在工程中对金属材料进行正确选用。最后,本课程结合一台简单机器的课程设计,使学生通过了解单一零件设计制造的全过程、各零部件之间的配合关系及其在整机中的作用,建立起工程的整体概念;通过通用零件的设计选用,建立起标准化以及互换性的概念,从而得到工程设计的基本训练。

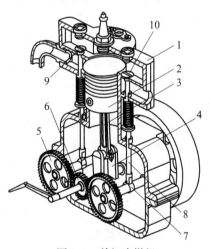

图 1.1 单缸内燃机

下面的例子可使我们了解一台机器的工作过程。如图 1.1 所示为单缸内燃机。它由汽缸体(机架)1、活塞 2、连杆 3、曲轴 4 组成主体部分,当燃气推动活塞作往复移动时,通过连杆使曲轴作连续转动,从而将燃料的化学能转换为曲轴的机械能。齿轮 5 和 6、凸轮轴 7、推杆 8 的作用是按一定的运动规律启闭阀门(进气阀 9、排气阀 10),以吸入燃气和排出废气。

不同机械的形式、构造和用途都不同,但都具有以下共同特征:

① 它们是许多人为实体的组合。

② 各实体间具有确定的相对运动。

③ 在工作时,能转换机械能或做有效的机械功。

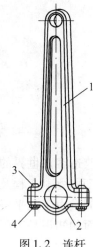

图 1.2 连杆

凡同时具有上述 3 个特征的机械,称为机器;仅有前两个特征的机械,称为机构。但就实体的组合和运动来说,两者之间并无区别。因此,通常将机械作为机器和机构的通称。

组成机械的每一个人为实体,称为构件。构件可以是单一的整体,也可以是由几个零件组成的刚性结构。如图 1.1 所示内燃机的曲轴,它是单一的整体构件;如图 1.2 所示的连杆,因结构、工艺等方面的原因,是由连杆体 1、连杆盖 2、螺栓 3 和螺母 4 等零件组成的刚性构件。构件和零件的区别在于:构件是运动的单元,而零件是制造的单元。

零件按其用途不同,可分为通用零件和专用零件。凡各种机械都经常使用的零件,如齿轮、轴、螺钉等,称为通用零件;只在某些机械中使用的零件,如曲轴、连杆、汽轮机叶片等,称为专用零件;而那些具有互换性且按国家标准设计的零件,如滚动轴承、螺钉、螺母、键、销等,又称为标准零件。

1.2　机械设计的基本要求和一般步骤

对不同类型的机械,其设计的基本要求大致是相同的,主要有运动和动力性能的要求(即满足使用的需要)、工作可靠性要求(包括强度、刚度、耐磨性及耐热性等)、经济性要求以及操作方便和安全性的要求等。

一般的机械设计步骤大致可归纳如下:

① 根据要求查阅资料,确定机械的工作原理和拟订总体方案。

② 设计机构运动简图和绘制机械传动系统示意图,通过运动分析、动力分析和强度计算确定有关参数。

③ 确定机械各个部分的结构和尺寸,绘制总装配图、各部件装配图、零件图、编写技术说明书及标准件、外购件的明细表。

需要指出,上述步骤是有机联系的,需要互相交叉进行,并且往往多次反复,不断修正完善。

上述内容反映在设计图纸上,大体可分为以下 3 个阶段:

(1)总体设计阶段

机器的总体设计,就是根据工作原理的要求,本着简单、实用、经济、美观等原则,设计出一套能实现预期职能的装置。为了拟订机器的总体布置,分析、比较各种可能的传动方案,以及进行具体机构的选择和设计,就需要把机器各部分之间的运动和动力关系,以及各个机构和主要零件在机器中的大体位置,用规定的简单符号清晰、简明地表示在图上,这就构成了机器的机构运动简图。

如图 1.3(a)所示的复摆式颚式破碎机,其工作原理为:电动机 1 通过 V 带传动(2,3,4)带动偏心轴 5 转动,再通过动颚板(连杆)6 带动机架 7 上的肘板 8 作往复摆动,带动颚板 6 作平面运动。它不断地将料斗中的矿石向定颚板(机架 7)挤压,以达到破碎矿石之目的。如图 1.3(b)所示为表示其运动关系的机构运动简图,AB 杆代表偏心轴 5,BC 杆为动颚板 6,CD 杆为肘板 8(也称为推力板),AD 表示机架。该破碎机为一典型的曲柄连杆机构。

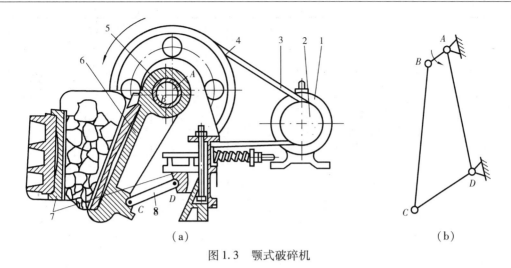

图 1.3 颚式破碎机

(2)结构设计阶段

有了运动简图,机器还没有确定的形态,接下来的工作即是将运动简图的符号变成具体的零部件。这需要考虑各个部件的相对位置及连接方法,以及主要零件的具体形状、尺寸、材料、制造、安装配合等一系列问题,并进行类比、选择和必要的计算等工作,从而将运动简图变成具体的装配图。

如图 1.3(a)所示为复摆式颚式破碎机的总装图(简图);如图 1.4 所示为单级齿轮减速器的装配图。从这两个图可知复摆式颚式破碎机和单级齿轮减速器的形态。这是图纸设计的第二阶段,即从运动简图到装配图的阶段,也称为结构设计阶段。

(3)零件设计阶段

装配图只是初步确定了机器的总体尺寸及各个零部件之间的位置关系、配合要求等,并未反映出各个零件的全部尺寸、结构要素(如圆角半径、倒角尺寸)及加工要求(如尺寸公差、表面粗糙度)等,因而装配图还不能作为加工的依据。根据装配图设计出各个零件的工作图是图纸设计的第三阶段。

设计零件图时,要综合考虑零件的强度、刚度、寿命、工艺性,以及质量、体积、成本等因素,来具体确定零件的材料、尺寸、结构、制造精度等,并规定出适当的技术条件(如材料的热处理方法及表面硬度等),从而绘制出零件图。图 1.5 即为根据图 1.4 所示的单级齿轮减速器装配图设计出的低速轴的零件工作图,相应轴段的尺寸、形状、精度、制造工艺等充分考虑了与其相配的轴承、键、齿轮、套筒等零件的配合关系、轴向及周向定位以及装配工艺性等要求;轴的材料选择和热处理则考虑了其在承受最大工作载荷的情况下的强度和刚度要求。

通过上述 3 个阶段的设计,有了机器的机构运动简图、装配图和零件图,就从工作原理、结构和制造上为一部机器的诞生提供了初步的条件。当然,设计工作的各个局部与总体都是紧密联系的,上述 3 个阶段不可能是截然划分的,而必然要互相牵连、互相影响、相互交叉地反复进行。

经过以上讨论,对于怎样设计一台机器已有了粗略的了解。通过本书后面章节相关知识的学习,为我们进行简单机器的设计奠定了基础,从而通过机械设计的过程,培养工程意识,得到工程设计的基本训练。

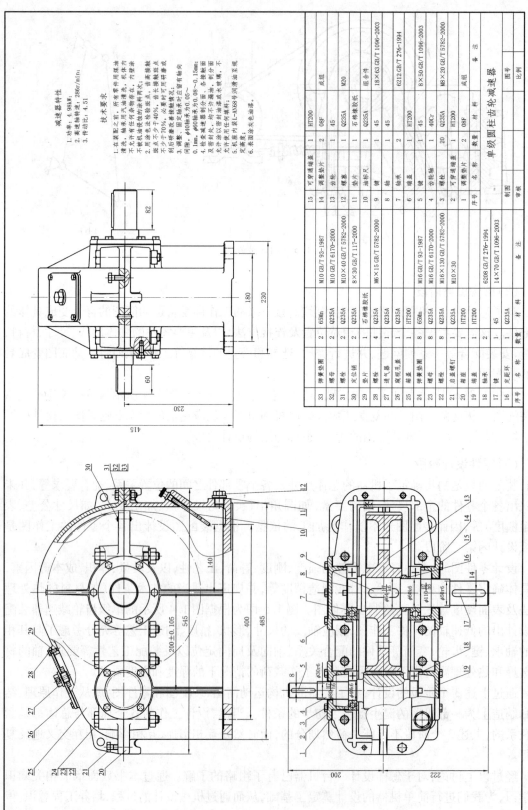

图1.4 单级圆柱齿轮减速器装配图

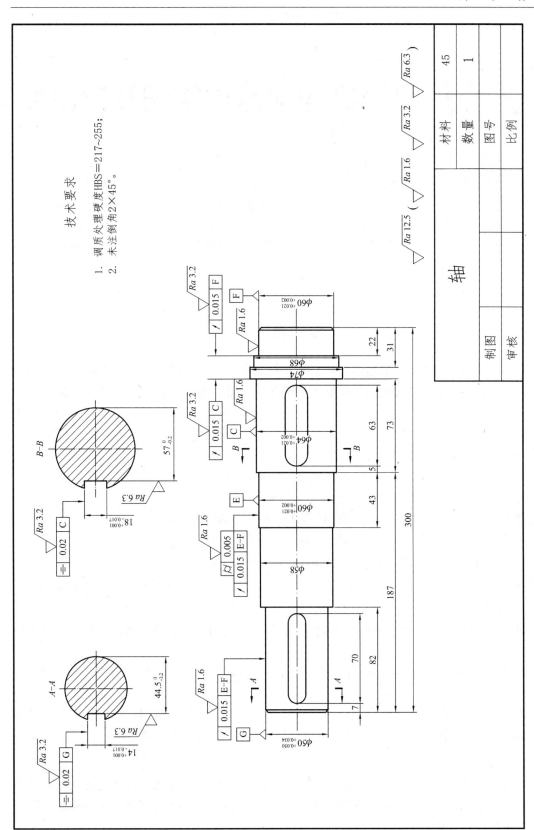

图1.5 轴的零件工作图

第2章 平面机构的运动简图及自由度

如绪论所述,机构是由具有确定运动的构件所组成。显然机构中的构件不能随意拼凑,因为随意拼凑的构件组合不一定能发生相对运动;即使能够运动,其运动也未必是确定的。构件按什么样的条件进行组合才具有确定的相对运动,对于分析现有机构和设计新机构都是非常重要的。

实际机械的外形和结构都很复杂,为便于分析研究,在工程设计中一般根据构件的连接特征以及与运动有关的尺寸,用简单的线条和符号来绘制机构的运动简图。

2.1 运动副及其分类

当组成机构的所有构件都在同一平面内运动,或在相互平行的平面内运动时,这种机构称为平面机构;否则,称为空间机构。如图 2.1 所示,一个作平面运动的构件有 3 个可能的独立运动:沿 x,y 轴的移动以及在 Oxy 平面内的转动。这种可能出现的独立运动称为构件的自由度。即一个作平面运动的构件有 3 个自由度。同理,一个作空间运动的构件有 6 个自由度。

机构是由许多构件组成的,使两个构件直接接触,并产生一定相对运动的连接称为运动副。在如图 1.1 所示的单缸内燃机中,活塞 2 与连杆 3、活塞 2 与汽缸体 1、凸轮轴 7 与排气阀推杆 8 之间的连接都构成了运动副,它们之间的相对运动都受到一定的约束,但都保留了一定的自由度。不同形式的运动副对运动的约束是不同的,故保留的自由度也不同。机构中常见的运动副可分为低副和高副两类。

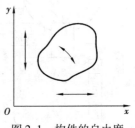

图 2.1 构件的自由度

(1)低副

两构件通过面接触而组成的运动副称为低副,平面机构中的低副有回转副和移动副两种类型。

若组成运动副的两个构件只能在一个平面内相对转动,这种运动副称为回转副,或称为铰链,如图 2.2(a)所示。

若组成运动副的两个构件只能沿某一直线相对移动,这种运动副称为移动副,如图 2.2(b)所示。图 1.1 中的活塞 2 与汽缸体 1 之间组成的运动副也是移动副。

(2)高副

两构件通过点接触或线接触组成的运动副称为高副,组成高副的两构件之间的相对运动是转动兼移动。如图 2.2(c)所示的凸轮 1 与滚轮 2、如图 2.2(d)所示的齿轮 1 与齿轮 2 都分别在其接触点处组成高副。

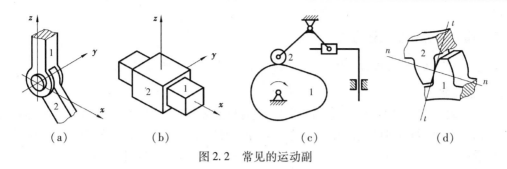

图 2.2　常见的运动副

2.2　平面机构的运动简图

实际构件的外形和结构往往很复杂,由于构件之间的相对运动与其相互接触部分的几何形状有关,而与其实际结构无关,因此在研究机械运动时,为简化问题,有必要撇开那些与运动无关的构件外形和运动副的具体构造,仅用简单线条和规定符号来表示构件和运动副,并按比例定出各运动副的位置。这种说明机构各构件间相对运动关系的简化图形,称为机构运动简图。

2.2.1　运动副的表达方式

图 2.3(a)至图 2.3(e)为转动副的表示方法,图中圆圈表示转动副,其圆心代表相对转动的轴线。若组成转动副的两构件都是活动构件,则用图 2.3(a)表示;若其中一个为固定构件(机架),则在代表机架的构件上加阴影线,如图 2.3(b)、(c)所示。图 2.3(f)至图 2.3(k)是移动副的表示方法。移动副的导路必须与相对移动方向一致,同前所述,图中画阴影线的构件表示机架。两构件组成高副时,在简图中应当画出两构件接触处的曲线轮廓,如图 2.3(1)至图 2.3(n)所示。

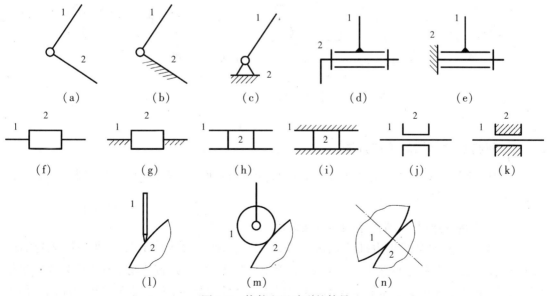

图 2.3　构件和运动副的符号

7

2.2.2 构件的分类和表达方式

根据运动状态,构件可分为固定构件、原动件和从动件3种类型。

(1)固定构件

固定不动(如各种固定在地基上的机座)或者虽然相对于地球运动,但与参考坐标系固结而视为相对不动(如飞机的机体和机车的车架)的构件,称为固定构件或机架。固定构件主要用来支承活动构件,研究活动构件的运动时,常以固定构件作为参考坐标系。

(2)原动件

运动规律已知的活动构件称为原动件,它的运动由外界输入,故又称为输入构件。在机构运动简图中,用箭头标出运动方向的构件都是原动件。

(3)从动件

机构中随着原动件的运动而运动的其余活动构件,称为从动件。其中,输出预期运动的称为输出构件,其他从动件则起传递运动的作用。例如,内燃机中的曲轴是输出构件,连杆是用于传递运动的从动件。

任何一个机构中,必有一个构件被相对地看作固定构件。例如,汽缸体虽然跟随汽车运动,但在研究发动机的运动时,仍把汽缸体当作固定构件。在活动构件中,必须有一个或几个原动件,其余的都是从动件。

构件的表达方式如图2.4所示。图2.4(a)表示同一构件,在角部涂以焊接的标记表示其为一个刚性整体;图2.4(b)表示参与组成两个转动副的构件;图2.4(c)表示参与组成一个转动副和一个移动副的构件;参与组成3个转动副的构件可用三角形表示,为了表明三角形是一个刚性整体,常在三角形内加剖面线或在3个角上涂以焊接的标记,如图2.4(d)所示;如果3个转动副中心在一条直线上,则可用图2.4(e)表示。超过3个转动副的构件的表示方法以此类推。

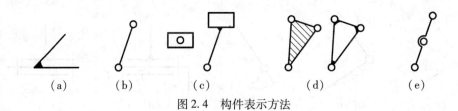

(a)   (b)   (c)   (d)   (e)

图2.4 构件表示方法

2.2.3 机构运动简图的绘制方法

下面以如图1.3所示的复摆式颚式破碎机为例,说明机构运动简图的绘制方法和一般步骤。

(1)确定构件数目,认清固定构件和原动件

颚式破碎机的主体机构由机架7、偏心轴5(又称曲轴)、动颚6、肘板8共4个构件组成。其工作原理是:带轮4与偏心轴5固连成一个整体,当电动机通过带传动带动偏心轴5绕轴线A转动时,驱使动颚6作平面复杂运动,从而将矿石轧碎。显然,偏心轴5是运动和动力的输入构件,即原动件,动颚6是输出构件。

（2）分析相对运动性质,从而确定运动副的类型和数目

偏心轴5绕轴线A相对转动,与机架组成以A为中心的转动副;动颚6与偏心轴5绕轴线B相对转动,故构件5,6组成以B为中心的转动副;肘板8与动颚6绕轴线C相对转动,故构件6,8组成以C为中心的转动副;肘板8与机架7绕轴线D相对转动,故构件7,8组成以D为中心的转动副。根据以上分析,该机构共有4个转动副(两构件最多组成一个运动副,本例的机构共有4个构件,因此只可能存在4个运动副)。

（3）选定比例尺,用线条和规定符号作图

首先选定适当比例尺,定出A,B,C,D的相对位置,然后用构件和运动副的规定符号绘出机构运动简图,如图1.3(b)所示。最后将图中的机架画上阴影线,并在原动件上标出指示运动方向的箭头。

需要指出是虽然动颚6与偏心轴5是用一个半径大于AB的轴颈连接的,但在图中仍然用小圆圈表示。这是因为运动副的规定符号仅与相对运动的性质有关,而与其结构和尺寸无关,所以机构中的4个回转副皆可用大小相同的4个小圆圈表示。

2.3　平面机构自由度的计算

2.3.1　平面机构自由度的计算公式

如图2.1所示,一个作平面运动的自由构件具有3个自由度,即沿 x,y 轴的移动以及在 Oxy 平面内的转动。当两个构件组成运动副之后,它们的相对运动就受到约束,自由度的数目随之减少。不同种类的运动副引入的约束不同,因此,保留的自由度数目也不同。转动副(见图2.2(a))约束了两个移动的自由度,只保留一个转动自由度;移动副(见图2.2(b))约束了沿一个方向的移动和在平面内的转动,只保留一个移动自由度;高副(见图2.2(d))则只约束了沿接触点公法线方向的移动,保留了沿接触点公切线方向的移动自由度和绕接触点的转动自由度。

设一个构件组合共有 n 个活动构件。在未用运动副连接之前,这些活动构件的自由度总数应为 $3n$。当用运动副将构件两两连接起来以后,则自由度的总数就相应地减少了。设运动副中总共有个 P_L 个低副、P_H 个高副,则全部运动副引入约束的总数应为 $2P_L + P_H$。因此,活动构件的自由度总数减去运动副引入的约束总数即得构件组合剩余的自由度数,称为机构的自由度,通常用 F 表示,即

$$F = 3n - (2P_L + P_H) \tag{2.1}$$

式(2.1)就是平面机构自由度的计算公式。由式(2.1)可知,机构自由度 F 取决于活动构件、低副和高副的数目。

2.3.2　机构具有确定相对运动的条件

由前述可知,只有原动件才能独立运动,从动件是不能独立运动的。通常每个原动件只有一个独立运动,因此机构具有确定的相对运动的条件是:机构自由度 $F>0$,且 F 等于原动件的

数目。如果原动件的数目不等于机构自由度数,会产生什么结果呢?

如图 2.5 所示为 $F \neq$ 原动件数目的情况。图 2.5(a)为原动件数小于机构自由度的例子,由于原动件只有一个,而机构自由度 $F = 3 \times 4 - 2 \times 5 = 2$,因此,当只给定原动件的位置角 β 时,从动件 2,3,4 的位置不能确定(有多解)。因此,当原动件匀速转动时,从动件 2,3,4 将随机乱动。图 2.5(b)为原动件数大于机构自由度的情形。显然,除非将构件 2 拉断,否则不可能同时满足原动件 1,3 的给定运动。图 2.5(c)为自由度等于 0 的机构。它的各组成构件之间不可能存在相对运动,因此,这个构件组合是固定的结构而非机构。

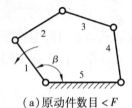 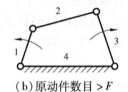 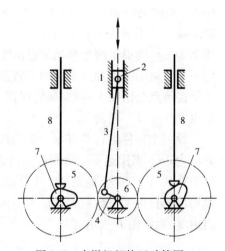

（a）原动件数目 $< F$ （b）原动件数目 $> F$ （c）$F = 0$

图 2.5 $F \neq$ 原动件数目的情况

例 2.1   试计算如图 1.3 所示的复摆式颚式破碎机主体机构的自由度。

解   在颚式破碎机主体机构中,共有 4 个构件(AB, BC, CD, AD),除去机架 AD,活动构件数 $n = 3$;共有 4 个转动副,$P_L = 4$;没有高副,$P_H = 0$。

由式(2.1)得机构自由度为 $F = 3n - (2P_L + P_H) = 3 \times 3 - 2 \times 4 = 1$。

计算表明这个机构只有一个自由度,只需一个原动件就应有确定的相对运动,这与颚式破碎机只有曲轴 AB 是原动件是相符的。

例 2.2   试计算如图 2.6 所示的内燃机机构的自由度。

解   1)在曲柄滑块机构中,活动构件数 $n = 3$（构件 2,3,4）;共组成 3 个回转副和 1 个移动副,没有高副,即 $P_L = 4$,$P_H = 0$。

由式(2.1)得机构自由度为 $F = 3n - (2P_L + P_H) = 3 \times 3 - 2 \times 4 = 1$。

即机构只有一个自由度,而原动件是活塞 2,故原动件数与机构的自由度相等,机构的运动是确定的。当活塞在汽缸 1 内往复移动时,连杆 3 和曲柄 4 有确定的相对运动。

2)在平面凸轮机构中,活动构件的数目 $n = 2$;可以组成 1 个回转副、1 个移动副和 1 个高副,即 $P_L = 2$,$P_H = 1$。

图 2.6   内燃机机构运动简图

由式(2.1)得机构自由度为 $F = 3n - (2P_L + P_H) = 3 \times 2 - 2 \times 2 - 1 = 1$。即机构只有一个自由度,而原动件是凸轮 7。当凸轮以一定规律绕轴线转动时,进气阀和排气阀推杆 8 将按确定的规律作往复直线运动。

2.3.3　计算平面机构自由度时的注意事项

在计算平面机构的自由度时,应注意下面的一些问题,否则计算结果往往会发生错误。

(1)复合铰链

如图 2.7(a)、(b)所示,两个以上的构件用转动副在同一轴线上连接在一起构成了复合铰链。构件 1 与构件 2,3 组成两个转动副。若有 m 个构件组成的复合铰链,其转动副的个数应为 $m-1$ 个,如图 2.7(c)所示,构件 2,3,4 在 A 点构成复合铰链,其转动副应为 $3-1=2$ 个。

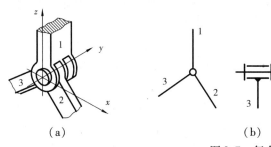

（a）　　　　　　　　　　　（b）　　　　　　　　　　　（c）

图 2.7　复合铰链

例 2.3　计算如图 2.8 所示的圆盘锯主体机构的自由度。

解　该机构有 7 个活动构件,$n=7$;B,C,D,E 4 处都是 3 个构件交汇的复合铰链,各为两个转动副,即 $P_\mathrm{L}=10$,$P_\mathrm{H}=0$。

由式(2.1)得机构自由度为 $F=3n-(2P_\mathrm{L}+P_\mathrm{H})=3\times 7-2\times 10=1$,即自由度数目与原动件个数相等。当原动件 2 匀速转动时,机构的运动是确定的。

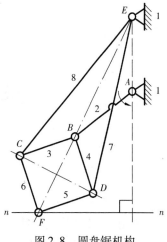

图 2.8　圆盘锯机构

若构件长度为 $l_{AB}=l_{AE}$,$l_{CE}=l_{DE}$,$l_{CB}=l_{BD}=l_{DF}=l_{FC}$,则 F 点的运动是沿 n—n 线(垂直于 AE 的延长线)的移动。

(2)局部自由度

机构中某些不影响整个机构运动的自由度,称为局部自由度。局部自由度与输出构件的运动无关,在计算机构自由度时应将局部自由度排除。

如图 2.9(a)所示,为了在高副接触处将滑动摩擦变为滚动摩擦,常在从动件 3 上装一滚轮 4。当凸轮 2 绕固定轴 O 转动时,从动件 3 则在导路中上下往复运动,滚轮 4 和从动件 3 组成一个转动副。但若将从动件 3 与滚轮 4 焊接在一起(见图 2.9(b)),当凸轮转动时,从动件仍作相同的往复移动。由此可知,该机构中无论滚轮是否绕其轴线转动,这个转动副对整个机构的自由度都没有影响,应看作局部自由度,在计算机构自由度时应按图 2.9(b)计算。

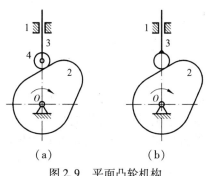

（a）　　　　（b）

图 2.9　平面凸轮机构

局部自由度虽然在计算机构自由度时除去不计,

但高副机构中常有局部自由度的存在,这是因为它可使接触处的滑动摩擦变为滚动摩擦,以减少磨损,如滚动轴承、滚轮等。

（3）虚约束

在运动副引入的约束中,有些约束所起的限制作用是重复的,这种不起独立限制作用的约束称为虚约束,也应除去不计。平面机构中的虚约束常出现在以下场合:

① 两构件之间组成多个导路平行的移动副时,只有一个移动副起作用,其余的都是虚约束。在如图 2.10（a）所示的机构中移动副 A 和 A′中,有一个是虚约束。

② 两构件之间组成多个轴线重合的转动副时,只有一个转动副起作用,其余都是虚约束。在如图 2.10（b）所示的机构中转动副 B 和 B′中,有一个是虚约束。

③ 如果两构件在多处相接触而构成平面高副,且各接触点的公法线彼此重合时,则只有一个高副起作用,其余的都是虚约束。在如图 2.10（c）所示的机构中高副 C 和 C′中,有一个是虚约束。

④ 机构中对传递运动不起独立作用的对称部分。如图 2.10（d）所示的轮系,中心轮 1 经过两个对称布置的小齿轮 2 和 2′驱动内齿轮 3,其中有一个小齿轮对传递运动不起独立作用。但由于第二个小齿轮的加入,使机构增加了一个虚约束（加入一个构件增加 3 个自由度,组成一个转动副和两个高副,共引入 4 个约束）。

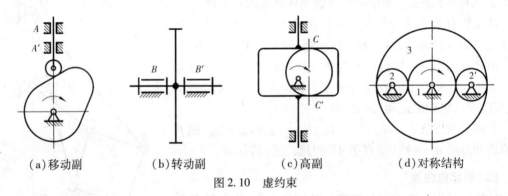

| (a)移动副 | (b)转动副 | (c)高副 | (d)对称结构 |

图 2.10　虚约束

虚约束是满足某些特殊要求的产物,虽然对运动不起作用（计算自由度时应除去）,但有增加构件的刚性（见图 2.10（a）、（b））、使构件受力均衡（见图 2.10（d））等其他作用。因此,实际机械中虚约束常有应用。只有将机构运动简图中的虚约束排除,才能计算出真实的机构自由度。

思考题与习题

1. 什么叫运动副？常见的运动副有哪几种？它们之间有什么区别？

2. 机构运动简图能表示出原机构哪些方面的特征？如何绘制机构运动简图？

3. 机构具有确定运动的条件是什么？当机构的原动件数目多于或少于机构的自由度时,机构的运动将发生什么情况？

4. 在计算机构的自由度时,应注意哪些事项？

5. 试判定图 2.11 中的构件组合体能否运动？为什么？若使它们成为具有确定运动的机构，在结构上应如何改进？

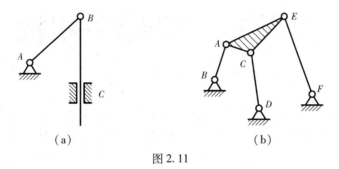

（a）　　　　　　　　　　　　　　　（b）

图 2.11

6. 计算图 2.12 中各平面机构的自由度（图中绘有箭头的构件为原动件）。

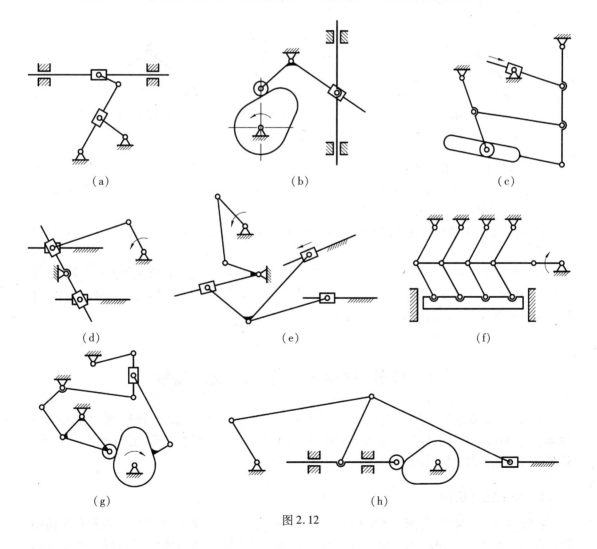

（a）　　　　　　　　　　　（b）　　　　　　　　　　　（c）

（d）　　　　　　　　　　　（e）　　　　　　　　　　　（f）

（g）　　　　　　　　　　　　　　　（h）

图 2.12

第3章 平面连杆机构

平面连杆机构是构件间用低副（回转副和移动副）连接而成的平面机构。平面连杆机构的应用十分广泛，如图 3.1 所示的曲柄滑块机构、铰链四杆机构和导杆机构是最常见的平面连杆机构形式。这些机构的共同特点是其原动件 1 的运动都要经过一个不直接与机架相连的中间构件 2 才能传递到从动件 3，这个不直接与机架相连的中间构件称为连杆，而把具有连杆的这些机构统称为连杆机构。

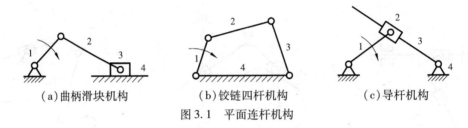

（a）曲柄滑块机构　　　　（b）铰链四杆机构　　　　（c）导杆机构

图 3.1　平面连杆机构

平面连杆机构具有以下特点：

① 连杆机构中的运动副为面接触（低副），因此压强小、磨损小、承载能力大、便于润滑。

② 几何形状较简单，便于加工制造。

③ 连杆上各不同点的轨迹是各种不同形状的曲线，可利用这些曲线来满足不同运动轨迹的要求。

连杆机构的缺点是有较长的运动链，会产生较大的累积误差，降低机械效率；另外，连杆及滑块的质心都在作变速运动，它们所产生的惯性力很难消除，增加机构的动载荷。因此，连杆机构一般不宜用于高速传动。

3.1　铰链四杆机构的基本类型和特性

全部运动副都是转动副的平面四杆机构称为铰链四杆机构。如图 3.1（b）所示，固定杆 4 称为机架，与机架相连的杆 1,3 称为连架杆，不与机架直接连接的杆 2 称为连杆，若连架杆 1 作整周回转则称为曲柄，若连架杆 3 作往复摆动则称为摇杆。

3.1.1　曲柄摇杆机构

在铰链四杆机构中，若两个连架杆中一个为曲柄，另一个为摇杆，则此四杆机构称为曲柄摇杆机构。在这种机构中，当曲柄为原动件，摇杆为从动件时，可将曲柄的连续转动转变成摇杆的往复摆动。如图 3.2 所示的汽车刮雨器机构和如图 3.3 所示的雷达俯仰机构都是曲柄摇杆机构。

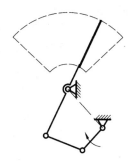

图 3.2　汽车刮雨器机构

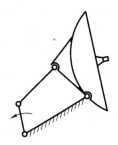

图 3.3　雷达俯仰机构

曲柄摇杆机构是四杆机构的最基本形式。它具有以下基本性质：

（1）急回特性

如图 3.4 所示的曲柄摇杆机构，设曲柄 AB 以等角速度 ω 顺时针转动，在其转动一周的过程中，有两次与连杆共线，即当连杆位于图中的 B_1C_1 和 B_2C_2 两个位置时，铰链中心 A 与 C 之间的距离分别为最短和最长，这时从动件摇杆 CD 分别位于两极限位置 C_1D 和 C_2D，两极限位置的夹角称为摇杆的摆角 ψ；从动件 CD 运动到两极限位置时，原动件 AB 所处两个位置之间所夹的锐角 θ 称为极位夹角。

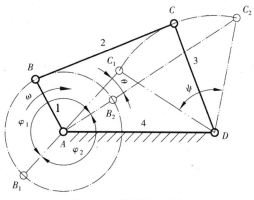

图 3.4　曲柄摇杆机构

当曲柄 AB 从极限位置 AB_1 顺时针转到 AB_2 时，所转的角度为 $\varphi_1 = 180° + \theta$，摇杆相应从其极限位置 C_1D 转到 C_2D，摆角为 ψ，对应的时间为 t_1，速度为 v_1；曲柄继续从 AB_2 顺时针转到 AB_1 时，所转的角度为 $\varphi_2 = 180° - \theta$，摇杆从 C_2D 摆回到 C_1D，摆角仍为 ψ，对应时间为 t_2，速度为 v_2。

显然 $\varphi_1 > \varphi_2$，而曲柄以等角速转动，故 $t_1 > t_2$，而 $\overarc{C_1C_2}$ 等于 $\overarc{C_2C_1}$，故有 $v_2 > v_1$。摇杆的这种运动性质称为急回运动。其急回程度，常用行程速比系数 K 来表示，即

$$K = \frac{v_2}{v_1} = \frac{\overarc{C_2C_1}/t_2}{\overarc{C_1C_2}/t_1} = \frac{t_1}{t_2} = \frac{(180° + \theta)/\omega}{(180° - \theta)/\omega} = \frac{180° + \theta}{180° - \theta} \qquad (3.1)$$

或

$$\theta = \frac{K - 1}{K + 1} \times 180° \qquad (3.2)$$

式（3.2）表明，曲柄摇杆机构有无急回运动的性质，取决于极位夹角 θ 的大小。当 $\theta = 0$ 时，摇杆来回摆动的速度是相同的；而 θ 角越大，则 K 值越大，急回运动的性质也越显著。

（2）死点位置

如图 3.4 所示，当曲柄与连杆两次共线时，忽略摩擦力和惯性力的情况下，连杆对曲柄的作用力通过曲柄铰链中心 A，对曲柄不产生驱动力矩，机构就会出现卡死或运动不确定的现象，这种机构出现卡死或运动不确定的位置点称为死点。可采用对从动曲柄施加附加力矩，或利用构件自身或飞轮的惯性，或多组相同机构错开一定角度布置等措施，使机构在运转中通过死点位置。

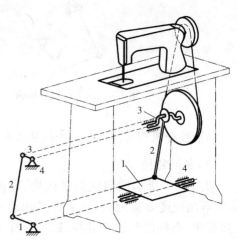

如图 3.5 所示为缝纫机的脚踏板机构。当原动摇杆 1（踏板）作往复摆动时，通过连杆 2 带动从动曲柄整周转动。机构工作时，有时会出现踏板 1 踏不动或曲柄 3 倒转的现象，这就是机构正处于死点位置。通常是在缝纫机的从动曲柄轴上安装一个直径较大的飞轮，利用其惯性作用可以使机构顺利通过死点。

死点有时也有应用价值。如图 3.6 所示为利用死点夹紧工件，当卸去夹紧驱动力 F 后，由于 B，C，D 3 点共线，工件对压头（杆 1）的反作用力不能使杆 1 转动，因而工件不会松动。飞机起落架是利用死点工作的又一个典型实例。如图 3.7（a）所示，飞机起落架机构通过主动摇杆 3 可使轮子在飞

图 3.5　缝纫机踏板机构

机降落时放下（刚好是死点位置，巨大的着陆反力不会使主动摇杆转动），以便于飞机着陆；起飞后摇杆 3 反转（见图 3.7（b）），收起轮子以减小空气阻力。

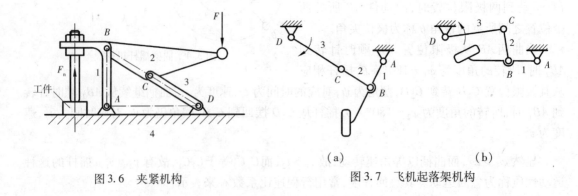

图 3.6　夹紧机构　　　　　　（a）　　　　（b）　　　　图 3.7　飞机起落架机构

（3）压力角和传动角

如图 3.8 所示，曲柄摇杆机构中连杆对摇杆的作用力和受力点的线速度方向之间所夹的锐角称为压力角，常用 α 表示；压力角的余角称为传动角，常用 γ 表示，即 $\alpha + \gamma = 90°$。

如图 3.8(a)所示，连杆 BC 传递给 CD 的驱动力 F 的方向沿 BC 向外，C 点的速度方向垂直于 CD，将 F 分解为法向力 F_n 和切向力 F_t，则

$$\begin{cases} F_n = F \sin \alpha = F \cos \gamma \\ F_t = F \cos \alpha = F \sin \gamma \end{cases} \tag{3.3}$$

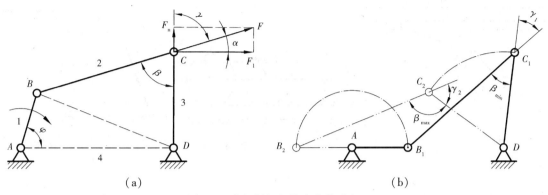

图3.8　曲柄摇杆机构中的传动角

其中，F_t 为使摇杆 CD 转动的有效分力，而 F_n 在转动副 C 中产生径向压力，引起摩擦耗损，是有害分力。由式(3.3)可知，F_n 随传动角 γ 的增大而减小，因此为了保证机构传力灵活，一般要求传动角最小值 γ_{min} 应大于 $40°$，而在设计曲柄摇杆机构时需要检验 γ_{min} 值。

如图 3.8(a)所示，设 $\angle BCD = \beta$，则

$$\begin{cases} \gamma = \beta & \text{当 } \beta \leqslant 90° \text{ 时} \\ \gamma = 180° - \beta & \text{当 } \beta > 90° \text{ 时} \end{cases} \tag{3.4}$$

BD 是 $\triangle ABD$ 和 $\triangle CBD$ 的公共边，根据余弦定理有

$$l_{BD}^2 = l_1^2 + l_4^2 - 2l_1 l_4 \cos \varphi = l_2^2 + l_3^2 - 2l_2 l_3 \cos \beta \tag{3.5}$$

即

$$\cos \beta = \frac{l_2^2 + l_3^2 - l_1^2 - l_4^2 + 2l_1 l_4 \cos \varphi}{2l_2 l_3} \tag{3.6}$$

显然，当 $\varphi = 0°$ 时，β 取最小值；当 $\varphi = 180°$ 时，β 取最大值，如图 3.8(b)所示。其极值为

$$\begin{cases} \beta_{min} = \arccos \dfrac{l_2^2 + l_3^2 - (l_4 - l_1)^2}{2l_2 l_3} \\ \beta_{max} = \arccos \dfrac{l_2^2 + l_3^2 - (l_1 + l_4)^2}{2l_2 l_3} \end{cases} \tag{3.7}$$

由式(3.4)、式(3.7)可得

$$\gamma_{min} = \min \{ \beta_{min}, 180 - \beta_{max} \} \tag{3.8}$$

3.1.2　双曲柄机构

在铰链四杆机构中，若两个连架杆都是曲柄，则称为双曲柄机构。如图 3.9 所示的惯性筛机构，当曲柄 1 作等角速度转动时，曲柄 3 作变角速度转动，通过连杆 4 使筛体产生变速直线运动，筛面上的物料由于惯性来回抖动，从而达到筛分物料的目的。在双曲柄机构中，若两曲柄平行且长度相等，则连杆与机架也平行且长度相等，曲柄和连杆呈平行四边形，称为平行四边形机构。平行四边形机构的运动特点为：当主动曲柄作等速转动时，从动曲柄会以相同的角速度沿同一方向转动，连杆则作平行移动。如图 3.10 所示的机车车轮联动装置以及如图3.11所示的升降平台都是其典型应用。

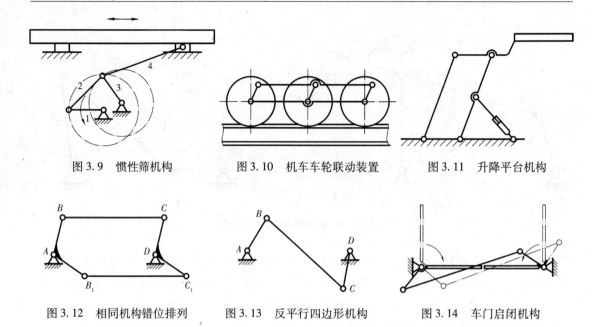

图 3.9　惯性筛机构　　　　图 3.10　机车车轮联动装置　　　　图 3.11　升降平台机构

图 3.12　相同机构错位排列　　图 3.13　反平行四边形机构　　图 3.14　车门启闭机构

　　平行四边形机构在运动过程中,当曲柄与连杆及机架共线时,在原动曲柄转向不变的条件下,从动曲柄会出现转动方向不确定的现象。为了保证从动曲柄转向不变,可在机构中安装一个惯性较大的轮形构件(称为飞轮),借助它的转动惯性,使从动曲柄按原转向继续转动,或者采用多组相同机构错开相位排列的方法(见图 3.12),来保持从动曲柄的转向不变。

　　如果在上述位置从动曲柄的转向发生反转,则成为如图 3.13 所示的反平行四边形机构(或逆平行四边形机构)。如图 3.14 所示的车门开闭机构即为其应用实例。

3.1.3　双摇杆机构

　　两连架杆均为摇杆的铰链四杆机构称为双摇杆机构。通常主动摇杆匀速摆动时从动摇杆变速摆动。双摇杆机构只适合低速场合。飞机起落架机构是典型的双摇杆机构,飞机将要着陆时起落架需要从机翼中放出来,如图 3.7(a)所示;起飞后,为减少阻力,起落架又需要收入机翼中,如图 3.7(b)所示。这一运动是由原动摇杆 3,通过连杆 2 和从动摇杆 1 带动着陆轮来实现的。鹤式起重机也是双摇杆机构的应用实例(见图 3.15),摇杆 1,3 作摆动运行时,可使连杆 2 末端悬挂的重物始终处于水平移动的状态。

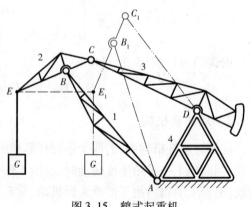

图 3.15　鹤式起重机

3.2　铰链四杆机构的尺寸关系及其演化形式

3.2.1　铰链四杆机构的尺寸关系

铰链四杆机构有 3 种类型,3 种类型的区别是有无曲柄及曲柄数目的多少。两构件能相对转动 360°的转动副称为整转副。显然,有整转副的铰链四杆机构才可能存在曲柄。

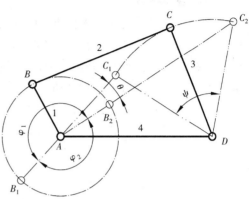

图 3.16　铰链四杆机构

如图 3.16 所示为一铰链四杆机构,其相邻的 1,4 两杆能作整周转动(即 A 为整转副)。图 3.16 中给出了杆 3 处于两极限位置时的情况,根据三角形任意两边边长之和必大于等于第三边。

由 $\triangle AC_2D$ 有

$$l_1 + l_2 \leq l_3 + l_4 \qquad (3.9)$$

由 $\triangle AC_1D$ 有

$$\begin{cases} l_3 \leq l_4 + (l_2 - l_1) \\ l_4 \leq l_3 + (l_2 - l_1) \end{cases} \qquad (3.10)$$

综合以上各式,可得

$$l_1 \leq l_2, l_1 \leq l_3, l_1 \leq l_4 \qquad (3.11)$$

$$\begin{cases} l_1 + l_2 \leq l_3 + l_4 \\ l_1 + l_3 \leq l_2 + l_4 \\ l_1 + l_4 \leq l_2 + l_3 \end{cases} \qquad (3.12)$$

由此可知,铰链四杆机构中存在整转副的条件如下:

① 最短杆与最长杆的长度之和应小于或等于其他两杆的长度之和,此条件又称为杆长条件。

② 组成整转副的两杆中必有一杆为最短杆。

上述分析表明,在满足杆长条件后,最短杆可与其相邻杆组成整转副。由此可知,四杆机构中存在曲柄的条件如下:

① 最短杆与最长杆的长度之和应小于或等于其他两杆的长度之和。

② 最短杆必为连架杆或机架。

当最短杆与最长杆的长度之和小于或等于其他两杆的长度之和,即满足杆长条件时,由图3.16 可知,最短杆是连架杆时,得到的是曲柄摇杆机构;当最短杆是机架时,得到的是双曲柄机构;当最短杆为连杆时,铰链四杆机构中无曲柄,此时只能得到双摇杆机构。

若四杆机构中最短杆与最长杆的长度之和大于其他两杆的长度之和,即不满足杆长条件时,则不可能有整转副存在,只能得到双摇杆机构。

3.2.2 铰链四杆机构的演化

通过改变铰链四杆机构中各杆的长度和尺寸或改换固定件,可得到四杆机构的其他各种类型。

(1)曲柄滑块机构

如图 3.17(a)所示的曲柄摇杆机构中,C 点的轨迹位于半径为 l_3 的圆周上。显然,若将转动副 D 的直径增大,再将杆3做成圆环形,则 C 点的运动规律不变,但机构却演化为曲柄滑块机构了,如图 3.17(b)所示。若进一步将导路的曲率半径增大至趋于 ∞,则得到如图 3.17(c)所示的曲柄滑块机构。在曲柄滑块机构中,当滑块的导路中心线通过曲柄的转动中心时,称为对心式曲柄滑块机构;否则,称为偏置式曲柄滑块机构,如图 3.17(d)所示。偏置滑块机构也存在急回特性。曲柄滑块机构广泛应用于活塞式内燃机、空气压缩机、冲床等机械中。

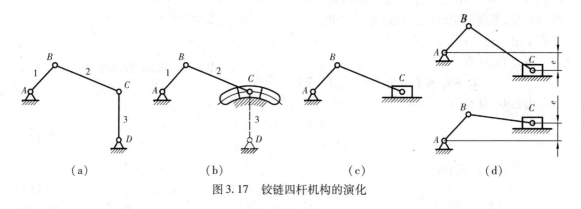

图 3.17 铰链四杆机构的演化

在对心曲柄滑块机构中,当杆长 $l_{AB} \le l_{BC}$ 时,有曲柄存在,在偏置曲柄滑块机构中,当杆长 $l_{AB} + e \le l_{BC}$ 时,有曲柄存在。

如图 3.18 所示,曲柄滑块机构中的传动角 γ 是连杆2与垂直于滑块3运动方向的平面间的夹角,当曲柄1与滑块3的运动方向垂直时,传动角 $\gamma = \gamma_{\min}$。

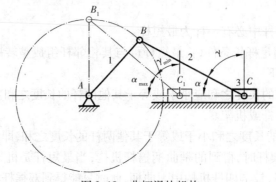

图 3.18 曲柄滑块机构

(2)导杆机构

对于如图 3.19(a)所示的曲柄滑块机构,若改取杆1为机架,就得到如图 3.19(b)所示的导杆机构。导杆机构中,通常曲柄2整周转动,滑块3在导杆4上滑动并跟随导杆转动或摆动。由图3.19可知,若$l_2 \geq l_1$,则得到转动导杆机构;若$l_2 < l_1$,则得到摆动导杆机构。

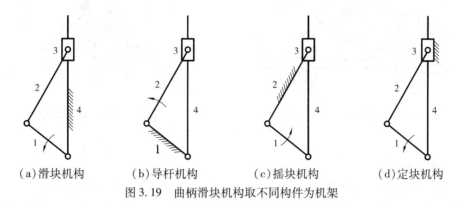

（a）滑块机构　　　（b）导杆机构　　　（c）摇块机构　　　（d）定块机构

图 3.19　曲柄滑块机构取不同构件为机架

如图3.20所示,导杆机构的极位夹角θ与导杆的摆角ψ相等,因而导杆机构都具有急回运动的性质。如图3.21所示,由于导杆机构中滑块4对导杆1的作用力F的方向始终垂直于导杆,即力F与导杆上对应点的运动方向始终一致,故压力角α始终等于零,传动角γ始终等于90°,具有很好的传力性能,因此常用于牛头刨床、插床和回转式油泵等机械中。

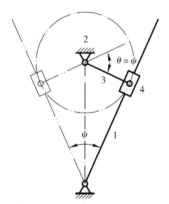

图 3.20　导杆机构的极位夹角

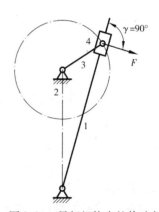

图 3.21　导杆机构中的传动角

（3）摇块机构和定块机构

如图3.19(c)所示为摇块机构,这种机构广泛应用于摆缸式内燃机和液压驱动装置中。自卸货车是摇块机构的典型应用,如图3.22所示。杆2与车厢固连可绕车架3上的B点摆动,杆1是活塞挺杆,4为可绕车架上C点摆动的液压油缸,当液压缸中的液压油推动活塞挺杆1,使杆2绕B点转动达一定的角度时,货物自动卸下。如图3.19(d)所示为定块机构。这种机构的滑块作为机架,则滑块不能运动,导杆在其中上下移动,常用于抽水唧筒(见图3.23)和抽油泵等机械之中。

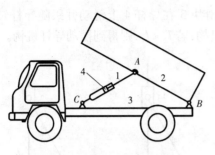

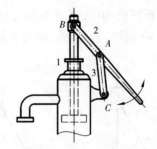

图 3.22　自卸货车摇块机构　　　　图 3.23　抽水唧筒定块机构

(4)双滑块机构

双滑块机构是含有两个移动副的四杆机构。它是由曲柄滑块机构演化来的。

如图 3.24 所示的曲柄滑块机构,连杆 3 与曲柄 2 的回转副中心 B 相对 C 点的瞬时运动轨迹为圆弧 n—n,若连杆 3 的长度 l_3 增大则圆弧 n—n 将趋于平直。当 l_3 增至无穷大时,则如图 3.24(b)所示的 C 点将位于无穷远处,圆弧 n—n 就变为直线,连杆 3 和滑块 4 组成的回转副就演化成如图 3.24(c)所示的移动副,称为双滑块机构。一般杆 2 为原动件,当杆 2 绕其轴心转动时,从动滑块 4 的位移是按余弦规律变化。这种机构广泛应用于空气压缩机、水泵等机械之中。

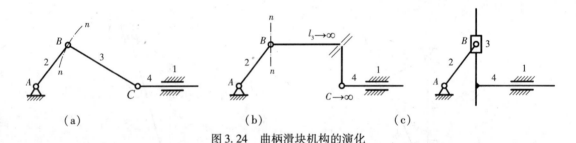

（a）　　　　　　　　　　（b）　　　　　　　　　　（c）

图 3.24　曲柄滑块机构的演化

(5)偏心轮机构

如图 3.25(a)所示为偏心轮机构。构件 1 为圆盘,其几何中心为 B。因运动时该圆盘绕轴 A 转动,故称为偏心轮。A,B 之间的距离 e 称为偏心距。按照相对运动关系,可画出机构运动简图如图 3.25(b)所示。由图 3.25 可知,偏心轮是将转动副 B 扩大到包括转动副 A 而形成的,偏心距 e 即为曲柄的长度。

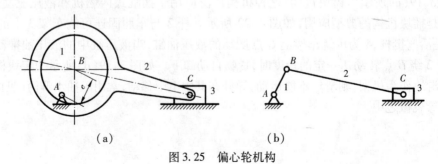

（a）　　　　　　　　　　（b）

图 3.25　偏心轮机构

当曲柄长度很小或传递很大的动力时,通常都把曲柄做成偏心轮。这样一方面提高了偏心轴的强度和刚度(因轴颈的直径增大了);另一方面当轴颈位于中部时也便于安装整体式连杆,使结构简化。因此,偏心轮机构广泛应用于传力较大的剪床、冲床、颚式破碎机、内燃机等机械中。

3.3　铰链四杆机构的运动设计

铰链四杆机构的设计,就是根据给定的运动条件来确定机构运动简图的尺寸参数。为使设计更加合理、可靠,还应考虑几何条件和动力学条件(如最小传动角要求)等。

由于在生产实践中对四杆机构的要求是多种多样的,故给定的条件也各不相同,一般常见的有以下两类问题:

① 给定从动件的位置或运动规律(位移、速度、加速度等)来设计铰链四杆机构,称为位置设计。

② 给定从动件运动轨迹来设计铰链四杆机构,称为轨迹设计。

设计方法主要有图解法,特点是简便直观,同时也是解析法的基础,应用较多,但由于其设计精度低,一般用于求解初始值。解析法设计四杆机构的特点是精度高,应用最为广泛,其缺点是不太直观。另外,还有实验法,这种方法较为烦琐,而且精度也低,目前用得不多。

3.3.1　按给定的行程速比系数设计铰链四杆机构

已知条件:摇杆长度 l_3、摆角 ψ 及行程速比系数 K,如图 3.26 所示。

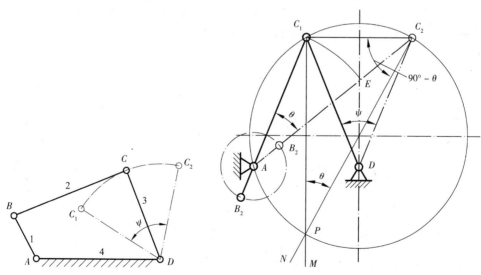

图 3.26　铰链四杆机构　　　　图 3.27　按系数 K 设计铰链四杆机构

设计的关键是确定铰链 A 的位置,从而确定其余 3 杆的长度 l_1、l_2 和 l_4。设计步骤如下:

① 根据行程速比系数 K 求极位夹角 θ,即

$$\theta = \frac{K-1}{K+1} \times 180° \tag{3.13}$$

② 如图 3.27 所示,任选固定铰链 D 的位置,用给定摇杆长度 l_3 和摆角 ψ,作出摇杆的两个极限位置 C_1D 和 C_2D。

③ 连接 C_1 和 C_2 两点,并过 C_1 点作 C_1C_2 的垂线 C_1M。

④ 作 $\angle C_1C_2N = 90° - \theta$,使 C_2N 与 C_1M 相交于 P 点,由三角形的内角和等于 $180°$ 可知,$\triangle C_1PC_2$ 中的 $\angle C_1PC_2 = \theta$。

⑤ 作 $\triangle C_1PC_2$ 的外接圆,在圆上任选一点 A 作为曲柄的固定铰链中心,并分别与 C_1,C_2 相连,得 $\angle C_1AC_2$。由同一圆弧所对的圆周角相等,可知 $\angle C_1AC_2 = \angle C_1PC_2 = \theta$。

⑥ 由机构在极限位置处的曲柄和连杆的共线关系可得 $\overline{AC_1} = l_2 - l_1$,$\overline{AC_2} = l_1 + l_2$,从而可得曲柄长度为 $l_1 = \dfrac{\overline{AC_2} - \overline{AC_1}}{2}$;或直接作图,以 A 为圆心,$\overline{AC_1}$ 为半径作圆弧与 AC_2 相交于 E 点,平分 C_2E 得曲柄长度 l_1。再以 A 为圆心,l_1 为半径作圆,交 C_1A 的延长线于 B_1 点,交 AC_2 于 B_2 点,从而求得所需曲柄摇杆机构的连杆长度 $l_2 = \overline{B_2C_2}$,机架长度 $l_4 = \overline{AD}$。

由于 A 点是在 $\triangle C_1PC_2$ 的外接圆上任选的一点,因此,若按行程速比系数 K 设计,可得无穷多的曲柄摇杆机构。再附加某些辅助条件后,如给定机架长度 l_4 或最小传动角等,A 的位置即可完全确定。

3.3.2 按给定连杆位置设计铰链四杆机构

如图 3.28 所示为铸造车间振实造型机的翻转机构。它利用一个铰链四杆机构来实现翻台的两个工作位置。在位置 Ⅰ,沙箱 7 与翻台 8 固连,并在振实台 9 上振实造型。当液压缸中的压力油推动活塞 6 时,通过连杆 5 使摇杆 4 摆动,从而将翻台转到位置 Ⅱ。然后托台 10 上升接触沙箱、解除沙箱与翻台间的紧固连接并起模。

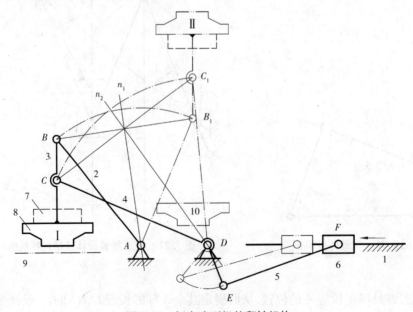

图 3.28 振实造型机的翻转机构

已知与翻台 8 固连的连杆 3 的两个位置 Ⅰ 和 Ⅱ，连杆 3 的长度 l_3。

要实现连杆 3 的两个工作位置（位置 Ⅰ 和 Ⅱ），需要正确定出其他 3 杆的尺寸 l_1,l_2 和 l_4，这个问题的实质是确定连杆架与机架组成的回转副中心 A 和 D 的位置。

由于连杆两端的铰链 B,C 两点的运动轨迹是以 A,D 两点为圆心的两段圆弧，因此，A,D 点必然分别位于 BB_1 和 CC_1 垂直平分线 n_1,n_2 上。设计步骤如下：

① 根据翻台位置 Ⅰ，Ⅱ 和连杆 3 的长度 l_3，分别定出连杆 3 的第一个位置 B,C 和第二个位置 B_1,C_1。

② 分别连接点 B 和 B_1 以及 C 和 C_1，并作 BB_1 和 CC_1 垂直平分线 n_1,n_2。

③ 由于 A,D 两点可在 n_1 和 n_2 两线上任意选取，故可得到无穷多个解答。当考虑其他辅助条件，如曲柄存在的条件、最小传动角、各杆尺寸的允许范围或其他结构上的要求，即可得到确定的解。本例是选择机架上 A,D 两点在一条水平线上，从而得到如图 3.28 所示的铰链四杆机构 $ABCD$，并可得到各杆的长度。

若给定 3 个位置时，其设计过程与上面的情况基本相同，但由于给定有 3 个确定位置，通过 3 点可确定一个圆，故在一般情况下两个固定铰链的中心位置是确定的。

3.3.3　按给定两连架杆对应位置设计铰链四杆机构

如图 3.29 所示，已知两连架杆 1,3 的 4 对角位移 $\varphi_{12},\varphi_{23},\varphi_{34},\varphi_{45}$ 和 $\psi_{12},\psi_{23},\psi_{34},\psi_{45}$，设计近似满足这一要求的铰链四杆机构。

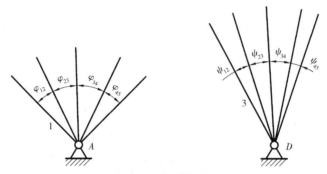

图 3.29　两连架杆的对应位置

设计步骤如下：

① 如图 3.30(a) 所示，在图纸上任取一点作为连架杆 1 的转动中心 A，并任取 l_1 作为杆 1 的长度，根据给定的角位移 $\varphi_{12},\varphi_{23},\varphi_{34},\varphi_{45}$ 作出 AB_1,AB_2,AB_3,AB_4,AB_5 等位置。

② 取连杆 2 的适当长度 l_2，分别以 B_1,B_2,B_3,B_4,B_5 各点为圆心，以 l_2 为半径作圆弧 k_1,k_2,k_3,k_4,k_5。

③ 如图 3.30(b) 所示，在一张透明纸上任取一点作为连架杆 3 的转动中心 D，并任取 Dd_1 作为杆 3 的第一个位置，根据给定的 $\psi_{12},\psi_{23},\psi_{34},\psi_{45}$ 作出 Dd_2,Dd_3,Dd_4,Dd_5 的位置。再以 D 为圆心，连架杆 3 的可能长度为半径作出一系列的同心圆弧。

④ 将画在透明纸上的图 3.30(b) 覆盖在图 3.30(a) 上进行试凑，使圆弧 k_1,k_2,k_3,k_4,k_5 分别与连杆 3 各对应位置的交点 C_1,C_2,C_3,C_4,C_5 均落在以 D 为圆心的某一圆弧上，则图形

AB_1C_1D 即为所求的四杆机构,从而定出各杆长度 l_1,l_2,l_3,l_4。

如果移动透明纸,不能使交点 C_1,C_2,C_3,C_4,C_5 落在同一圆弧上,那就需要改变连杆 2 的长度,然后重复以上步骤,直到这些交点正好落在或近似落在透明纸上的同一圆弧上为止。

如前所述,上述方法求出的图形 AB_1C_1D 表达的是相对尺寸,将其缩放都能满足设计要求。这种几何实验法方便、实用、并有一定的精度,因此在机械设计中被广泛采用。这种方法同样适合其他四杆机构的设计,如用该方法设计曲柄滑块机构,可实现曲柄与滑块的多对位置对应。

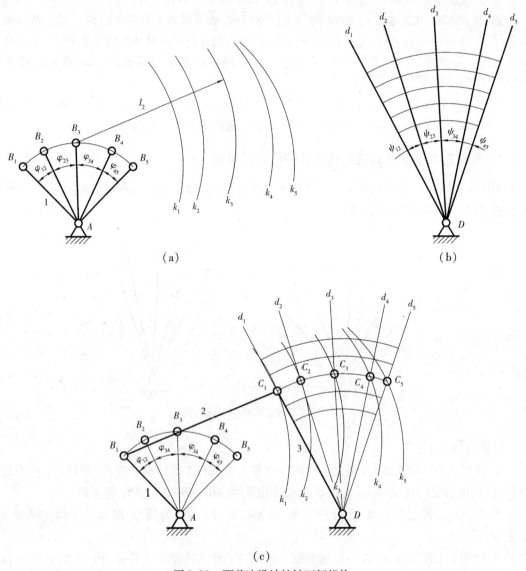

图 3.30　覆盖法设计铰链四杆机构

思考题与习题

1. 铰链四杆机构中的极限位置和死点有何异同? 死点在什么情况下出现? 举例说明死点的危害及应用。

2. 如何判断机构有无急回运动? $K=1$ 的铰链四杆机构的结构特征是什么?

3. 如图 3.31 所示, 设已知铰链四杆机构各构件的长度为 $l_1=240$ mm, $l_2=600$ mm, $l_3=400$ mm, $l_4=500$ mm。试问:

(1) 当取杆 4 为机架时, 是否有曲柄存在?

(2) 若各杆长度不变, 如何选取不同杆为机架获得双曲柄机构和双摇杆机构?

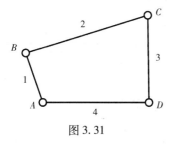

图 3.31

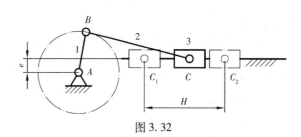

图 3.32

4. 如图 3.32 所示的偏置曲柄滑块机构。已知 $l_1=150$ mm, $l_2=400$ mm, $e=50$ mm, 试求滑块行程 H, 机构的行程速比系数 K 和最小传动角 $\gamma_{\min}$。

5. 试设计一导杆机构, 已知机架长度为 200 mm, 行程速比系数 $K=1.4$, 求曲柄长度 l_1 和导杆摆角 ψ。

6. 设计如图 3.28 所示振实造型机工作台的翻转机构。已知连杆长度 $l_{BC}=100$ mm, 工作台在两极限位置时 $\overline{BB_1}=400$ mm, 且 B 和 B_1 在同一水平线上, 要求 A 和 D 在另一水平线上, 且 C 点至 A, D 所在水平线的垂直距离为 150 mm。

7. 试设计如图 3.33 所示的曲柄摇杆机构, 摇杆 3 与机架 4 之间的摆角分别为 $\psi_1=45°$, $\psi_2=90°$, 机架长度 $l_4=300$ mm, 摇杆长度 $l_3=200$ mm, 求曲柄与连杆的长度 l_1 和 l_2。

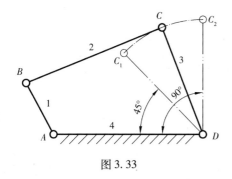

图 3.33

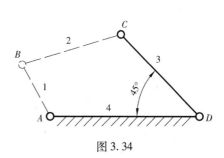

图 3.34

8. 如图 3.34 所示,现欲设计一铰链四杆机构,设已知摇杆 CD 的长度 $l_3 = 75$ mm,行程速比系数 $K = 1.5$,机架长度为 $l_4 = 100$ mm,摇杆的一个极限位置与机架间的夹角为 $\psi = 45°$,试求曲柄与连杆的长度 l_1 和 l_2(有两组解)。

9. 如图 3.35 所示的曲柄滑块机构,若已知滑块和摇杆的对应位置为 $s_1 = 36$ mm,$s_{12} = 8$ mm,$s_{23} = 9$ mm,$\varphi_{12} = 25°$,$\varphi_{23} = 40°$。滑块上铰链点取在 B 点,偏距 $e = 28$ mm,试确定曲柄和连杆长度。

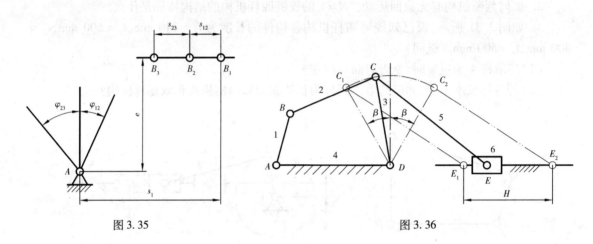

图 3.35   图 3.36

10. 如图 3.36 所示为某运输机的机构示意图。要求摆杆在垂直线左右 $\beta = 30°$ 范围作摆动,机构的行程速比系数 $K = 1.5$,滑块行程 $H = 500$ mm,又知连杆长度 $l_5 = 700$ mm,试设计此机构。

11. 试设计一曲柄摇杆机构,已知摇杆的行程速比系数 $K = 1.5$,摆角 $\psi = 45°$,摇杆长度长度 $l_3 = 100$ mm,试求曲柄、连杆和机架长度 l_1, l_2, l_4(两个固定铰链安装在同一水平线上)。

第4章 带传动

4.1 概 述

4.1.1 带传动的组成和类型

带传动是一种应用广泛的机械传动。如图 4.1 所示,带传动是由主动轮 1、从动轮 2 和环形挠性带 3 组成的。

带传动一般是靠张紧在带轮上的挠性带与带轮接触面间的摩擦力来实现传动,也有靠挠性带上的齿与带轮轮缘上的齿相啮合进行传动的同步齿形带传动。

如图 4.2 所示,靠摩擦力传动的带按其横截面的形状可以分为平带、V 带、圆带及多楔带等类型。

平带的横截面为扁平矩形,其工作面是与轮面相接触的内表面,平带的结构最简单,带轮也容易制造,在中心距较大和高速传动的情况下应用较多。

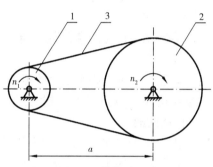

图 4.1 带传动组成

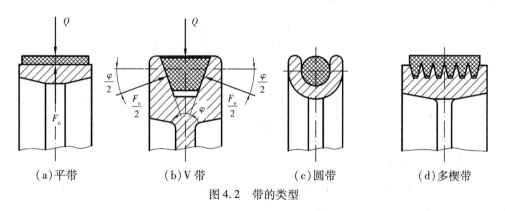

（a）平带 （b）V 带 （c）圆带 （d）多楔带

图 4.2 带的类型

V 带的横截面为等腰梯形,其工作面是与轮槽相接触的两个侧面。如图 4.2 所示,当带对轮的径向压力均为 Q 时,平带对接触面的正压力 $F_n = Q$,而 V 带对接触面的正压力 $F_n = Q/\sin\dfrac{\varphi}{2}$,式中,$\varphi$ 为 V 带的楔角。因此,当摩擦系数相同时,这两种带所能产生的摩擦力分别如下:平带为 $F_f = Q \cdot f$;V 带为 $F_f = Q \cdot f_v$,其中,$f_v = f/\sin\dfrac{\varphi}{2}$,称为当量摩擦系数,对于普通 V 带 $\varphi \approx 40°$,显然有 $f_v \approx 3f$。由此可知,在相同的情况下,V 带产生的摩擦力约为平带的 3 倍,因此能够传递更大的功率,且 V 带结构简单,传动平稳,故应用最为广泛。

圆带的带与带轮之间的接触形式为线接触,只能传递很小的功率,通常只用于一些小型机械(如家用缝纫机等)中。

多楔带是在平带的基体上并排安装多根 V 带而构成的传动带,其楔形部分嵌入带轮上的楔形槽内,靠楔面摩擦工作,摩擦力和横向刚度较大,兼有平带的弯曲应力小和 V 带的摩擦力大等优点,可避免多根 V 带长度不等、受力不均的缺点,常用于传递功率较大而又要求结构比较紧凑的场合,也可用于载荷变动较大或有冲击载荷的传动。

本章主要介绍 V 带的传动。

4.1.2　带传动的特点与应用

带传动的优点如下:

① 由于带是挠性件,具有良好的弹性,因此能缓和冲击,吸收振动,尤其是 V 带,因无接头,因此传动平稳,噪声小。

② 靠摩擦力传动的带,过载时带在轮面上打滑,可以防止其他零件的损坏,起安全保护的作用。

③ 能适应两轴中心距较大的传动。

④ 结构简单、制造容易、维护方便、成本低。

带传动的缺点如下:

① 由于带是弹性体,靠摩擦力传动,带在工作中有滑动,因此传动不准确。

② 带传动的外廓尺寸较大,结构不紧凑。

③ 由于带张紧在轮上,因此,轴和轴承受力较大。

④ 传动的效率较低,V 带传动的效率为 $0.9 \sim 0.95$。

⑤ 带传动可能摩擦起电,产生火花,故不能用于有爆炸危险的场合。

通常 V 带传动主要用于功率小于 100 kW、带速 5 ~ 25 m/s、传动比 $i \leqslant 7$(少数可达 10)、传动比要求不十分准确的中小功率传动。

4.2　V 带与 V 带轮

4.2.1　V 带的结构和规格

V 带有普通 V 带、窄 V 带、宽 V 带、联组 V 带、大楔角 V 带及汽车 V 带等多种类型,其中,普通 V 带应用最广。本节将主要介绍普通 V 带。

普通 V 带已标准化,根据国家标准规定,我国生产的普通 V 带有 Y,Z,A,B,C,D,E 共 7 种型号。各型号普通 V 带的尺寸参数和物理性能见表 4.1。

表 4.1　普通 V 带的尺寸参数和物理性能

型号	横截面尺寸/mm				面积 A /mm²	线密度 q /kg·m⁻¹
	b	b_p	h	φ		
Y	6	5.3	4		18	0.023
Z	10	8.5	6		47	0.060
A	13	11	8		81	0.105
B	17	14	11	40°	143	0.170
C	22	19	14		237	0.300
D	32	27	19		477	0.630
E	38	32	23		682	0.970

普通 V 带都制成无接头的环形,如图 4.3 所示。其横截面由强力层 1、伸张层 2、压缩层 3 和包布层 4 构成。伸张层和压缩层均由胶料构成,包布层由胶帆布构成,强力层是承受载荷的主体,可分为帘布结构和绳芯结构两种。帘布结构抗拉强度高,一般用途的 V 带多采用这种结构;绳芯结构比较柔软,弯曲疲劳强度较好,但抗拉强度低,常用于载荷不大,直径较小的带轮和转速较高的场合。

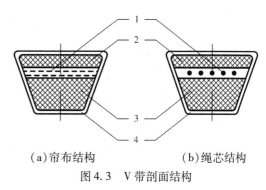

（a）帘布结构　　　（b）绳芯结构

图 4.3　V 带剖面结构

V 带在规定的张紧力下弯绕在带轮上时,外层受拉伸变长、内层受压缩变短,两层之间存在一长度不变的中性层,沿中性层形成的面称为节面。节面的宽度称为节宽 b_p,节面所对应的带轮直径称为基准直径 d_d,节面所在的带的周长为带的基准长度 L_d,用于带传动的几何尺寸计算和带的标记。基准长度已标准化,其长度系列尺寸见表 4.2。

4.2.2　V 带轮的结构

带轮的材料常用灰铸铁,常用牌号为 HT150 和 HT200,对于特别重要且速度较高的带轮,可用铸钢或钢板冲压后焊接;功率较小时,也可使用铝合金及工程塑料等材料。

如图 4.4 所示,带轮由轮缘、轮辐和轮毂 3 部分组成。带轮的结构形式根据带轮基准直径的大小,可分为实心式、辐板式和轮辐式 3 种。带轮直径较小（$d_d < (2.5 \sim 3)d_h$）时,常用实心式结构;中等直径（$d_d \leqslant 300$ mm）的带轮采用辐板式结构;直径较大（$d_d > 300$ mm）的带轮一般采用轮辐式结构。

普通 V 带轮已经标准化,轮槽尺寸可按带的型号查表 4.3 选取,带轮的基准直径系列见表 4.4。

表 4.2 普通 V 带的基准长度系列

型号	基准长度 L_d/mm
Y	200,224,250,280,315,355,400,450,500
Z	405,475,530,625,700,780,820,1080,1330,1420,1540
A	630,700,790,890,990,1100,1250,1430,1550,1640,1750,1940,2050,2200,2300,2480,2700
B	930,1000,1100,1210,1370,1560,1760,1950,2180,2300,2500,2700,2870,3200,3600,4060,4430,4820,5370,6070
C	1565,1760,1950,2195,2420,2715,2880,3080,3520,4060,4600,5380,6100,6815,7600,9100,10700
D	2740,3100,3330,3730,4080,4620,5400,6100,6840,7620,9140,10700,12200,13700,15200
E	4660,5040,5420,6100,6850,7650,9150,12230,13750,15280,16800

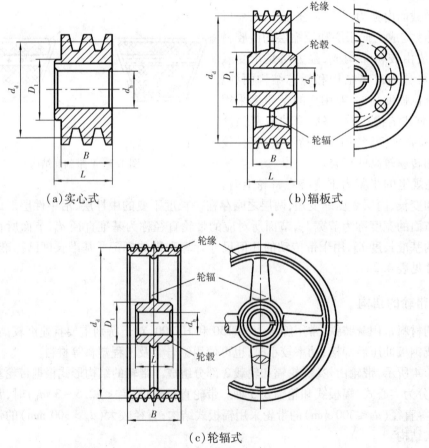

(a)实心式　　　　　　　　(b)辐板式

(c)轮辐式

图 4.4　V 带轮的结构

表 4.3　V 带轮轮缘尺寸/mm

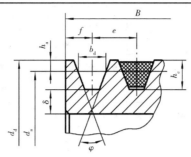

项　　目		V 带型号						
		Y	Z	A	B	C	D	E
b_d		5.3	8.5	11.0	14.0	19.0	27.0	32.0
h_a		1.6	2.0	2.75	3.5	4.8	8.1	9.6
h_c		6.3	9.0	11.45	14.3	19.1	28.0	33.0
e		8.0	12.0	15.0	19.0	25.5	37.0	44.5
f		6	7	9	11.5	16	23	28
δ		5	5.5	6	7.5	10	12	15
d_a		$d_a = d_d + 2h_a$						
B		$B = (z-1)e + 2f$						
φ	32°	对应的基准直径	≤60	—	—	—	—	—	—
	34°		—	≤80	≤118	≤190	≤315	—	—
	36°		>60	—	—	—	—	≤475	≤600
	38°		—	>80	>118	>190	>315	>475	>600

表 4.4　普通 V 带轮基准直径系列

d_d/mm	Y	Z	A	B	d_d/mm	Z	A	B	C	D	d_d/mm	Z	A	B	C	D	E
20	★				132	★	★	★			500	★	★	★	★	★	★
22.4	★				140	★	★	★			530						★
25	★				150	★	★	★			560		★	★	★	★	★
28	★				160	★	★	★			600			★	★	★	★
31.5	★				170			★			630	★	★	★	★	★	★
35.5	★				180	★	★	★			670						★
40	★				200	★	★	★	★		710		★	★	★	★	★
45	★				212				★		750			★	★	★	
50	★	★			224	★	★	★	★		800		★	★	★	★	★

续表

d_d/mm	Y	Z	A	B	d_d/mm	Z	A	B	C	D	d_d/mm	Z	A	B	C	D	E
56	★	★			236					★	900			★	★	★	★
63		★			250	★	★	★	★		1000			★	★	★	★
71		★			265					★	1060					★	
75		★	★		280	★	★	★	★		1120			★	★	★	★
80	★	★	★		300						1250				★	★	★
85			★		315	★	★	★	★		1400				★	★	★
90	★	★	★		335					★	1500					★	★
95			★		355	★	★	★	★		1600					★	★
100	★	★	★		375					★	1800					★	
106			★		400	★	★	★	★	★	1900						★
112	★	★	★		425					★	2000				★	★	★
118			★		450		★	★	★	★	2240						★
125	★	★	★	★	475					★	2500						★

4.3 带传动工作情况分析

4.3.1 带传动的几何参数

带传动的主要几何参数有:带轮基准直径 d_d、带的基准长度 L_d、两带轮的中心距 a 和包角 α。其中,带传动的包角是指带与带轮接触圆弧所对的圆心角,由图 4.5(a)可知:

小带轮包角为

$$\alpha_1 = 180° - 2\gamma \qquad (4.1)$$

大带轮包角为

$$\alpha_2 = 180° + 2\gamma \qquad (4.2)$$

式中

$$\gamma = \arcsin \frac{d_{d2} - d_{d1}}{2a} \qquad (4.3)$$

带的基准长度 L_d 可计算为

$$L_d \approx 2a + \frac{\pi}{2}(d_{d1} + d_{d2}) + \frac{(d_{d2} - d_{d1})^2}{4a} \qquad (4.4)$$

4.3.2 带传动的工作原理与受力分析

带必须以一定的初拉力 F_0 张紧在带轮上,不工作时,带两边所受拉力相等,均为 F_0,如图

4.5(a)所示。若小带轮为主动轮,且受一驱动力矩 T_1 的作用,以转速 n_1 顺时针旋转。在张紧力的作用下,带与轮之间产生摩擦力 ΣF,使主动轮带动带共同运动;运动的带又靠摩擦力带动从动轮以转速 n_2 与主动轮同向转动,从而把主动轮上的运动和动力传递到从动轮上。在传动过程中,主动轮和从动轮上的摩擦力方向如图4.5(b)所示。在摩擦力的作用下,进入主动轮一边的带(AB 边)被进一步拉紧,拉力由 F_0 增加到 F_1,称为紧边;而由主动轮退出来的一边的带(CD 边)则相应被放松,拉力由 F_0 减小到 F_2,称为松边。

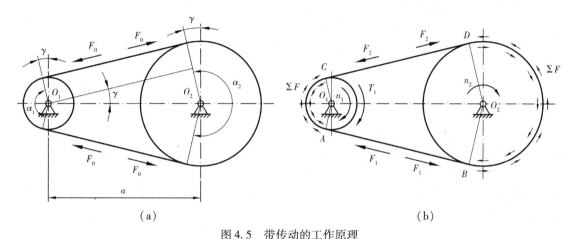

图4.5 带传动的工作原理

取小带轮和带传动的左半部分为平衡体,根据带沿圆周方向的受力平衡和小带轮的力矩平衡,分别可得到

$$F_1 - F_2 = \Sigma F \qquad (4.5)$$

$$\Sigma F = \frac{2T_1}{d_{d1}} \qquad (4.6)$$

由式(4.5)、式(4.6)及带传动的有效圆周力 $F_t = \dfrac{2T_1}{d_{d1}}$,可得

$$F_t = F_1 - F_2 = \Sigma F \qquad (4.7)$$

式(4.7)说明,带传动的有效圆周力等于紧边和松边的拉力之差,也等于带与轮之间所产生的摩擦力。

4.3.3 带传动的运动分析

(1)弹性滑动与打滑

由于带是弹性体,受力不同时,带的弹性变形量也不相同。如图4.5(b)所示,当带绕过主动轮从 A 点转到 C 点的过程中,带所受拉力由 F_1 逐渐降至 F_2,带的弹性变形量也逐渐减小,带将逐渐缩短并沿轮面滑动,使带的速度滞后于主动轮的圆周速度;而带绕过从动轮从 D 点转到 B 点的过程中,所受拉力由 F_2 逐渐增至 F_1,带将逐渐伸长,也会沿轮面滑动,使带的速度超前于从动轮的圆周速度。这种由紧边和松边的拉力差引起带弹性变形量的渐变,从而导致的带与轮之间局部而微小的相对滑动称为弹性滑动。弹性滑动会导致从动轮的圆周速度低于主动轮的圆周速度,使传动比不准确,并且降低了传动效率,引起带的磨损,并使带的温度升高。

由于带传动所能产生的摩擦力是有一定限度的,若带传动所能产生的最大静摩擦力 ΣF_{max} 小于带传动的有效圆周力时,带在轮面上将发生全面的相对滑动,这种滑动称为打滑。打滑时主动轮仍在转动,而带和从动轮处于不稳定的运动状态,这不仅使传动失效,而且还会加剧带的磨损,故在正常工作时带传动不应出现打滑。

带的弹性滑动和打滑是两个完全不同的概念,打滑是由于过载而引起的,因此打滑是可以避免的;而弹性滑动是由于带的弹性和拉力差引起的,是传动中不可避免的现象。

带传动不打滑的条件为

$$F_t \leqslant \Sigma F_{max} \tag{4.8}$$

由式(4.8)可知,为防止打滑,设计时一方面应使有效圆周力 F_t 减小,若带传动的功率为 P,带速为 v,则有效圆周力为

$$F_t = \frac{P}{v} \tag{4.9}$$

当带传动传递的功率 P 一定时,增大带速 v,就可以使有效圆周力 F_t 减小。因此,设计时通常应将带传动布置在机械设备的高速级,以增大带速而减小有效圆周力。一般要求带速 $v \geqslant 5$ m/s。若 $v < 5$ m/s,可通过增大带轮的直径来增大带速。

防止打滑的另一方面是使 ΣF_{max} 增大。在即将打滑时,带两边的拉力 F_1 和 F_2 的关系可用欧拉公式表示为

$$\frac{F_1}{F_2} = e^{f_v \alpha} \tag{4.10}$$

式中   e——自然对数的底。

带传动在工作时,可认为在弹性范围内其总长度不变,即紧边拉力的增加量与松边拉力的减少量相等,则

$$F_1 - F_0 = F_0 - F_2 \tag{4.11}$$

将式(4.5)、式(4.10)、式(4.11)联立,即可求出打滑临界状态下的最大静摩擦力为

$$\Sigma F_{max} = 2F_0 \left(1 - \frac{2}{e^{f_v \alpha} + 1} \right) \tag{4.12}$$

由式(4.12)可知,影响带传动所能产生的最大静摩擦力的因素如下:

1)初拉力 F_0

由于初拉力 F_0 直接影响到带与带轮接触表面的正压力,在安装时,初拉力 F_0 越大,带传动所能产生的最大静摩擦力也越大,越不易产生打滑。但对一定型号的带,F_0 过大又会使带中的应力过大,会降低带的使用寿命。因此,在安装时初拉力的大小应调整适当。

2)小带轮的包角 α_1

因为 $\alpha_2 > \alpha_1$,故打滑常出现在小带轮上。当 α_1 增大时,ΣF_{max} 也会增大,为提高带传动的承载能力,防止打滑,小带轮包角 α_1 不能太小,对于 V 带传动,一般要求 $\alpha_1 \geqslant 120°$,特殊情况下允许 α_1 最小为 $90°$。

3)当量摩擦系数 f_v

ΣF_{max} 随 f_v 的增大而增大,因此,V 带较平带具有更大的传动能力。

(2)传动比

弹性滑动的大小随外载荷的变化而变化,这使得带传动的传动比不是一个定值,而是随着

载荷的变化而改变。由于弹性滑动而引起的主动轮和从动轮圆周速度的差异通常用滑动率 ε 来表示,即

$$\varepsilon = \frac{v_1 - v_2}{v_1} \times 100\% \tag{4.13}$$

式中　v_1, v_2——主动轮和从动轮的圆周速度,m/s。而

$$\begin{cases} v_1 = \dfrac{\pi d_{d1} n_1}{60 \times 1\,000} \\[3mm] v_2 = \dfrac{\pi d_{d2} n_2}{60 \times 1\,000} \end{cases} \text{m/s} \tag{4.14}$$

式中　n_1, n_2——主动轮和从动轮的转速,r/min;

　　　d_{d1}, d_{d2}——主动轮和从动轮的基准直径,mm。

由此可推导出带传动的传动比为

$$i = \frac{n_1}{n_2} = \frac{d_{d2}}{d_{d1}(1 - \varepsilon)} \tag{4.15}$$

由弹性滑动所引起的滑动率的值较小,一般不超过 3%,可忽略不计,因而带传动的传动比可取为

$$i = \frac{n_1}{n_2} \approx \frac{d_{d2}}{d_{d1}} \tag{4.16}$$

4.3.4　带中应力分析

带传动是在循环变应力情况下工作的。若应力过大,应力变化频率过高,带会很快产生疲劳破坏(脱层、撕裂等)而失效,从而限制了带的使用寿命。

带传动工作时,带中应力由以下 3 部分组成:

(1)拉应力 σ

紧边拉应力为

$$\sigma_1 = \frac{F_1}{A} \tag{4.17a}$$

松边拉应力为

$$\sigma_2 = \frac{F_2}{A} \tag{4.17b}$$

式中　A——带的横截面积,m^2。

(2)弯曲应力 σ_B

弯曲应力 σ_B 为

$$\sigma_B = \frac{2h_a}{d_d}E \approx \frac{h}{d_d}E \tag{4.18}$$

式中　E——带的弹性模量,Pa;

　　　h_a——带的中性层到最外层的距离,mm;

　　　h——带的厚度,mm;

　　　d_d——带轮的基准直径,mm。

在带传动中,大小带轮的基准直径不同,因此带在两轮处的弯曲应力大小也不同,在小带轮处的弯曲应力比大带轮处大。对于一定型号的 V 带,带的厚度 h 为一定值,为了保证带在小带轮处的弯曲应力不至于过大,因此对每种型号的 V 带都限定了带轮的最小基准直径 d_{dmin},见表 4.5。

表 4.5　V 带轮的最小基准直径

型号	Y	Z	A	B	C	D	E
$d_{\text{dmin}}/\text{mm}$	20	50	75	125	200	355	500

(3)离心应力 σ_{c}

当带绕过带轮轮缘作圆周运动时,带自身质量将引起离心力,离心力只发生在带作圆周运动的部分,但由此引起的拉力却作用于带的全长,故离心拉应力为

$$\sigma_{\text{c}} = \frac{qv^2}{A} \tag{4.19}$$

式中　q——带单位长度的质量,kg/m,见表 4.1;

　　　v——带速,m/s;

　　　A——带的横截面积,m^2。

离心应力和速度的平方成正比,为了防止产生过大的离心应力,应对带速进行限制,一般 V 带传动的最大带速应小于 25 m/s。

拉应力、弯曲应力和离心应力的分布情况如图 4.6 所示。

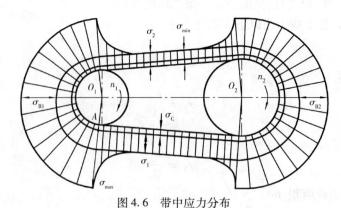

图 4.6　带中应力分布

由图 4.6 可知,工作时带上应力是变化的,最大应力发生在紧边绕入小带轮的 A 点处,其值为

$$\sigma_{\text{max}} = \sigma_1 + \sigma_{B1} + \sigma_{\text{c}} \tag{4.20}$$

4.4 V 带传动的设计计算

4.4.1 V 带传动的失效形式和设计准则

带传动的主要失效形式是打滑和带的疲劳破坏(脱层、撕裂等),因此带传动的设计准则为:在保证带传动不发生打滑的前提下,使其具有足够的疲劳强度和寿命。

为了保证带传动工作时不发生打滑,必须限制带所传递的有效圆周力不超过带传动所能产生的最大静摩擦力,即

$$F_t = \frac{P}{v} = F_1 - F_2 = \Sigma F_{max} \tag{4.21}$$

将欧拉公式(4.10)代入式(4.21)可得

$$P = F_1\left(1 - \frac{1}{e^{f_v\alpha_1}}\right)v = \sigma_1 A\left(1 - \frac{1}{e^{f_v\alpha_1}}\right)v \tag{4.22}$$

为保证传动带有足够的强度,应满足 $\sigma_{max} = \sigma_1 + \sigma_{B1} + \sigma_C \leqslant [\sigma]$,式中,$[\sigma]$ 是由带的疲劳强度和寿命所决定的许用应力。将此强度条件代入式(4.22),可得到单根带所能传递的最大功率为

$$P_0 = ([\sigma] - \sigma_{B1} - \sigma_c)\left(1 - \frac{1}{e^{f_v\alpha_1}}\right)Av \tag{4.23}$$

通过式(4.23)可得到单根带所能传递的最大功率,但该式的计算比较困难,单根带所能传递的最大功率一般通过实验获得。在载荷平稳、包角为 180° 和特定带长的条件下,通过实验测得的单根 V 带的实验功率为 P_0',如图 4.7 所示。

当实际情况与上述实验条件不同时,需要进行修正,从而得到单根 V 带所能传递的功率 P_0 为

$$P_0 = (P_0' + \Delta P_0)K_\alpha K_L \qquad kW \tag{4.24}$$

式中　K_α——包角系数,当包角 $\alpha \neq 180°$ 时,带传动传递动力的能力将会随包角的减小而减小,K_α 的取值见表 4.6;

　　　K_L——长度系数,为带长不等于特定带长时对传递功率的修正,带长的变化会导致应力循环周期的改变,从而影响传递功率的能力,K_L 的取值见表 4.7;

　　　ΔP_0——单根 V 带传递功率的增量,当 $i \neq 1$ 时,大带轮的直径大于小带轮,带在大带轮上绕行时的弯曲应力较小,因此可传递更大的功率,ΔP_0 可表示为

$$\Delta P_0 = K_B n_1\left(1 - \frac{1}{K_i}\right) \qquad kW \tag{4.25}$$

式中　K_B——弯曲影响系数,见表 4.8;

　　　K_i——传动比系数,见表 4.9;

　　　n_1——小带轮的转速,r/min。

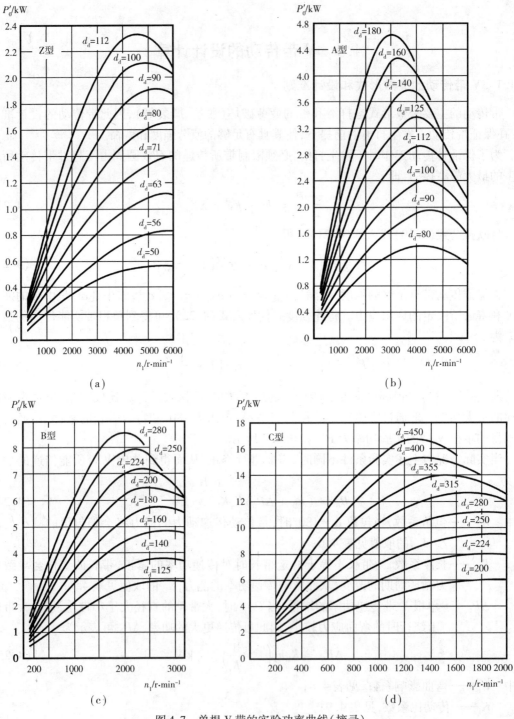

图 4.7　单根 V 带的实验功率曲线(摘录)

表 4.6 包角系数 K_α

小带轮包角	180°	175°	170°	165°	160°	155°	150°	145°	140°	135°	130°	125°	120°	110°	100°	90°
K_α	1.00	0.99	0.98	0.96	0.95	0.93	0.92	0.91	0.89	0.88	0.86	0.84	0.82	0.78	0.74	0.69

表 4.7 普通 V 带长度系数 K_L

\multicolumn{2}{Y}		\multicolumn{2}{Z}		\multicolumn{2}{A}		\multicolumn{2}{B}		\multicolumn{2}{C}		\multicolumn{2}{D}		\multicolumn{2}{E}	
L_d	K_L	L_d	K_L	L_d	K_L	L_d	K_L	L_d	K_L	L_d	K_L	L_d	K_L
200	0.81	405	0.87	630	0.81	930	0.83	1565	0.82	2740	0.82	4660	0.91
224	0.82	475	0.90	700	0.83	1000	0.84	1760	0.85	3100	0.86	5040	0.92
250	0.84	530	0.93	790	0.85	1100	0.86	1950	0.87	3330	0.87	5420	0.94
280	0.87	625	0.96	890	0.87	1210	0.87	2195	0.90	3730	0.90	6100	0.96
315	0.89	700	0.99	990	0.89	1370	0.90	2420	0.92	4080	0.91	6850	0.99
355	0.92	780	1.00	1100	0.91	1560	0.92	2715	0.94	4620	0.94	7650	1.01
400	0.96	920	1.04	1250	0.93	1760	0.94	2880	0.95	5400	0.97	9150	1.05
450	1.00	1080	1.07	1430	0.96	1950	0.97	3080	0.97	6100	0.99	12230	1.11
500	1.02	1330	1.13	1550	0.98	2180	0.99	3520	0.99	6840	1.02	13750	1.15
		1420	1.14	1640	0.99	2300	1.01	4060	1.02	7620	1.05	15280	1.17
		1540	1.54	1750	1.00	2500	1.03	4600	1.05	9140	1.08	16800	1.19
				1940	1.02	2700	1.04	5380	1.08	10700	1.13		
				2050	1.04	2870	1.05	6100	1.11	12200	1.16		
				2200	1.06	3200	1.07	6815	1.14	13700	1.19		
				2300	1.07	3600	1.09	7600	1.17	15200	1.21		
				2480	1.09	4060	1.13	9100	1.21				
				2700	1.10	4430	1.15	10700	1.24				
						4820	1.17						
						5370	1.20						
						6070	1.24						

表 4.8 弯曲影响系数 K_B

V 带型号	Y	Z	A	B	C	D	E
K_B	0.06×10^{-3}	0.39×10^{-3}	1.03×10^{-3}	2.65×10^{-3}	7.5×10^{-3}	26.6×10^{-3}	49.8×10^{-3}

表 4.9 传动比系数 K_i

传动比 i	1.00 ~ 1.04	1.05 ~ 1.09	1.20 ~ 1.49	1.50 ~ 2.95	> 2.95
K_i	1.00	1.03	1.08	1.12	1.14

4.4.2 V带传动的设计步骤

V带传动设计的原始条件为：传动的用途和工作情况、原动机的种类、传递的功率、主动轮和从动轮的转速（或传动比）、对外廓尺寸的要求等。设计计算的主要内容是确定带的型号、根数、长度、带轮基准直径、中心距、需要的预紧力、作用于轴上的载荷以及带轮的结构尺寸等。

设计计算的一般步骤如下：

（1）选择带的型号

V带的型号可根据传动的计算功率 P_c 及小带轮转速 n_1 由图4.8选取。其中，计算功率 P_c 为

$$P_c = K_A P \qquad \text{kW} \tag{4.26}$$

式中　K_A——工作情况系数，见表4.10；

　　　P——带传动传递的功率。

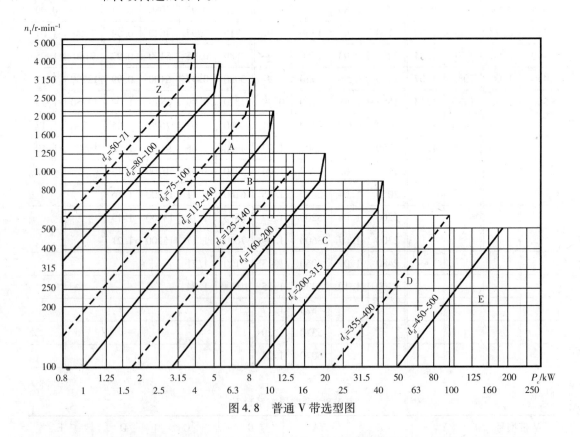

图4.8　普通V带选型图

（2）确定小带轮的基准直径 d_{d1}

d_{d1} 应大于或等于表4.5中的最小基准直径 d_{dmin}，且应取为标准直径（普通V带轮的标准直径系列见表4.4）。

表 4.10 工作情况系数 K_A

载荷性质	工作机	空、轻载启动			重载启动		
		每天工作时间/h					
		<10	10~16	>16	<10	10~16	>16
载荷平稳	液体搅拌机、鼓风机和通风机（≤7.5 kW）、离心式水泵和压缩机、轻载荷输送机	1.0	1.1	1.2	1.1	1.2	1.3
载荷变动小	带式输送机（不均匀负荷）、通风机（>7.5 kW）、旋转式水泵和压缩机（非离心式）、发电机、金属切削机床、印刷机、旋转筛、锯木机、木工机械	1.1	1.2	1.3	1.2	1.3	1.4
载荷变动较大	制砖机、斗式提升机、往复式水泵和压缩机、起重机、磨粉机、冲剪机床、橡胶机械、振动筛、纺织机械、重载输送机	1.2	1.3	1.4	1.4	1.5	1.6
载荷变动很大	破碎机（旋转式、腭式等）、磨碎机（球磨、棒磨、管磨）	1.3	1.4	1.5	1.5	1.6	1.8

注：1. 空、轻载启动－电动机（交流启动、三角启动、直流并励）、四缸以上的内燃机、装有离心式离合器或液力联轴器的动力机。

2. 重载启动－电动机（联机交流启动、直流复励或串励）、四缸以下的内燃机。

3. 反复启动、正反转频繁、工作条件恶劣的场合，K_A 应乘以 1.2。

4. 增速传动时，K_A 应乘以下列系数：

增速比	1.25~1.74	1.75~2.49	2.5~3.49	≥3.5
系数	1.05	1.11	1.18	1.25

（3）验算带速

带速为

$$v = \frac{\pi d_{d1} n_1}{60 \times 1\,000} \quad \text{m/s} \tag{4.27}$$

带速应满足 5 m/s≤v≤25 m/s；否则，需重新选择小带轮直径 d_{d1}。

（4）确定大带轮基准直径 d_{d2}

大带轮基准直径 d_{d2} 为

$$d_{d2} = \frac{n_1}{n_2}d_{d1} = id_{d1} \tag{4.28}$$

d_{d2} 同样应按照表 4.4 圆整为标准直径，但这会导致转速产生误差，因此需验算传动比，即

$$\Delta i = \left|1 - \frac{d_{d2}/d_{d1}}{i}\right| \times 100\% < 5\% \tag{4.29}$$

（5）确定中心距 a 和带长 L_d

带传动的中心距不宜过大，否则会使结构不紧凑，且在载荷变化时容易引起带的颤动。但中心距也不宜过小，因为中心距越小，则带的长度越短，在一定的带速条件下，单位时间内带的

应力循环次数就会越多,从而加速带的疲劳损坏;另外,中心距减小将导致带轮包角减小。对于 V 带传动,可初步确定中心距为

$$0.7(d_{d1} + d_{d2}) \leqslant a_0 \leqslant 2(d_{d1} + d_{d2})\qquad(4.30)$$

初定中心距后,可计算出相应于 a_0 的带基准长度 L_{d0} 为

$$L_{d0} = 2a_0 + \frac{\pi}{2}(d_{d1} + d_{d1}) + \frac{(d_{d2} - d_{d1})^2}{4a_0}\qquad(4.31)$$

由式(4.31)计算出 L_{d0} 后,查表4.2 选取相应型号 V 带的最接近 L_{d0} 值的基准长度 L_d,再根据选定的基准长度 L_d 值反过来求得实际中心距 a。一般可近似计算中心距 a 为

$$a = a_0 + \frac{L_d - L_{d0}}{2}\qquad(4.32)$$

(6)验算小带轮包角 α_1

按式(4.1)验算小带轮包角 α_1,应满足 $\alpha_1 \geqslant 120°(90°)$。

(7)**计算带的根数 z**

V 带传动所需的根数 z 可计算为

$$z = \frac{P_c}{P_0}\qquad(4.33)$$

式中　P_c——带传动的计算功率,可由式(4.26)计算;

　　　P_0——单根 V 带所能传递的功率,可由式(4.24)计算。

带的根数 z 需圆整为整数。为避免带受力不均匀,带的根数不宜过多,一般 $z < 10$ 根,常用 $z \leqslant 6$ 根;否则,应增大带的型号或小带轮直径,然后重新进行计算。

(8)**计算带的初拉力 F_0**

初拉力的大小是保证带传动正常工作的重要因素,初拉力过小,则摩擦力小,容易发生打滑;初拉力过大,则带的寿命降低,轴和轴承的受力也较大。单根 V 带的初拉力 F_0 为

$$F_0 = 500\frac{P_c}{vz}\Big(\frac{2.5}{K_\alpha} - 1\Big) + qv^2\qquad\text{N}\qquad(4.34)$$

式中　P_c——带传动的计算功率,kW;

　　　v——带速,m/s;

　　　z——带的根数;

　　　K_α——包角系数,见表4.6;

　　　q——单位长度传动带的质量,kg/m,普通 V 带的 q 值见表4.1。

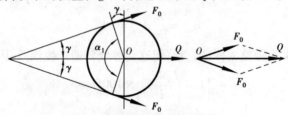

图4.9　轴上载荷的受力分析图

（9）作用于轴上的载荷 Q

为设计轴和轴承,应计算出带作用在轴上的载荷 Q。通常近似地按两边初拉力的合力来计算,由图4.9可得

$$Q = 2F_0 z \cos \gamma \qquad \text{N} \tag{4.35}$$

例4.1 某颚式破碎机采用 V 带传动。已知电动机功率 $P = 7.5$ kW,转速 $n_1 = 1\,440$ r/min;要求偏心轴转速 $n_2 = 315$ r/min,每天工作 12 h,试设计此 V 带传动。

解 1)选择带的型号

由表4.10,原动机为电动机,工作机为颚式破碎机,每天工作 12 h,可查得工作情况系数 $K_A = 1.4$。

由式(4.26)可得到带传动的计算功率为 $P_c = K_A P = 1.4 \times 7.5 = 10.5$ kW。

根据 P_c 及 n_1 查图4.8选用 B 型带,推荐的小带轮直径为 125~140 mm。

2)确定小带轮的基准直径 d_{d1}

由表4.5可知,B 型带的最小基准直径为 $d_{dmin} = 125$ mm。

查表4.4,选取 $d_{d1} = 132$ mm $> d_{dmin} = 125$ mm。

3)验算带速 v

由式(4.27)得 $v = \dfrac{\pi d_{d1} n_1}{60 \times 1\,000} = \dfrac{3.14 \times 132 \times 1\,440}{60 \times 1\,000} = 9.95$ m/s,满足 5 m/s $< v <$ 25 m/s。

4)确定大带轮基准直径 d_{d2}

由式(4.28)得 $d_{d2} = \dfrac{n_1}{n_2} d_{d1} = \dfrac{1\,440}{315} \times 132 = 603.4$ mm,查表4.4,取 $d_{d2} = 600$ mm。

传动比误差为 $\Delta i = \left| 1 - \dfrac{d_{d2}/d_{d1}}{i} \right| \times 100\% = \left| 1 - \dfrac{600/132}{1\,440/315} \right| \times 100\% = 0.57\%$,满足传动比误差小于 5% 的要求。

5)确定中心距 a 和带长 L_d

根据机械的布置情况,初定 $a_0 = 1\,000$ mm。

由式(4.30)验算得 $0.7(d_{d1} + d_{d2}) = 512.4$ mm $\leqslant a_0 \leqslant 1\,464$ mm $= 2(d_{d1} + d_{d2})$,满足传动比取值范围的要求。

由式(4.31)得

$$
\begin{aligned}
L_{d0} &= 2a_0 + \frac{\pi}{2}(d_{d2} + d_{d1}) + \frac{(d_{d2} - d_{d1})^2}{4a_0} \\
&= 2 \times 1\,000 + \frac{3.14}{2}(600 + 132) + \frac{(600 - 132)^2}{4 \times 1\,000} = 3\,204 \text{ mm}。
\end{aligned}
$$

查表4.2,取 $L_d = 3\,200$ mm,则实际中心距由式(4.32)得

$$a = a_0 + \frac{L_d - L_{d0}}{2} = 1\,000 + \frac{3\,200 - 3\,204}{2} = 998 \text{ mm}。$$

6)验算小轮包角 α_1

由式(4.1)得 $\alpha_1 = 180° - 2 \arcsin \dfrac{d_{d2} - d_{d1}}{2a} = 180° - 2 \arcsin \dfrac{600 - 132}{2 \times 998} = 152.9° > 120°$,满

足要求。

7）计算带的根数 z

查图 4.7(c)得 $P_0' = 2.5$ kW，查表 4.6、表 4.7、表 4.8、表 4.9 得 $K_\alpha = 0.925$，$K_L = 1.07$，$K_B = 2.65 \times 10^{-3}$，$K_i = 1.14$。

由式(4.24)得 $\Delta P_0 = K_B n_1 \left(1 - \dfrac{1}{K_i}\right) = 2.65 \times 10^{-3} \times 1\,440 \times \left(1 - \dfrac{1}{1.14}\right) = 0.47$ kW。

由式(4.25)得 $P_0 = (P_0' + \Delta P_0) K_\alpha K_L = (2.5 + 0.47) \times 0.925 \times 1.07 = 2.94$ kW。

由式(4.33)得 $z = \dfrac{P_c}{P_0} = \dfrac{10.5}{2.94} = 3.57$ 根，取 $z = 4$ 根。

8）计算带的初拉力 F_0

查表 4.1 得 B 型带的线密度 $q = 0.17$ kg/m。

由式(4.34)得

$$F_0 = 500 \frac{P_c}{vz}\left(\frac{2.5}{K_\alpha} - 1\right) + qv^2 = 500 \times \frac{10.5}{4 \times 9.95} \times \left(\frac{2.5}{0.925} - 1\right) + 0.17 \times 9.95^2 = 241.4 \text{ N}。$$

9）计算作用在轴上的载荷 Q

由式(4.35)得 $Q = 2F_0 z \cos\gamma = 2 \times 241.4 \times 4 \times \cos 13.55° = 1\,877.4$ N。

4.5　V 带传动的使用和维护

为了延长带的寿命，保证带传动的正常运转，必须对带传动进行正确的使用和维护保养。具体要求主要有以下 5 点：

① 安装时缩小中心距后套上 V 带，再进行调紧，不应硬撬，以免损坏带。

② 严防带与矿物油、酸、碱等介质接触，以免变质，也不宜在阳光下曝晒。

③ 带根数较多的传动，坏了少数几根，不要用新带补全，否则新旧带一起使用，由于旧带已有一定的永久伸长变形而使载荷分布不均，反而加速新带的损坏。此时，应用未损坏的旧带补全或全部换新。

④ 为保证安全生产，带传动应设置防护罩。

⑤ 带工作一段时间后，要产生永久变形，导致张紧力逐渐减小，因此要重新调紧。

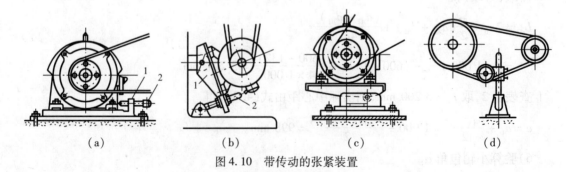

图 4.10　带传动的张紧装置

如图 4.10 所示为几种常用的张紧装置。接近于水平布置的传动可采用如图 4.10(a)所示的结构,用调节螺钉2推移电动机沿滑轨1移动而张紧带;接近于垂直布置的传动可采用如图4.10(b)所示的结构,使电机架1绕定点转动从而张紧带。如图4.10(c)所示的结构是靠电动机和机架的质量自动张紧带,使其保持固定不变的拉力。如图4.10(d)所示为带轮中心距固定,利用张紧轮调紧。张紧轮的轮槽尺寸与带轮相同,且直径小于小带轮的直径。张紧轮应放置在松边内侧,并尽量靠近大带轮,为避免带产生反向弯曲,张紧轮应向外张紧。

思考题与习题

1. 为什么相同条件下,V带能够比平带传递更大的动力?

2. 什么叫弹性滑动和打滑? 两者之间有什么区别? 对带传动各有什么影响?

3. 打滑一般发生在哪个带轮上? 为什么? 防止打滑的措施有哪些?

4. 为了提高带的传动能力,能否故意把带的内表面做粗糙来提高摩擦力?

5. 在带传动和齿轮传动组成的多级传动中,带传动宜放在高速级还是低速级? 为什么?

6. 带传动的传动比为什么不宜过大? 小带轮直径为什么不宜过小? 带速为什么不宜过高也不宜过低?

7. 带传动的主要失效形式是什么?

8. 设计V带传动时,如果小带轮包角 α_1 太小及带的根数过多,应如何解决?

9. 设计V带传动时,中心距的常用范围是多少? 其大小对传动有何影响?

10. 带传动在什么情况下需要张紧轮? 张紧轮如何安装比较合理?

11. 现有一对带轮,测量得到 $d_{d1} = 180$ mm, $d_{d2} = 630$ mm,轮槽的其他尺寸如图4.11所示。准备选用电动机的功率 $P = 5.0$ kW, $n_1 = 1\ 450$ r/min,每天工作8 h,载荷平稳,中心距为800 mm左右,试选配V带,并验算此传动是否合适。

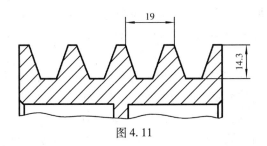

图4.11

12. 已知电动机功率 $P = 2.2$ kW,转速 $n_1 = 1\ 430$ r/min,传动比 $i = 3.15$,每天工作16 h,根据传动布置要求中心距 a 不小于400 mm。请设计该搅拌机的V带传动。

第5章 链传动

5.1 概 述

5.1.1 链传动的组成和类型

如图5.1所示,链传动是由装在平行轴上的主动链轮1、从动链轮2以及与它们相啮合的环形链条3组成,靠链条与链轮轮齿的啮合来传递运动和动力。链传动结构简单、工作可靠、成本较低,因此广泛应用于农业、采矿、冶金、石油、化工、起重及运输等各种机械设备中。

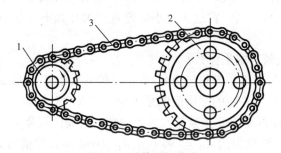

图5.1 链传动的组成

按照工作性质的不同,链可分为传动链、起重链、曳引链3种类型。传动链主要用在一般机械传动中传递运动和动力,通常都在中等速度($v \leqslant 20$ m/s)下工作;起重链主要用在起重机械中提升重物,其工作速度一般不大于0.25 m/s;曳引链主要用在运输机械中移动重物,其工作速度一般不大于2~4 m/s。

如图5.2所示,传动链按结构不同主要分为传动用短节距精密滚子链(简称滚子链)、传动用短节距精密套筒链(简称套筒链)、齿形链及成型链,这些传动链都已经标准化。目前滚子链的应用最为广泛,本章也重点介绍滚子链的选择和设计计算;套筒链比滚子链结构简单,但套筒链易磨损,故只适用于低速传动($v < 2$ m/s);齿形链俗称无声链,它是由许多齿形链板相互铰接而成,利用齿形链板的齿廓和链轮轮齿相啮合来实现传动,与滚子链相比,其优点是传动平稳,振动和噪声小,承受冲击载荷的性能较好,但装拆困难,质量大,价格贵,常用于高速传动($v \leqslant 30$ m/s)中;成型链结构简单、装拆方便,常用于$v \leqslant 3$ m/s的一般传动和农业机械上。

5.1.2 链传动的特点和应用

与带传动相比,链传动的主要优点如下:

① 由于是啮合传动,不存在打滑和弹性滑动现象,故平均传动比准确,工作可靠。

② 工况相同时,传动尺寸比较紧凑。

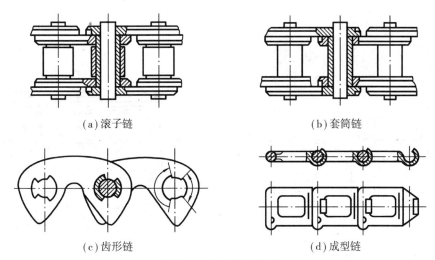

(a)滚子链　　　　　　　　　　　(b)套筒链

(c)齿形链　　　　　　　　　　　(d)成型链

图5.2　传动链的类型

③ 作用于轴上的力较小。

④ 能在温度较高、多灰尘、湿度较大、有腐蚀等恶劣环境下工作。

与齿轮、蜗杆传动相比,链传动成本低,易安装,由于它有中间挠性件,故中心距适用范围较大。

链传动的缺点如下:

① 瞬时传动比不恒定,传动不够平稳。

② 工作时有噪声,不宜在载荷变化很大和急速反向的传动中应用。

③ 只限于平行轴间的传动。

④ 比带传动制造成本高。

链传动传递的功率一般在100 kW以下;传动速度一般不超过15 m/s;传动比$i \leq 6$,常用$i = 2 \sim 3.5$,低速时i_{max}可达10;链传动的效率为闭式:$\eta = 0.95 \sim 0.98$,开式:$\eta = 0.9 \sim 0.93$。

5.2　滚子链与链轮

5.2.1　滚子链的结构

单排滚子链的结构如图5.3(a)所示。它由内链板、外链板、销轴、套筒及滚子组成。销轴与外链板、套筒与内链板分别由过盈配合连接。滚子与套筒,套筒与销轴之间为间隙配合,当内外链板相对挠曲时,套筒可在销轴上自由转动;滚子是活套在套筒上的,其作用是减轻齿廓的磨损。内外链板均制成∞字形,以保持链板各个横截面具有相接近的抗拉强度并减轻链的质量和运动时的惯性力。链条的各零件均由碳钢或合金钢制成,并经热处理,以提高强度及耐磨性。链条上相邻两销轴中心的距离称为链节距,用p表示,它是链传动最主要的参数之一。

把一根以上的单排链并列,用长销轴连接起来的链,称为多排链。如图5.3(b)所示为双排链。排数越多越难使各排受力均匀,故一般不超过3或4排。当载荷大要求排数多时,可采用两根或两根以上的双排链或三排链。

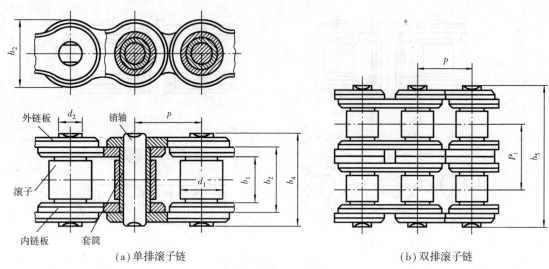

（a）单排滚子链　　　　　　　　　　　　（b）双排滚子链

图 5.3　滚子链的结构

　　链条的长度用节数来表示。链条的节数宜取偶数,这样在构成环状时能够使内外链板正好相接。接头处可用开口销或弹簧卡片锁紧(见图 5.4(a)、(b));当链节数为奇数时,则需要用一个过渡链节(见图 5.4(c))。过渡链节的链板在工作时,要受附加弯曲载荷,故应尽量避免使用。

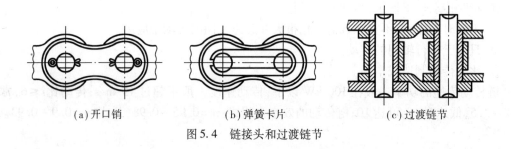

（a）开口销　　　　　　　　（b）弹簧卡片　　　　　　　（c）过渡链节

图 5.4　链接头和过渡链节

　　滚子链的基本参数是节距 p,滚子直径 d_1,内链节内宽 b_1,多排链排距 p_t 等,不同型号链的相关参数见表 5.1。

　　滚子链的标记方法为

　　链号-排数-整链链节数　编号标准

　　例如,08A-1-88 GB/T 1243—2006 表示按 GB/T 1243—2006 制造的 A 系列,节距为 12.7 mm、长度为 88 节的单排滚子链。

5.2.2　滚子链链轮

（1）链轮的齿形

　　链轮轮齿的齿形应保证链节能自由地进入和退出啮合,在啮合时应保证良好的接触、同时形状应尽可能简单,并便于加工。

表5.1　滚子链的基本参数与尺寸(摘录)

链号	节距 p	排距 p_t	滚子外径 d_1	销轴直径 d_2	内链节内宽 b_1	内链节外宽 b_2	销轴长度 单排 b_4	销轴长度 双排 b_5	内链板高度 h_2	抗拉强度 F_n 单排	抗拉强度 F_n 双排	单排质量
	mm									kN		kg/m
08A	12.70	14.38	7.92	3.98	7.85	11.17	17.8	32.3	12.07	13.8	27.6	0.6
10A	15.875	18.11	10.16	5.08	9.40	13.84	21.8	39.9	15.09	21.8	43.6	1.0
12A	19.05	22.78	11.91	5.94	12.57	17.75	26.9	49.8	18.08	31.1	62.3	1.5
16A	25.40	29.29	15.88	7.92	15.75	22.61	33.5	62.7	24.13	55.6	111.2	2.6
20A	31.75	35.76	19.05	9.53	18.90	27.46	41.1	77.0	30.18	86.7	173.5	3.8
24A	38.10	45.44	22.23	11.10	25.22	35.46	50.8	96.3	36.20	124.6	249.1	5.6
28A	44.45	48.87	25.40	12.70	25.22	37.19	54.9	103.6	42.24	169.0	338.1	7.5
32A	50.80	58.55	28.58	14.27	31.55	45.21	65.5	124.2	48.26	222.4	444.8	10.1
40A	63.50	71.55	39.68	19.84	37.85	54.88	80.3	151.9	60.33	347.0	693.9	16.1
48A	76.20	87.83	47.63	23.81	47.35	67.81	95.5	183.4	72.89	500.0	1 000.0	22.6

滚子链的轮齿齿形已标准化,目前应用最普遍的是三圆弧一直线齿形。如图5.5所示,端面齿形由3段圆弧 aa,ab,cd 和一段直线 bc 组成。这种齿形啮合处的接触应力较小,承载能力高,并可采用标准刀具加工。设计时采用此齿形,在零件工作图上可不必画出,只需注明链轮的基本参数和主要尺寸,如齿数 z、节距 p、滚子直径 d_1、分度圆直径 d、齿顶圆直径 d_a 及齿根圆直径 d_f,并注明"齿形按 GB/T 1243—2006 制造"即可。

链轮上链条销轴中心所在的圆称为分度圆,如图5.5所示。

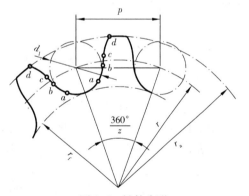

图5.5　链轮齿形

分度圆直径为

$$d = \frac{p}{\sin\dfrac{180°}{z}} \tag{5.1}$$

齿顶圆直径为

$$d_a = p\left(0.54 + \cot\frac{180°}{z}\right) \tag{5.2}$$

齿根圆直径为

$$d_f = d - d_1 \tag{5.3}$$

式中　d_1——滚子外径。

（2）链轮的结构和材料

如图 5.6 所示为常用的链轮结构。一般小直径链轮制成整体式（见图 5.6(a)），中等直径的链轮制成孔板式（见图 5.6(b)），大直径链轮制成连接式（见图 5.6(c)、5.6(d)），齿圈与轮毂可用不同材料制作，便于齿圈磨损后能单独更换。齿圈与轮毂的连接方式可采用焊接或螺栓连接。

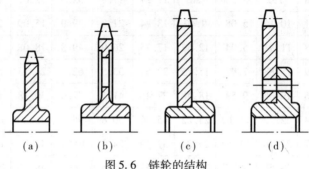

(a) (b) (c) (d)

图 5.6 链轮的结构

链轮材料应保证轮齿有足够的强度和耐磨性。常用中碳钢淬火或低碳钢渗碳淬火，表面硬度 40 ~ 60HRC。重要的链轮可采用合金钢，低速、平稳载荷的工况下也可用铸铁制造。小链轮轮齿啮合次数较多，所受冲击也较大，应用较好的材料制造。链轮常用材料的牌号有 20，45，20Cr，40Cr，HT200 等。

5.3 链传动的运动特性

由于链条是由刚性链节用销轴连接而成，当链绕在链轮上时，链节与链轮啮合区段的链条将曲折成正多边形的一部分（见图 5.7），其边长为链节距 p，边数等于链轮齿数 z。传动时，链轮每转动 1 周，链条转过 $z \cdot p$ 的长度。当两链轮转速分别为 n_1 和 n_2 时，链速为

$$v = \frac{z_1 p n_1}{60 \times 1\,000} = \frac{z_2 p n_2}{60 \times 1\,000} \quad \text{m/s} \tag{5.4}$$

传动比为

$$i = \frac{n_1}{n_2} = \frac{z_2}{z_1} \tag{5.5}$$

以上两式求得的是平均链度和平均传动比。而实际上，即使主动链轮的角速度 ω_1 为常数，链速 v 和从动链轮角速度 ω_2 都将是周期性变化的。

如图 5.7(a)所示，传动时，绕在链轮上的链条，其销轴中心沿着链轮的分度圆运动，因此，当主动链轮以等角速度 ω_1 转动时，链节的销轴中心 A 的圆周速度 $v_A = r_1 \omega_1$。为了便于说明问题，设传动时链的主动边（上边）始终处于水平位置。这样 v_A 可分解为平行于链条方向的分速度 v（即链速）和垂直于链条方向的分速度 v'（链条的上下抖动速度）。其值分别为：

$$\begin{cases} v = v_A \cos \beta = r_1 \omega_1 \cos \beta \\ v' = v_A \sin \beta = r_1 \omega_1 \sin \beta \end{cases} \tag{5.6}$$

式中　β——链节的销轴中心 A 在主动轮上的相位角。

若主动链轮上一个链节所对的中心角为 φ_1，则 $\varphi_1 = \dfrac{360°}{z_1}$。在传动过程中，销轴位置随链轮的转动而不断变化，$\beta$ 角随链轮的转动从 $-\dfrac{\varphi_1}{2}$ 变到 0，又从 0 变到 $+\dfrac{\varphi_1}{2}$，链速也相应变化。如图 5.7(b)、(c)、(d)所示，当 $\beta = 0$ 时，$v_{\max} = r_1 \omega_1$，当 $\beta = \pm \dfrac{\varphi_1}{2}$ 时，$v_{\min} = r_1 \omega_1 \cos \dfrac{\varphi_1}{2}$。由此可知，虽然主动链轮作等角速度转动，而链条的瞬时速度却周期性地发生变化，链轮每转过一个齿，链条速度都经历了由小变大、再由大变小的变化过程。与此同时，链条的垂直分速度 v' 也同样经历由 $r_1 \omega_1 \sin \dfrac{\varphi_1}{2}$（向上）到 0，又由 0 到 $r_1 \omega_1 \sin \dfrac{\varphi_1}{2}$（向下）的周期性变化，导致链条上下抖动。

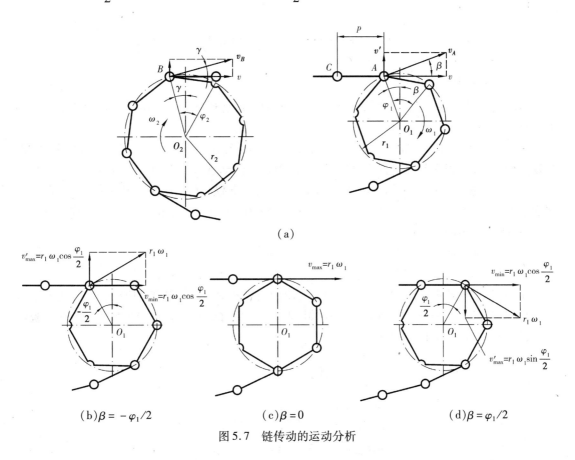

（a）

（b）$\beta = -\varphi_1/2$　　　　　（c）$\beta = 0$　　　　　（d）$\beta = \varphi_1/2$

图 5.7　链传动的运动分析

从动链轮上一个链节所对的中心角 $\varphi_2 = \dfrac{360°}{z_2}$，而销轴中心 B 在从动轮上的相位角 γ 的变化范围为 $-\dfrac{\varphi_2}{2} \sim +\dfrac{\varphi_2}{2}$。当链速为 v 时，销轴中心 B 的圆周速度 $v_B = \dfrac{v}{\cos \gamma}$，由此可以得到从动轮的角速度为

$$\omega_2 = \frac{v}{r_2 \cos \gamma} = \frac{r_1 \omega_1 \cos \beta}{r_2 \cos \gamma} \tag{5.7}$$

则链传动的瞬时传动比为

$$i = \frac{\omega_1}{\omega_2} = \frac{r_2 \cos \gamma}{r_1 \cos \beta} \tag{5.8}$$

由于$\frac{\cos \gamma}{\cos \beta}$的值在一般情况下不是一个定值,因此,链传动的瞬时传动比也不是恒定的。

根据以上分析可知,在工作过程中链条和从动链轮都在做周期性的变速运动,从而产生动载荷;此外,链节进入链轮的瞬间,链节和轮齿以一定的相对速度啮合,使链和轮齿受到冲击,并产生附加的冲击载荷,导致链传动的运动不平稳,产生冲击和噪声。由于这种现象是由链条绕在链轮上的多边形特征引起的,故也被称为链传动的多边形效应。为了减少链传动的运动不均匀性和冲击的影响,应尽量选用较小的节距,较多的轮齿数和限制链轮的转速。

5.4　链传动的失效形式和许用功率曲线

5.4.1　链传动的失效形式

链轮比链条的强度高、寿命长,故设计时主要应考虑链条的失效。链条失效形式主要有以下5种:

① 链板的疲劳破坏,链在松边拉力和紧边拉力的反复作用下,经过一定的循环次数,链板会发生疲劳破坏,正常润滑条件下,疲劳强度是限定链传动承载能力的主要因素。

② 滚子、套筒的冲击疲劳破坏,链传动啮合时的冲击载荷首先由滚子和套筒承受,在反复多次的冲击下,经过一定的循环次数,滚子、套筒会发生冲击疲劳破坏,这种失效形式多发生于中、高速闭式链传动中。

③ 销轴与套筒的胶合,润滑不良或速度过高时,由于摩擦造成温度过高,使销轴和套筒的金属表面互相黏合,发生胶合破坏,胶合在一定程度上决定了链条的最高速度。

④ 链条的磨损伸长,链传动中,销轴与套筒间由于相对滑动而逐渐磨损,磨损后使链条节距变长,链节则由原来位置沿齿高方向外移(见图5.8),移到一定程度,链条会从链轮上脱落下来,不能维持正常工作,称为脱链。

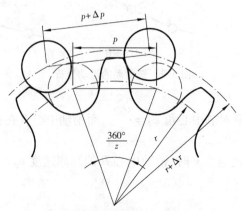

图 5.8　链节伸长对啮合的影响

⑤ 链条的静力拉断,在低速($v < 0.6$ m/s)重载或突然过载时,载荷超过链条的静强度,链

条将被拉断,此时主要的失效形式为静力拉断。

5.4.2　链传动的许用功率曲线

链传动的各种失效形式都在一定条件下限制了它的承载能力,大量实验表明,链传动的极限承载能力可用极限功率曲线图来表示。图 5.9 中给出了链传动各种失效形式所限定的单排链极限功率,实际许用功率应在这些极限功率曲线所围成的封闭区域 OABC 范围之内。

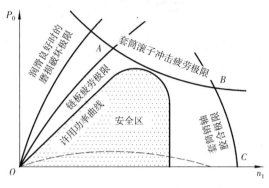

图 5.9　极限功率曲线

以不产生各种失效形式为限制条件,通过大量试验可得到单排滚子链的许用功率曲线,如图 5.10 所示。该功率曲线按照下述条件试验得到:

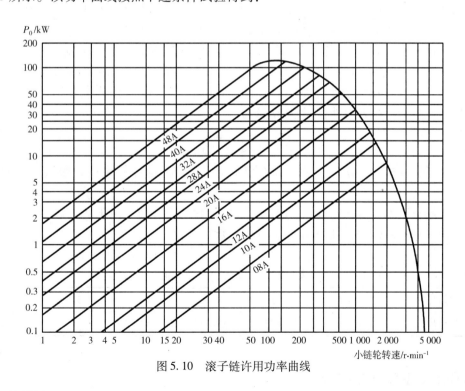

图 5.10　滚子链许用功率曲线

① 单排链。
② 两链轮共面且两轴水平布置。

55

③ 小轮齿数 $z = 19$，传动比 $i = 3$，链节数 $L_p = 100$ 节。

④ 载荷平稳，采用推荐的润滑方式。

⑤ 使用寿命 15 000 h。

⑥ 链节因磨损引起的伸长量又不超过 3%。

5.5　链传动的设计计算

滚子链传动的速度一般分为低速（$v < 0.6$ m/s）、中速（$v = 0.6 \sim 8$ m/s）和高速（$v > 8$ m/s）3 种。对于中、高速链传动，通常按许用功率曲线进行设计计算；而低速链传动，则按其静强度进行设计计算。

设计链传动时，已知数据和条件为：传递的功率 P、主动链轮和从动链轮的转速 n_1 和 n_2、载荷的性质、工作条件等。设计应完成的工作内容包括：选定链轮的齿数 z_1 和 z_2，确定链节距 p 和排数，确定中心距 a 和链节数 L_p，选择润滑方式和链轮材料并绘制链轮零件工作图。

5.5.1　中、高速链传动的设计计算

对于链速 $v \geq 0.6$ m/s 的中、高速链传动，设计计算的步骤如下：

（1）确定链轮齿数 z_1, z_2

链轮的齿数不宜过多或过少。如果链轮的齿数过少，会导致链传动的多边形效应显著，增大传动的不均匀性和附加动载荷；链传递的圆周力增大，使紧边拉力增大，从而加速了链条的疲劳破坏；链条进入和退出啮合时，链节间的相对转角增大，使链的磨损加剧。常用 $z_{1min} = 17$，当链速很低时，允许最小齿数为 9。如果链轮的齿数过多，会使整个装置的结构尺寸增大；而大链轮齿数过多，容易产生跳齿和脱链。如图 5.8 所示，链节产生磨损后，使链条节距变长，链节则由原来位置沿齿高方向外移，其移动量为

$$\Delta r = \frac{\Delta p}{2 \sin(180°/z)} \tag{5.9}$$

由式（5.9）可知，当 Δp 一定时，z 越大则 Δr 也越大，越容易跳齿和脱链，一般应限定 $z_2 \leq 150$。

表 5.2 给出了不同传动比条件下选定小链轮齿数的推荐值。由于链节数一般为偶数，为使磨损均匀，链轮齿数一般应取与链节数互为质数的奇数。

表 5.2　小链轮齿数的推荐值

传动比 i	1 ~ 2	2 ~ 3	3 ~ 4	4 ~ 5	5 ~ 6	>6
主动链轮齿数 z_1	31 ~ 27	27 ~ 25	25 ~ 23	23 ~ 21	21 ~ 17	17

（2）选定链型号、确定链节距 p

链节距 p 越大，链条的承载能力越大；但 p 越大，传动尺寸越大，运动不均匀性和冲击越严重。因此，设计链传动时，在满足承载能力的条件下，应尽量取较小的节距。

　　根据传递的功率和小链轮转速，首先由图 5.10 的功率曲线可方便地选定链的型号，然后根据链型号查表 5.1 得出相应的节距数值。采用图 5.10 选定链型号时必须注意，若所设计链传动的实际工作条件与功率曲线的实验条件不相同时，需先将传递的功率修正，再按修正后的功率值查图，修正时使用的计算公式为

$$P_0 \geqslant \frac{K_A K_z P}{K_p} \qquad \text{kW} \tag{5.10}$$

式中　P——链传递的功率，kW；

　　　K_A——工作情况系数，见表 5.3；

　　　K_z——小链轮齿数系数，见图 5.11；

　　　K_p——多排链系数，见表 5.4。

表 5.3　工作情况系数 K_A

载荷种类	应用举例	原动机种类		
		电动机 汽轮机	内燃机	
			液力传动	机械传动
稳定载荷	均匀加料浇注机、压力机、均匀送料运输机、木材加工机、离心泵、离心压缩机、纸压光机、楼台电梯、液体搅拌机、干燥滚筒、机床主传动机构	1.0	1.0	1.2
不稳定载荷	混凝土搅拌机、不均匀送料运输机、打浆装置、球磨机、三缸活塞泵、三缸活塞压缩机、压力机和剪切机、辊道、吊车和提升机、固体搅拌机、卷扬机、振动筛、绕线机、拉丝机	1.5	1.4	1.6
冲击载荷	挖土机、建筑机械、橡胶加工机械、木材磨削机、锤式磨碎机、单双缸活塞泵、单双缸活塞压缩机、石油钻探设备、电焊机用发电机、辊式破碎机、砖瓦机械	2	1.9	2.2

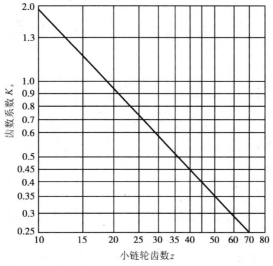

图 5.11　小链轮齿数系数

表5.4 多排链系数 K_p

排数	1	2	3	4	5	6	≥ 7
K_p	1.0	1.75	2.5	3.3	4.1	5.0	和生产厂商定

对于高速、大功率、大传动比,要求结构紧凑的链传动宜用小节距多排链;速度低、传动比小、中心距大时,则宜选用稍大节距的单排链。

(3)计算链速

为了控制链传动的动载荷与噪声,需对链速加以限制,一般要求

$$v = \frac{z_1 p n_1}{60 \times 1\,000} \leqslant 15 \qquad \text{m/s} \tag{5.11}$$

式中　z_1——小链轮齿数;

　　　p——链节距,mm;

　　　n_1——小链轮转速 r/min。

(4)确定中心距 a 和链节数 L_p

中心距对传动性能有着重要的影响。中心距过小,使链在小轮上的包角减小,轮齿受力增大;在一定链速下,链单位时间绕过链轮的次数增多,加速链的疲劳和磨损。中心距过大,链条松边下垂量大,容易引起上下颤动。设计时,一般推荐初定中心距 $a_0 = (30 \sim 50)p$,最大中心距 $a_{0max} < 80p$。

当中心距初步确定后,可用带传动中计算带长度的公式来计算链长度。链长度常以链节数表示,在无张紧元件时

$$L_{p0} = \frac{2a_0}{p} + \frac{(z_1 + z_2)}{2} + \frac{p}{a_0}\left(\frac{z_2 - z_1}{2\pi}\right)^2 \tag{5.12}$$

式中　L_{p0}——计算链节数。

对 L_{p0} 取整(最好为偶数)得到链节数 L_p,则链传动中心距可计算为

$$a = \frac{p}{4}\left[\left(L_p - \frac{z_1 + z_2}{2}\right) + \sqrt{\left(L_p - \frac{z_1 + z_2}{2}\right)^2 - 8\left(\frac{z_2 - z_1}{2\pi}\right)^2}\right] \qquad \text{mm} \tag{5.13}$$

一般情况下,a 可近似计算为

$$a = a_0 + \frac{L_p - L_{p0}}{2}p \qquad \text{mm} \tag{5.14}$$

为保证链条有一定的垂度,不至于安装得太紧,实际中心距应比计算值少 $0.2\% \sim 0.4\%$。若中心距为可调的,其调节范围一般应大于或等于 $2p$。对于中心距固定又无张紧装置的链传动,应注意中心距的准确性。

(5)计算对轴的作用力

链工作时,紧边和松边拉力不等,紧边拉力 F_1 包括圆周力、由离心力产生的离心拉力及链条自重所产生的悬垂拉力,松边拉力 F_2 仅包括后两者。当 $v \leqslant 12$ m/s 时,离心拉力值很小,可略去;悬垂拉力的大小与传动布置方式及链工作时允许的垂度有关,一般也可忽略不计。由此,链传动的压轴力可近似计算为

$$Q \approx K_Q F_t = \frac{K_Q P}{v} \qquad kN \tag{5.15}$$

式中　K_Q——压轴力系数,一般取 $1.2 \sim 1.3$,有冲击,振动时取大值;

　　　F_t——传动中的圆周力,N;

　　　P——传递的功率,kW;

　　　v——链速,m/s。

(6)链轮几何尺寸的计算及绘制零件图

例 5.1　设计一均匀加料输送机用的滚子链传动。已知条件为:传递功率 $P = 7.5$ kW,主动轮转速 $n_1 = 240$ r/min,从动轮转速 $n_2 = 80$ r/min,载荷平稳,要求中心距 $a_0 \approx 600$ mm。

解　1)确定链轮齿数

计算传动比为 $i = \dfrac{n_1}{n_2} = \dfrac{240}{80} = 3$,由表 5.2 选取 $z_1 = 25$,则 $z_2 = iz_1 = 3 \times 25 = 75$。

2)选定链型号,确定链节距 p

主动轮转速 $n_1 = 240$ r/min,转速较低,可考虑选用单排链;而要求中心距 $a_0 \approx 600$ mm,结构比较紧凑,可考虑选用双排链。

由表 5.3 查得工作情况系数 $K_A = 1.0$,由表 5.4 查得多排链系数:单排链 $K_p = 1.0$,双排链 $K_p = 1.75$,由图 5.11 查得小链轮齿数系数 $K_z = 0.74$。

对于单排链,由式(5.10)得 $P_0 \geqslant \dfrac{K_A K_z P}{K_p} = \dfrac{1.0 \times 0.74 \times 7.5}{1.0} = 5.55$ kW。

根据 $P_0 = 5.55$ kW 及 $n_1 = 240$ r/min,由图 5.10 选定链型号为 16 A,由表 5.1 查得其节距 $p = 25.40$ mm,检验中心距 $a_0 \approx 600$ mm $< 30p = 762$ mm,不满足中心距的要求。

对于双排链,$P_0 \geqslant \dfrac{K_A K_z P}{K_p} = \dfrac{1.0 \times 0.74 \times 7.5}{1.75} = 3.17$ kW。

根据 $P_0 = 3.17$ kW 及 $n_1 = 240$ r/min,由图 5.10 选定链型号为 10 A,节距 $p = 15.875$ mm,检验中心距为 476.25 mm $= 30p < a_0 \approx 600$ mm $< 50p$ 793.75 mm,满足中心距的要求,因此选用双排链,链型号为 10 A。

3)验算链速

链速 $v = \dfrac{z_1 n_1 p_1}{60 \times 1\,000} = \dfrac{25 \times 240 \times 15.875}{60 \times 1\,000} = 1.59$ m/s < 15 m/s,满足要求。

4)计算链节数与实际中心距

按题目要求 $a_0 \approx 600$ mm,计算链节数为

$$L_{p0} = \frac{2a_0}{p} + \frac{(z_1 + z_2)}{2} + \frac{p}{a_0}\left(\frac{z_2 - z_1}{2\pi}\right)^2 = \frac{2 \times 600}{15.875} + \frac{25 + 75}{2} + \frac{15.875}{600} \times \left(\frac{75 - 25}{2 \times 3.14}\right)^2 = 127.3。$$

取 $L_p = 128$,则实际中心距为 $a = a_0 + \dfrac{L_p - L_{p0}}{2}p = 600 + \dfrac{128 - 127.3}{2} \times 15.875 = 605.56$ mm。

为保证链条有一定的垂度,不至于安装得太紧,实际中心距应比计算值少 $0.2\% \sim 0.4\%$,故取 $a = 604$ mm。

5）计算对轴的作用力

取 $K_Q = 1.25$，则 $Q = \dfrac{K_Q P}{v} = \dfrac{1.25 \times 7.5}{1.59} = 5.90$ kN。

6）计算链轮的主要几何尺寸

分度圆直径为 $d_1 = \dfrac{p}{\sin\dfrac{180°}{z_1}} = \dfrac{15.875}{\sin\dfrac{180°}{25}} = 126.66$ mm，$d_2 = \dfrac{p}{\sin\dfrac{180°}{z_2}} = \dfrac{15.875}{\sin\dfrac{180°}{75}} = 379.10$ mm。

其他尺寸略。

5.5.2　低速链传动的设计计算

对于 $v < 0.6$ m/s 的低速链传动,其主要失效形式为链条的静力拉断,故应按静强度条件进行计算。根据传动的已知条件,可先参考图 5.10 初步选择链型号,然后进行校核,即

$$S = \frac{F_n}{K_A F_t} \geqslant 4 \sim 8 \tag{5.16}$$

式中　S——静强度安全系数;

　　　F_n——链条的极限拉力载荷,kN,见表 5.1;

　　　K_A——工作情况系数,见表 5.3;

　　　F_t——传动的圆周力,kN。

5.6　链传动的布置、张紧与润滑

5.6.1　链传动的布置

链传动的布置应注意以下 3 点:

① 为保证正确啮合,两链轮应位于同一垂直平面内,并保持两轮轴相互平行。

② 两轮中心连线最好水平布置或中心连线与水平线夹角不大于 45°,应尽量避免垂直布置。若必须垂直布置时,上下两轮中心应错开,使其不在同一铅垂面内,以免链条因垂度较大而与下面的链轮松脱。

③ 一般应使紧边在上,松边在下,这样可使链节和链轮轮齿顺利地进入或退出啮合。反之,会因松边的垂度而引起链条与轮齿的干扰,即咬链现象;当中心距较大时,还会因垂度过大而引起松边与紧边相碰撞。

5.6.2　链传动的张紧

链传动进行张紧的目的主要是为了增加链条与链轮的啮合包角和避免因垂度过大而产生啮合不良以及振动现象,如图 5.12 所示。常用的张紧方法如下:

① 调整中心距张紧,此方法同带传动张紧方法一样。

② 用张紧装置张紧,当中心距不可调时可采用此方法。张紧轮直径稍小于小链轮直径,并置于松边靠近小轮处。张紧轮可用链轮也可用滚轮,当双向传动时,应在两边设张紧装置。

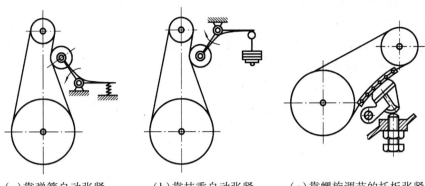

(a)靠弹簧自动张紧　　　(b)靠挂重自动张紧　　　(c)靠螺旋调节的托板张紧

图 5.12　链传动的张紧装置

5.6.3 链传动的润滑

润滑可减少链传动的磨损,有利于缓和链节和链轮轮齿的冲击。为了提高链传动的使用寿命,必须保证具有良好的润滑条件,并合理地选择润滑剂。根据链速和传递功率不同,推荐用以下 4 种润滑方法:

① 用油壶或油刷进行人工定期润滑,用于 $v < 1$ m/s 及不重要的传动。

② 滴油润滑,用油杯将润滑油滴在链条上,用于 $v < 8$ m/s 的传动。

③ 油浴或飞溅润滑,用于 v 接近 12 m/s 的传动中。

④ 压力循环润滑,用于 $v > 12$ m/s 的重要传动中。

链传动常用的润滑油牌号有 L-AN32,L-AN46,L-AN68 号机油。当承压面上压强较大、环境温度高时,应选取黏度大的润滑油。定期润滑转速很低的链传动时,可使用润滑脂润滑。

思考题与习题

1. 链传动与带传动相比较有何特点?

2. 链传动的速度不均匀性是怎样产生的? 怎样减轻不均匀性?

3. 滚子链传动有哪些常见失效形式? 在润滑良好的条件下,哪种失效形式是限定链传动承载能力的主要因素?

4. 在小链轮和大链轮齿数选取时应考虑哪些问题?

5. 链传动的中心距过大或过小对传动有何不利? 一般应取为多少?

6. 为什么链节数一般为偶数而链轮齿数一般为奇数?

7. 链传动张紧的目的是什么? 在使用张紧轮张紧时,张紧轮的布置方法与带传动有何不同?

8. 某滚子链标记为:12A-2-84 GB/T 1243—2006,请解释该标记。

9. 已知某滚子链传动,采用12A 单排链,主动链轮齿数 $z_1 = 19$,链速 $v = 6$ m/s,试问该链传动能传递的许用功率为多少?

10. 设计一驱动运输机的链传动,采用电动机驱动,已知传递功率 $P = 22$ kW,小链轮转速 $n_1 = 730$ r/min,大链轮转速 $n_2 = 250$ r/min,载荷平稳。

第6章 齿轮传动

6.1 概　述

齿轮传动是机械传动中应用最广泛的一种传动形式,用以传递空间任意两轴间的运动及动力。其主要优点为传动准确、适用的功率和圆周速度范围广、传动效率高、结构紧凑、工作可靠、寿命长;但其制造比较复杂,需专用设备,因而成本较高。目前,齿轮技术可以达到的指标为:最大圆周速度 $v = 300$ m/s,最大转速 $n = 10^5$ r/min,最大功率 $P = 10^5$ kW,直径 $d = 1$ mm $\sim$ 150 m。

齿轮传动的种类很多。如图6.1所示,按照一对齿轮轴线的相互位置,齿轮传动可分为平行轴(见图6.1(a)、(b)、(c)、(d))、相交轴(见图6.1(f)、(g))和交错轴(见图6.1(h))传动。按照轮齿排列在圆柱体的外表面、内表面或平面上,可分为外啮合齿轮传动(见图6.1(a)、(b)、(c))、内啮合齿轮传动(见图6.1(d))和齿轮齿条传动(见图6.1(e))。按照轮齿和轮轴的相对位置,又可分为直齿圆柱齿轮传动(见图6.1(a)、(d))、斜齿圆柱齿轮传动(见图6.1(b))和人字齿圆柱齿轮(见图6.1(c))传动。

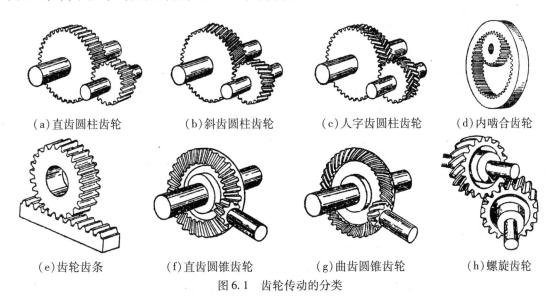

(a)直齿圆柱齿轮　　　(b)斜齿圆柱齿轮　　　(c)人字齿圆柱齿轮　　　(d)内啮合齿轮

(e)齿轮齿条　　　(f)直齿圆锥齿轮　　　(g)曲齿圆锥齿轮　　　(h)螺旋齿轮

图6.1　齿轮传动的分类

尽管齿轮机构的类型很多,啮合方式不同,但最基本的类型是直齿圆柱齿轮机构。因此,本章将以直齿圆柱齿轮机构为主要对象来研究齿轮啮合的基本规律,这也是研究其他各种齿轮机构的基础。

63

6.2　齿廓啮合的基本定律

一对齿轮传递转矩和运动的过程,是通过这对齿轮主动轮上的齿廓与从动轮上的齿廓依次相互接触来实现的。两齿轮传动时,其瞬时传动比的变化规律与两齿轮的齿廓曲线的形状(简称齿廓形状)有关,齿廓形状不同,两齿轮瞬时传动比的变化规律也不同。对齿轮传动的基本要求是传动准确、平稳,即要求在传动过程中,传动比应当保持恒定。否则,当主动轮以等角速度转动时,从动轮的角速度将发生变化,产生惯性力,使传动不平稳,引起振动、噪声并影响机器的工作精度和寿命。

传动比 i_{12} 能否保持恒定与两齿轮的齿廓形状有关,下面就来讨论齿廓形状与齿轮传动比的关系。如图 6.2 所示,O_1,O_2 分别为两齿轮的回转轴心,齿轮 1 驱动齿轮 2 分别以 ω_1 和 ω_2 的角速度转动。C_1,C_2 分别为两齿轮上相互啮合的一对齿廓,两齿廓在 K 点接触。则它们在 K 点的线速度分别为

$$\begin{cases} v_{K1} = \omega_1 \cdot \overline{O_1K} \\ v_{K2} = \omega_2 \cdot \overline{O_2K} \end{cases} \tag{6.1}$$

过 K 点作两齿廓的公法线 n—n,n—n 与两齿轮中心连线 O_1O_2 相交于 C 点。若要求齿轮传动的传动比保持恒定,则 v_{K1} 和 v_{K2} 在公法线 n—n 上的分速度应该相等,否则两齿廓要么相互嵌入,要么分离,这显然是不可能或不允许的。故有

$$v_{K1}\cos \alpha_{K1} = v_{K2}\cos \alpha_{K2} \tag{6.2}$$

式中　α_{K1},α_{K2}——v_{K1} 和 v_{K2} 与公法线 n—n 之间的夹角,称为齿廓 C_1,C_2 在 K 点的压力角。

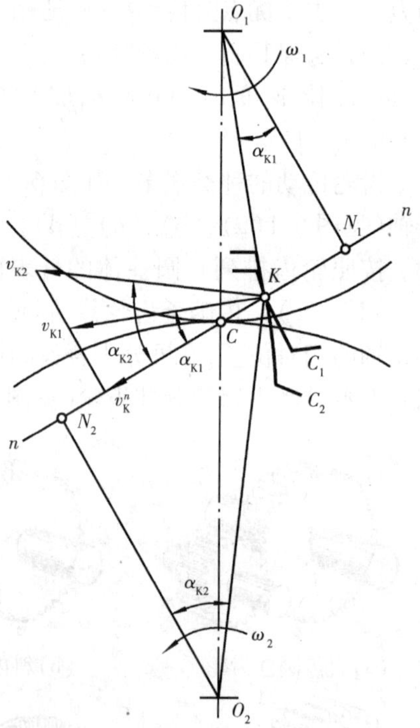

由式(6.1)、式(6.2)可得

$$i_{12} = \frac{\omega_1}{\omega_2} = \frac{\overline{O_2K} \cdot \cos \alpha_{K2}}{\overline{O_1K} \cdot \cos \alpha_{K1}} \tag{6.3}$$

图 6.2　齿廓啮合的基本定律

过 O_1,O_2 分别作 n—n 的垂线 O_1N_1 和 O_2N_2,得 $\angle KO_1N_1 = \alpha_{K1}$,$\angle KO_2N_2 = \alpha_{K2}$,故式(6.3)可写为

$$i_{12} = \frac{\omega_1}{\omega_2} = \frac{\overline{O_2K} \cdot \cos \alpha_{K2}}{\overline{O_1K} \cdot \cos \alpha_{K1}} = \frac{\overline{O_2N_2}}{\overline{O_1N_1}} \tag{6.4}$$

又因 $\triangle CO_1N_1 \sim \triangle CO_2N_2$,故式(6.4)可写为

$$i_{12} = \frac{\omega_1}{\omega_2} = \frac{\overline{O_2N_2}}{\overline{O_1N_1}} = \frac{\overline{O_2C}}{\overline{O_1C}} \tag{6.5}$$

式(6.5)表明,互相啮合传动的一对齿廓,在任一位置时的传动比等于齿轮连心线 O_1O_2

被齿廓接触点的公法线所分成的两线段的反比,这就是齿廓啮合的基本定律。

公法线 n—n 与连心线 O_1O_2 的交点 C 称为节点。两齿廓在节点处具有相同的速度,即 $v_{C1} = v_{C2}$。分别以 O_1,O_2 为圆心,以 O_1C,O_2C 为半径的圆称为节圆。两节圆在节点 C 处相切,在切点处两齿轮具有相同的线速度,故两齿轮啮合传动可看作为两节圆的纯滚动。

由齿廓啮合基本定律可得推论:若要求一对齿廓啮合传动,且能保持传动比为定值,则啮合齿廓在任意位置接触时,过接触点所作的齿廓公法线应交连心线于定点,即节点 C 为定点。

凡能实现定传动比的一对齿廓曲线,称为共轭齿廓或共轭曲线,共轭齿廓的运动称为啮合运动。理论上,共轭齿廓有无穷多种,但实际选择时还应综合考虑强度、制造、安装等各方面的要求。通常采用的齿廓曲线有渐开线、摆线、圆弧等,而其中以渐开线应用最广。因此,本书主要介绍渐开线齿廓的齿轮机构。

6.3　渐开线和渐开线齿廓的啮合性质

6.3.1　渐开线及其性质

如图6.3所示,当一直线 L 沿一圆周做纯滚动时,直线上任意一点 K 的轨迹称为该圆的渐开线,这个圆称为渐开线的基圆,基圆半径用 r_b 表示,直线 L 称为渐开线的发生线。渐开线齿轮的轮齿两侧齿廓就是由两段对称的渐开线构成,如图6.4所示。

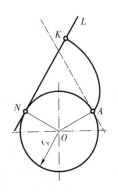
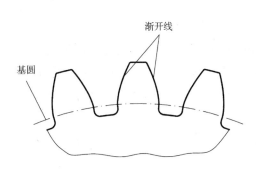

图6.3　渐开线的形成　　　　　图6.4　渐开线齿廓

由渐开线的形成过程可知,它具有以下性质:

① 发生线在基圆上滚过的一段长度等于基圆上相应被滚过的一段弧长(见图6.3),即 $\overline{KN} = \overparen{AN}$。

② 渐开线上任意点的法线必是基圆的切线。图6.3中发生线上的 K 点是绕 N 点转动的,故 N 点是瞬时转动中心,因此 K 点的瞬时速度方向必与发生线相垂直,而 K 点的瞬时速度方向又必是渐开线在该点处的切线方向,故发生线也是渐开线的法线,而发生线总是切于基圆的。由此可知,渐开线上任意点的法线必是基圆的切线。

③ 发生线与基圆的切点 N 即为渐开线上 K 点的曲率中心,线段 KN 为 K 点的曲率半径。K 点离基圆越远,其曲率半径越大;反之,K 点离基圆越近,相应的曲率半径越小。

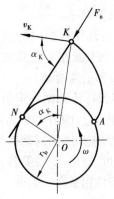

图 6.5 渐开线齿廓的压力角

④ 渐开线的形状与基圆半径的大小有关,基圆半径越小,渐开线越弯曲;基圆半径增大,渐开线趋于平直,当基圆半径为无穷大时,渐开线便成为直线。因此,渐开线齿条的齿廓形状为直线。

⑤ 基圆内无渐开线。

⑥ 渐开线上某点的法线(正压力作用线)与该点速度 v_K 所夹的锐角 α_K(见图 6.5)称为该点的压力角。由图 6.5 可得

$$\cos \alpha_K = \frac{r_b}{r_K} \qquad (6.6)$$

显然,压力角 α_K 随向径 r_K 的不同而变化,向径 r_K 越大,压力角 α_K 越大,在基圆上压力角等于零。

6.3.2 渐开线齿廓的啮合性质

(1)渐开线齿廓满足定传动比要求

如图 6.6 所示,两渐开线齿轮的基圆半径分别为 r_{b1} 和 r_{b2},过两齿轮的齿廓啮合点 K 作两齿廓的公法线。根据渐开线的性质 2,该公法线必与两基圆相切,切点分别为 N_1,N_2。直线 N_1N_2 即为两基圆的内公切线。因为两齿轮的轴心 O_1,O_2 为固定点,所以它们的基圆为定圆,在同一方向的内公切线有且只有一条,故无论两轮齿廓在何处接触,过接触点所作两齿廓的公法线(即两基圆的内公切线)为一固定直线,它与连心线 O_1O_2 的交点 C 必是一定点。这就证明了渐开线齿廓满足定传动比要求。

(2)啮合线、啮合角、渐开线齿轮的可分性

由上述可知,一对渐开线齿廓在任何位置啮合时,其接触点的公法线都是同一条直线 N_1N_2,也就是说,一对渐开线齿轮在啮合传动时,齿廓啮合点都应在直线 N_1N_2 上,因此将直线 N_1N_2 称为啮合线。

两齿轮啮合时,齿廓间的正压力方向为齿廓接触点的公法线方向,由于啮合线与公法线重合,故知齿廓间的正压力方向始终是不变的,这对于齿轮传动的平稳性是很有利的。

啮合线与过节点 C 的两节圆的公切线 t—t 之间的夹角 α' 称为啮合角(见图 6.6)。啮合角在数值上等于齿廓在节圆上的压力角。

由图 6.6 可知,$\triangle O_1N_1C \sim \triangle O_2N_2C$,故两轮的传动比又可写为

$$i_{12} = \frac{\omega_1}{\omega_2} = \frac{\overline{O_2C}}{\overline{O_1C}} = \frac{r_2'}{r_1'} = \frac{r_{b2}}{r_{b1}} \qquad (6.7)$$

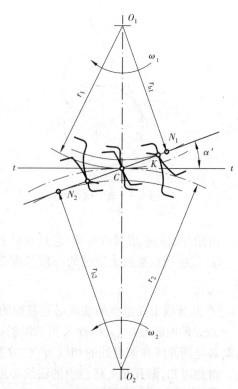

图 6.6 渐开线齿廓满足定传动比要求

即传动比不仅等于节圆半径的反比,同时也等于基圆半径的反比。

一对齿轮加工完成之后,其基圆的半径是不会改变的。因而由式(6.7)可知,即使两齿轮的实际中心距与原设计的中心距有所偏差(例如由制造、安装等引起的误差),其传动比仍将保持不变。这种性质称为渐开线齿轮的可分性。这是渐开线齿轮传动的重要优点,给齿轮制造、安装带来了很大的方便。

(3)渐开线齿廓间的相对滑动

由图6.2可知,两轮齿廓接触点在公法线 N_1N_2 上的分速度必定相等,但在接触点公切线上的分速度却不一定相等,因此,齿轮在啮合传动时,齿廓之间将产生相对滑动。这种滑动将引起啮合时的摩擦功率损失和齿面的磨损。

6.4 渐开线标准直齿圆柱齿轮的基本参数和几何尺寸

6.4.1 直齿圆柱齿轮各部分的名称和符号

如图6.7所示为一对啮合的渐开线直齿圆柱齿轮的一部分。轮齿各部分的名称和符号如下:

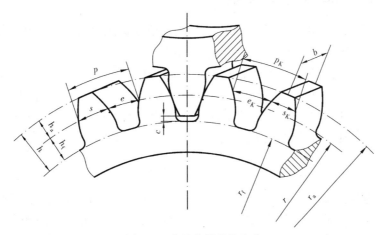

图6.7 齿轮各部分的名称

(1)齿数
齿数是指齿轮整个圆周上轮齿的总数,用 z 表示。

(2)齿顶圆、齿根圆
通过轮齿顶部的圆称为齿顶圆,其半径和直径分别用 r_a 和 d_a 表示;通过轮齿根部的圆称为齿根圆,其半径和直径分别用 r_f 和 d_f 表示。

(3)分度圆
分度圆是齿顶圆和齿根圆之间,人为规定的用于齿轮设计和计算的基准圆。其半径和直径分别用 r 和 d 表示。

（4）**齿厚、齿槽宽、齿距**

一个轮齿两侧齿廓间某一圆周上的弧长，称为该圆上的齿厚，用 s_K 表示；齿轮上两相邻轮齿之间的空间，称为齿间或齿槽；一齿槽两侧齿廓间某一圆周上的弧长，称为该圆上的齿槽宽（简称齿宽），用 e_K 表示；相邻两轮齿在某一圆周上对应点间的弧长，称为该圆上的齿距或周节，用 p_K 表示，则 $p_K = s_K + e_K$。

（5）**齿顶高、齿根高、齿全高**

分度圆到齿顶圆的径向距离，称为齿顶高，用 h_a 表示；分度圆到齿根圆的径向距离，称为齿根高，用 h_f 表示；齿顶圆与齿根圆间的径向距离，称为齿全高，用 h 表示，则 $h = h_a + h_f$。

（6）**齿宽**

轮齿轴向的宽度称为齿宽，用 b 表示。

（7）**顶隙**

一对齿轮啮合时，一齿轮的齿顶与另一齿轮的齿槽底部之间的径向间隙，称为顶隙，用 c 表示。保留顶隙的目的是为了避免传动时齿顶与齿槽底部发生碰撞，同时还可以储存润滑油。

6.4.2　渐开线直齿圆柱齿轮的基本参数

渐开线齿轮的齿形和几何尺寸，都取决于齿数 z、模数 m、压力角 α、齿顶高系数 h_a^* 及顶隙系数 c^* 这 5 个基本参数。这些参数除齿数外均已标准化。

设一齿轮的齿数为 z，齿顶圆和齿根圆之间任一圆周的直径为 d_K，该圆周上的齿距为 p_K，则 $d_K = z p_K / \pi$，式中 z 为正整数，π 为无理数，若选取 p_K 作为基本参数，则直径 d_K 为无理数，这不符合工程设计和制造的要求。为了便于设计、制造和检测，人为地把 p_K / π 规定为一简单的有理数，并把这个比值称为模数，用 m_K 来表示，即

$$m_K = \frac{p_K}{\pi} \qquad \text{mm} \tag{6.8}$$

虽然以 m_K 为基本参数时可使 d_K 不是无理数，但一个齿轮在不同直径的圆周上，其模数大小是不同的。为了保证基本参数的单一化和确定性，在齿轮计算中必须规定一个圆作为尺寸计算的基准圆，这个圆就称为分度圆。国家标准规定，分度圆上的模数和压力角为标准值。这样当分度圆上的模数取为标准值时，由 $d = mz$ 可确定分度圆的直径；而根据压力角的定义（见式(6.6)），当分度圆上的压力角取为标准值时，可由此确定基圆的直径，从而确定齿廓的形状。我国国家标准规定的分度圆压力角标准值为 20°，模数的标准系列见表 6.1。

分度圆是齿轮上人为约定的用于设计和计算的基准圆，为齿轮上具有标准模数和标准压力角的圆。任何一个齿轮都有且仅有一个分度圆，其直径为

$$d = mz \tag{6.9}$$

凡未说明是哪个圆上的模数、压力角、齿厚、齿槽宽和齿距，都是指分度圆上的，并分别用 m, α, s, e, p 表示。若是其他圆上的参数，则需指明。

表6.1 齿轮标准模数系列(摘录)

系 列	模数/mm
第一系列	1,1.25,1.5,2,2.5,3,4,5,6,8,10,12,16,20,25,32,40,50
第二系列	1.125,1.375,1.75,2.25,2.75,3.5,4.5,5.5,(6.5),7,9,11,14,18,22,28,36,45

注:选用模数时,应优先选用第一系列,其次是第二系列,括号内的模数尽可能不用。

齿轮的齿顶高和齿根高,同样可用模数表示为

$$\begin{cases} h_a = h_a^* m \\ h_f = (h_a^* + c^*)m \end{cases} \qquad (6.10)$$

式中 h_a^*——齿顶高系数;

c^*——顶隙系数。

这两个系数已标准化,规定:

正常齿制:$h_a^* = 1.0$,$c^* = 0.25$。

短齿制:$h_a^* = 0.8$,$c^* = 0.3$。

由式(6.10)可知,m 值越大,齿轮的轮齿就越大,齿轮的承载能力也越强,如图6.8所示。

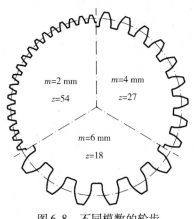

图6.8 不同模数的轮齿

6.4.3 标准齿轮的几何尺寸

具有标准模数 m、标准压力角 α、标准齿顶高系数 h_a^* 及标准顶隙系数 c^*,且分度圆上齿厚 s 等于齿槽宽 e 的齿轮称为标准齿轮。

对于标准齿轮有

$$s = e = \frac{p}{2} = \frac{\pi m}{2} \qquad (6.11)$$

渐开线标准直齿圆柱齿轮的几何尺寸都可由齿数 z、模数 m、压力角 α、齿顶高系数 h_a^* 及顶隙系数 c^* 这5个基本参数计算得到,见表6.2。

表6.2 渐开线标准直齿圆柱齿轮几何尺寸计算公式

名称	符号	计算公式与说明	名称	符号	计算公式与说明
模数	m	选取标准值	周节	p	$p = \pi m$
压力角	α	选取标准值	齿厚	s	$s = \pi m/2$
分度圆直径	d	$d = mz$	齿槽宽	e	$e = \pi m/2$
齿顶高	h_a	$h_a = h_a^* m$	基圆直径	d_b	$d_b = mz \cos \alpha$
齿根高	h_f	$h_f = (h_a^* + c^*)m$	基(法)节	p_b	$p_b = p \cos \alpha$
齿全高	h	$h = h_a + h_f = (2h_a^* + c^*)m$	节圆直径	d'	标准安装时,$d' = d$
齿顶圆直径	d_a	$d_a = d + 2h_a = (z + 2h_a^*)m$	标准中心距	a	$a = m(z_1 + z_2)/2$
齿根圆直径	d_f	$d_f = d - 2h_f = (z - 2h_a^* - 2c^*)m$	顶隙	c	$c = c^* m$

6.5 渐开线直齿圆柱齿轮的啮合传动

6.5.1 正确啮合条件

如前所述,一对渐开线齿廓能保证定传动比传动,但并不是说任意两个渐开线齿轮都能装到一起并正确地啮合传动。欲使一对渐开线齿轮能装配起来并正确啮合传动,必须要满足一定的条件,即正确啮合条件(也称正确安装条件)。现就如图6.9所示的一对渐开线齿轮传动对此进行分析。

由于一对渐开线齿廓的啮合是沿着啮合线进行的,因此,要使处于啮合线上的各对轮齿都能正确地进入啮合,显然两齿轮的相邻两齿同侧齿廓间的法线距离(图6.9中$\overline{KK_1}$)应相等。这样,当图中的前一对轮齿在啮合线上的K点相啮合时,后一对轮齿就可正确地在啮合线上的K_1点进入啮合。齿轮上相邻两齿同侧齿廓间的法线距离,称为齿轮的法节。

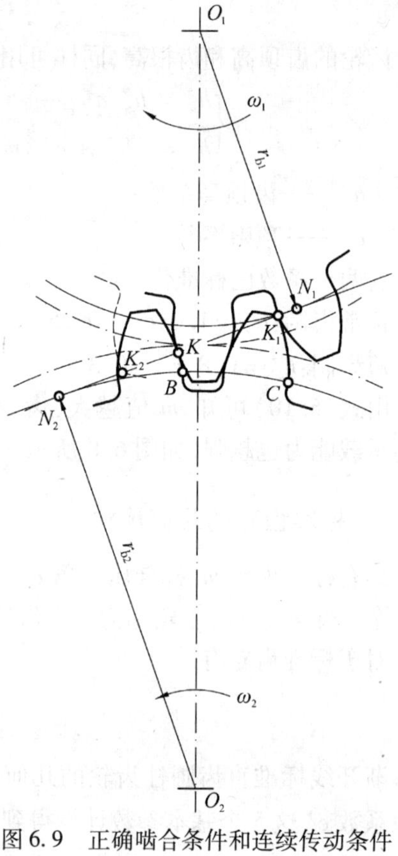

分析图6.9中的齿轮2,根据渐开线的性质1,发生线在基圆上滚过的一段长度等于基圆上相应被滚过的一段弧长,可得

$$\overline{KK_1} = \overline{N_2K_1} - \overline{N_2K} = \overline{N_2C} - \overline{N_2B} = \overset{\frown}{BC} = p_{b2} \tag{6.12}$$

同理,对于齿轮1,同样有

$$\overline{KK_1} = p_{b1} \tag{6.13}$$

由此可得

图6.9 正确啮合条件和连续传动条件

$$p_{b1} = p_{b2} \tag{6.14}$$

式中 p_{b1},p_{b2}——齿轮1和齿轮2基圆上的齿距(基节)。

由基节的定义得

$$\begin{cases} p_{b1} = p_1\cos\alpha_1 = \pi m_1\cos\alpha_1 \\ p_{b2} = p_2\cos\alpha_2 = \pi m_2\cos\alpha_2 \end{cases} \tag{6.15}$$

由此可得两齿轮的正确啮合条件为

$$m_1\cos\alpha_1 = m_2\cos\alpha_2 \tag{6.16}$$

式中 m_1,m_2——两齿轮的模数;

α_1,α_2——两齿轮的压力角。

由于模数和压力角必须取为标准值,故要满足上式则应使

$$\begin{cases} m_1 = m_2 = m \\ \alpha_1 = \alpha_2 = \alpha \end{cases} \qquad (6.17)$$

即渐开线齿轮的正确啮合条件是:两齿轮的模数和压力角必须分别相等。此时,两齿轮啮合的传动比为

$$i_{12} = \frac{\omega_1}{\omega_2} = \frac{d_{b2}}{d_{b1}} = \frac{d_2 \cos \alpha}{d_1 \cos \alpha} = \frac{d_2}{d_1} = \frac{mz_2}{mz_1} = \frac{z_2}{z_1} \qquad (6.18)$$

6.5.2　连续传动条件

在如图 6.9 所示的齿轮传动中,齿轮 1 为主动轮,齿轮 2 为从动轮。轮齿啮合是由主动轮 1 的齿根推动从动轮 2 的齿顶开始,起始啮合点为 K_1,它是从动轮 2 的齿顶圆与啮合线的交点。随着齿轮 1 推动齿轮 2 转动,两齿廓的啮合点沿着啮合线移动。当啮合点移动到齿轮 1 的齿顶圆与啮合线的交点 K_2 时(图中虚线位置),这对齿廓啮合终止,齿轮再转动下去,两齿廓即分离。因此,啮合线上的线段 K_1K_2 是齿廓啮合点的实际轨迹,称为实际啮合线,而线段 N_1N_2 则称为理论啮合线。

如欲使一对齿轮连续传动,则当前一对轮齿脱离啮合之前,后一对轮齿就必须进入啮合,否则传动就会中断,引起冲击。在如图 6.9 所示的两对轮齿啮合中,前一对轮齿啮合到 K 点,尚未到达终止啮合点 K_2 点时,后一对轮齿已进入啮合(K_1 点),显然是能够实现连续传动的。由图 6.9 可知,这时实际啮合线 $\overline{K_1K_2}$ 的长度大于法向周节,因而连续传动的条件可写为

$$\overline{K_1K_2} \geqslant p_b \qquad (6.19)$$

通常将 $\overline{K_1K_2}$ 与 p_b 的比值称为齿轮传动的重合度,用 ε 表示,即要求

$$\varepsilon = \frac{\overline{K_1K_2}}{p_b} \geqslant 1 \qquad (6.20)$$

理论上当 $\varepsilon = 1$ 时就能保证一对齿轮的连续传动。但实际上,齿轮的制造、安装误差以及传动中轮齿的变形,都会给轮齿啮合造成误差。故应使 $\varepsilon > 1$。一般机械制造中,常取 $\varepsilon = 1.1 \sim 1.4$,对于标准齿轮,都能满足 $\varepsilon > 1$ 的要求,在设计时可以不进行连续传动条件的验算。

6.5.3　齿轮传动的标准中心距

一对外啮合标准齿轮的传动,若两齿轮的顶隙按照标准取值,即 $c = c^* m$ 时,则两齿轮的中心距 a 可由图 6.10 计算得

$$\begin{aligned} a &= r_{f1} + c + r_{a2} \\ &= [r_1 - (h_a^* + c^*)m] + c^*m + (r_2 + h_a^*m) \\ &= r_1 + r_2 = \frac{m}{2}(z_1 + z_2) \qquad (6.21) \end{aligned}$$

即两齿轮的中心距 a 等于两齿轮分度圆半径之和,这

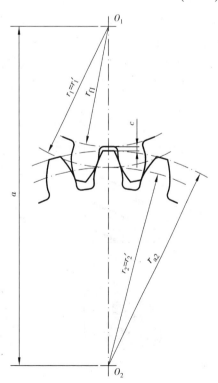

图 6.10　标准齿轮的正确安装

种中心距称为标准中心距。

一对齿轮啮合时两齿轮的节圆总是相切的,即两齿轮的中心距总是等于两齿轮节圆半径之和。当一对标准齿轮按标准中心距安装时,两齿轮的分度圆也相切,此时两齿轮的节圆与各自的分度圆相重合。

需要指出的是,节圆和啮合角(也就是节圆压力角)仅在一对齿轮啮合时才存在,对单独一个齿轮而言,节圆和啮合角都不存在。且一对标准齿轮只有在分度圆与节圆重合时,压力角与啮合角才相等。

6.6 齿轮传动的失效形式

齿轮传动的失效与齿轮传动的工作条件有关,按照齿轮传动的工作条件,可分为闭式齿轮传动和开式齿轮传动。闭式齿轮传动的齿轮、轴承等全部装在刚性较大的密闭箱体内,故润滑条件好,封闭严密,安装精确,可保证齿轮传动良好地工作,因此应用广泛;开式齿轮传动的齿轮是外露的,容易落入灰沙,不能保证良好的润滑,故轮齿易磨损,多用于低速传动中。

齿轮传动的失效一般发生在轮齿部分,齿轮的其余部分,如轮毂、轮辐等的强度都比较富裕,不会发生失效。轮齿的失效形式很多,其中常见的失效形式有以下5种:

(1)轮齿折断

轮齿折断一般发生在齿根部分,齿轮传动工作时,轮齿相当于受载的悬臂梁,其齿根所受的弯曲应力最大,再加上齿根过渡部分的截面形状突变及加工刀痕等引起的应力集中的作用,在循环载荷的作用下,弯曲应力超过弯曲疲劳极限时,齿根部分将产生疲劳裂纹,随着裂纹的逐渐扩展,最终导致轮齿发生疲劳折断(见图6.11(a))。另外,当轮齿严重过载或受到冲击载荷作用时,也可能出现过载折断;当轮齿严重磨损后齿厚减薄时,也会在正常载荷作用下发生折断。

适当增大齿轮的模数,增大齿根圆角半径,降低齿面的表面粗糙度,采用表面强化处理(喷丸、碾压)等都有利于提高轮齿的抗疲劳折断能力。

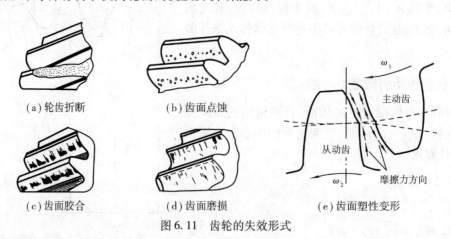

(a)轮齿折断   (b)齿面点蚀

(c)齿面胶合   (d)齿面磨损   (e)齿面塑性变形

图6.11 齿轮的失效形式

（2）齿面点蚀

轮齿在啮合时，齿面接触处产生接触应力，在接触应力的多次反复作用下，会在齿面表层下 $15 \sim 25\ \mu m$ 处产生细微的疲劳裂纹。随着应力循环次数的增加，裂纹逐渐扩展，当裂纹延伸到表面后，润滑油被挤进裂纹。当裂纹因齿面相互滚辗而被封闭时，裂纹中的油压升高，促使裂纹加速扩展。最终裂纹相互汇合，使裂纹之间的小粒金属剥落而形成麻点状凹坑，称为点蚀（见图 6.11（b））。点蚀使轮齿啮合情况恶化，产生振动和噪声，使传动失效。点蚀一般首先出现在节线附近的轮齿表面，这是因为齿轮在节线附近啮合时，同时啮合的轮齿对数较少，轮齿所受载荷较大，齿面接触应力较大。

齿轮的抗点蚀能力主要与齿面硬度有关，齿面硬度越高则抗点蚀能力越强。齿面硬度不高的软齿面（<350HBS）闭式齿轮传动，常因齿面点蚀而失效。而在开式传动中，由于齿面磨损较快，点蚀还来不及出现或扩展即被磨掉，因此一般看不到点蚀现象。

（3）齿面胶合

在高速重载传动中，由于齿面间压力较大、相对滑动速度较高，因摩擦生热而使啮合区域温度升高，使润滑油黏度降低导致润滑失效，两金属表面直接接触并相互粘连，随着齿面的相对运动，使金属从齿面上被撕落，从而在轮齿工作面上形成与滑动方向一致的沟痕，称为齿面胶合（见图 6.11（c））。齿向胶合主要发生在齿顶、齿根等相对滑动速度较大处。在低速重载传动中，由于齿面间的润滑油膜不易形成，也易产生胶合破坏。

合理地选配齿轮材料，提高齿面硬度和减小表面粗糙度，选用抗胶合性能好的润滑油，都能提高齿面抗胶合的能力。

（4）齿面磨损

齿面磨损通常有磨粒磨损和跑合磨损两种。在开式齿轮传动中，灰尘、沙粒容易进入齿面间，在轮齿的相互滚辗作用下，使齿面产生磨损，称为磨粒磨损（见图 6.11（d））。过度磨损后，轮齿变薄，齿廓形状被破坏，导致严重的噪声和振动。磨损达到一定程度后轮齿就会因承受不了载荷而折断。减少磨粒磨损最好的方法就是采用闭式传动。

新的齿轮由于加工后表面具有一定的表面粗糙度，受载时实际接触面积较小，接触处应力很大，因而在运转初期，磨损速度和磨损量都较大，磨损到一定程度后，摩擦面逐渐光滑，应力减小，磨损速度减慢，这种磨损称为跑合。人们常常有意地使新齿轮在轻载下进行跑合，可为随后的正常工作创造有利条件。但应注意，跑合结束后，必须进行清洗和更换润滑油。

（5）齿面塑性变形

重载、低速的齿轮传动，如果轮齿材料硬度较低，则齿面在摩擦力的作用下，可能出现表层金属沿摩擦力方向滑移，使齿面发生塑性变形，形成主动轮齿面在节线附近凹下，从动轮齿面在节线附近凸起的现象（见图 6.11（e）），这种现象称为齿面塑性变形。齿面塑性变形破坏了正常的渐开线齿廓，影响齿轮传动的正常工作。

提高齿面材料的硬度，选用黏度较高的润滑油，有助于防止或减轻齿面发生塑性变形。

6.7 标准直齿圆柱齿轮传动的强度计算

6.7.1 轮齿上的作用力和计算载荷

如图 6.12 所示为一对按标准中心距安装的标准渐开线直齿圆柱齿轮。当一对齿廓啮合时,齿面上既有正压力又有摩擦力。通常摩擦力比正压力小得多,可略去不计;而正压力 F_n 总是沿着啮合线方向的,因此无论两轮齿在何处接触,都可以将正压力 F_n 沿啮合线移到节点处,并将沿齿宽接触线分布的正压力用集中力来代替。

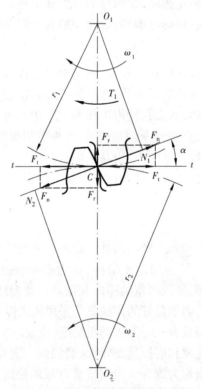

图 6.12 直齿圆柱齿轮的受力分析

正压力 F_n 可分解为相互垂直的两个力,即圆周力 F_t 和径向力 F_r,如图 6.12 所示。在主动轮上,圆周力 F_t 的方向与转向相反;在从动轮上,圆周力 F_t 的方向与转向相同。径向力 F_r 的方向,对外啮合齿轮来说,都是由作用点指向各自的轮心。如图 6.12 所示,有

$$\begin{cases} F_t = 2\,000\,\dfrac{T_1}{d_1} \\[2mm] F_r = F_t \tan\alpha \qquad \text{N} \\[2mm] F_n = \dfrac{F_t}{\cos\alpha} \end{cases} \qquad (6.22)$$

式中　T_1——齿轮 1 传递的扭矩，$T_1 = 9\ 550 \dfrac{P}{n_1}$，$N \cdot m$；

　　　P——齿轮所传递的功率，kW；

　　　n_1——齿轮 1 的转速，r/min；

　　　d_1——齿轮 1 的分度圆直径，mm；

　　　α——压力角，对于标准齿轮，$\alpha = 20°$。

上述正压力 F_n 称为名义载荷。因为理论上，F_n 应沿齿宽均匀分布，且传动中无附加动载荷。但实际上，由于制造、安装误差，受载后轴、轴承、轮齿的变形，原动机和工作机械的不同特性以及齿轮传动的速度变化等因素的影响，使得实际传动中轮齿上受到的载荷与理论上有所不同。为了使齿轮传动的承载能力计算尽可能接近实际情况，在直齿圆柱齿轮的强度计算中，引入了载荷系数 K 来修正名义载荷。修正后的载荷 KF_n 称为计算载荷。载荷系数 K 的值可从表 6.3 中查取。

表 6.3　载荷系数 K

原动机	工作机械的载荷特性		
	均匀	中等冲击	大的冲击
电动机	1.0 ~ 1.2	1.2 ~ 1.6	1.6 ~ 1.8
多缸内燃机	1.2 ~ 1.6	1.6 ~ 1.8	1.9 ~ 2.1
单缸内燃机	1.6 ~ 1.8	1.8 ~ 2.0	2.2 ~ 2.4

注：斜齿、圆周速度低、精度高、齿宽系数小时，取小值；直齿、圆周速度高、精度低、齿宽系数大时，取大值。齿轮在两轴承之间并对称布置时，取小值；齿轮在两轴承之间不对称布置及悬臂布置时，取大值。

6.7.2　轮齿弯曲强度计算

轮齿弯曲强度计算是为了防止轮齿的折断。如图 6.13 所示，计算齿根弯曲应力时，将轮齿视为悬臂梁。为简化计算，按最危险的状态考虑：

① 由一对轮齿承担全部载荷。

② 载荷作用于齿顶。

③ 仅考虑弯曲应力对危险截面的影响。

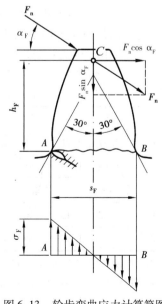

将作用于齿顶上的载荷 F_n 移至啮合线和轮齿对称中心线的交点 C 处（这并不影响齿根部的应力状态），并将正压力 F_n 分解为相互垂直的切向分力 $F_n \cos \alpha_F$ 和径向分力 $F_n \sin \alpha_F$，其中，α_F 为齿顶处的压力角。则齿根危险截面 AB 上的弯曲应力为

$$\sigma_F = \frac{M}{W} = \frac{KF_n \cos \alpha_F \cdot h_F}{\dfrac{bs_F^2}{6}} = \frac{KF_t}{bm} \cdot \frac{6\left(\dfrac{h_F}{m}\right)\cos \alpha_F}{\left(\dfrac{s_F}{m}\right)^2 \cos \alpha} \qquad (6.23)$$

图 6.13　轮齿弯曲应力计算简图

式中　M——切向分力产生的弯矩；

　　　　W——抗弯截面模量；

　　　　s_F——危险截面处的齿厚；

　　　　h_F——弯曲力臂；

　　　　K——载荷系数；

　　　　m——模数；

　　　　α——分度圆压力角；

　　　　b——齿宽。

　　　令：

$$Y_{Fa} = \frac{6\left(\dfrac{h_F}{m}\right)\cos\alpha_F}{\left(\dfrac{s_F}{m}\right)^2\cos\alpha} \tag{6.24}$$

Y_{Fa} 称为齿形系数。由于 h_F 和 s_F 都与模数 m 成正比，因此，Y_{Fa} 只与轮齿的齿形有关而与模数 m 无关，对于标准齿轮则仅取决于齿数。

　　考虑齿根危险截面处的应力集中以及其他应力对齿根弯曲应力的影响，引入应力校正系数 Y_{Sa}。由此可得齿轮弯曲强度的校核公式为

$$\sigma_F = \frac{KF_t}{bm}Y_{Fa}Y_{Sa} = 2\,000\,\frac{KT_1}{bm^2z_1}Y_{Fa}Y_{Sa} \leqslant [\sigma_F] \qquad \text{MPa} \tag{6.25}$$

式中　K——载荷系数，见表6.3；

　　　　b——齿宽，mm；

　　　　m——模数，mm；

　　　　T_1——齿轮1传递的扭矩，N·m；

　　　　z_1——齿轮1的齿数；

　　　　Y_{Fa}，Y_{Sa}——齿形系数和应力校正系数，见表6.4；

　　　　$[\sigma_F]$——齿轮的许用弯曲应力，MPa。

　　通常两齿轮的齿形系数 Y_{Fa} 和应力校正系数 Y_{Sa} 并不相同，两齿轮材料的许用弯曲应力 $[\sigma_F]$ 也不相同，因此，应分别对两个齿轮的弯曲强度进行校核。

表6.4　标准齿轮的齿形系数 Y_{Fa} 及应力校正系数 Y_{Sa}

$z(z_v)$	17	18	19	20	21	22	23	24	25	26	27	28	29
Y_{Fa}	2.97	2.91	2.85	2.80	2.76	2.72	2.69	2.65	2.62	2.60	2.57	2.55	2.53
Y_{Sa}	1.52	1.53	1.54	1.55	1.56	1.57	1.575	1.58	1.59	1.595	1.60	1.61	1.62
$z(z_v)$	30	35	40	45	50	60	70	80	90	100	150	200	∞
Y_{Fa}	2.52	2.45	2.40	2.35	2.32	2.28	2.24	2.22	2.20	2.18	2.14	2.12	2.06
Y_{Sa}	1.625	1.65	1.67	1.68	1.70	1.73	1.75	1.77	1.78	1.79	1.83	1.865	1.97

　　注：1. 基准齿形的参数为：$\alpha=20°$，$h_a^*=1$，$c^*=0.25$，$\rho=0.38m$（m 为齿轮模数）。

　　　　2. 对内齿轮，当 $\alpha=20°$，$h_a^*=1$，$c^*=0.25$，$\rho=0.15m$ 时，齿轮系数 $Y_{Fa}=2.053$；应力校正系数 $Y_{Sa}=2.65$。

将齿宽系数 $\varphi_{d} = \dfrac{b}{d_{1}} = \dfrac{b}{mz_{1}}$ 代入式(6.25),经整理可得轮齿弯曲强度的设计公式为

$$m \geqslant \sqrt[3]{\frac{2\,000KT_{1}}{\varphi_{d}z_{1}^{2}} \cdot \frac{Y_{Fa}Y_{Sa}}{[\sigma_{F}]}} \qquad \text{mm} \tag{6.26}$$

式中,$\dfrac{Y_{Fa}Y_{Sa}}{[\sigma_{F}]}$ 应选取 $\dfrac{Y_{Fa1}Y_{Sa1}}{[\sigma_{F}]_{1}}$ 与 $\dfrac{Y_{Fa2}Y_{Sa2}}{[\sigma_{F}]_{2}}$ 二者中较大的一个代入。

6.7.3 齿面接触强度计算

齿面接触强度计算的目的是防止齿面发生点蚀。齿面产生点蚀的主要原因是轮齿工作时,齿廓接触处产生的接触应力 σ_{H} 超过了材料的许用接触应力 $[\sigma_{H}]$,因而应限制齿面接触应力值在许用范围之内,即 $\sigma_{H} \leqslant [\sigma_{H}]$。

齿面接触应力 σ_{H} 是在赫兹(Hertz)公式的基础上导出的,两圆柱体的圆柱面在载荷 F_{n} 的作用下相互接触,接触区内将产生接触应力。假设正压力 F_{n} 沿接触线全长均匀分布,根据赫兹公式可得其最大接触应力为

$$\sigma_{H} = \sqrt{\frac{F_{n}}{\pi b} \cdot \frac{\dfrac{1}{\rho_{1}} \pm \dfrac{1}{\rho_{2}}}{\dfrac{1-\mu_{1}^{2}}{E_{1}} + \dfrac{1-\mu_{2}^{2}}{E_{2}}}} \qquad \text{MPa} \tag{6.27}$$

式中 F_{n}——正压力,N;

b——两圆柱体的接触宽度(即接触线长度),mm;

ρ_{1},ρ_{2}——两圆柱体的半径,mm;

E_{1},E_{2}——两圆柱体材料的弹性模量,MPa;

μ_{1},μ_{2}——两圆柱体材料的泊松比。

式(6.27)中,"$+$"号用于外接触(两凸面接触),"$-$"号用于内接触(凸面与凹面接触)。

一对齿廓的啮合过程比一对圆柱体相接触要复杂。但在啮合的每一瞬时,都可看作一对半径不同的圆柱体相接触。因此,只需把赫兹公式中的各个变量换成齿轮的有关参数就可得到齿面接触应力的计算公式。因为齿面点蚀多发生在轮齿节线附近,故取节点作为接触应力的计算点。由图6.12及渐开线的性质可知,两轮齿廓在节点 C 处的曲率半径分别为

$$\begin{cases} \rho_{1} = \overline{N_{1}C} = \dfrac{d_{1}}{2}\sin\alpha \\[2mm] \rho_{2} = \overline{N_{2}C} = \dfrac{d_{2}}{2}\sin\alpha \end{cases} \tag{6.28}$$

将式(6.28)及计算载荷 $KF_{n} = \dfrac{2\,000KT_{1}}{d_{1}\cos\alpha}$、齿数比 $u = \dfrac{z_{2}}{z_{1}}$ 代入式(6.27),经整理可得齿面接触强度校核公式为

$$\sigma_{H} = Z_{E}Z_{H}\sqrt{\frac{2\,000KT_{1}}{bd_{1}^{2}} \cdot \frac{u \pm 1}{u}} \leqslant [\sigma_{H}] \qquad \text{MPa} \tag{6.29}$$

式中 $[\sigma_{H}]$——许用接触应力,MPa;

Z_{H}——节点区域系数,$Z_{H} = \sqrt{\dfrac{2}{\sin\alpha\cos\alpha}}$,对于标准齿轮,$\alpha = 20°$,则 $Z_{H} = 2.5$;

Z_E——弹性影响系数,$MPa^{1/2}$,$Z_E = \sqrt{\dfrac{1}{\pi\left(\dfrac{1-\mu_1^2}{E_1}+\dfrac{1-\mu_2^2}{E_2}\right)}}$,不同材料的弹性影响系数见

表6.5。

式(6.29)中,"+"用于外啮合,"-"用于内啮合。

表6.5 弹性影响系数 $Z_E/MPa^{1/2}$

小齿轮材料	弹性模量 E /MPa	泊松比 μ	大齿轮材料			
			灰铸铁	球墨铸铁	铸钢	锻钢
锻钢	2.06×10^5	0.3	162.0	181.4	188.9	189.8
铸钢	2.02×10^5		161.4	180.5	188.0	—
球墨铸铁	1.73×10^5		156.6	173.9	—	—
灰铸铁	1.18×10^5		143.7	—	—	—

将齿宽系数 $\varphi_d = \dfrac{b}{d_1}$ 代入式(6.29),则可得齿面接触强度设计公式为

$$d_1 \geqslant \sqrt[3]{\frac{2\,000KT_1}{\varphi_d} \cdot \frac{u \pm 1}{u}\left(\frac{Z_E Z_H}{[\sigma_H]}\right)^2} \qquad mm \qquad (6.30)$$

上述齿面接触强度计算中,两轮齿接触处产生的接触应力相等,但两轮的许用接触应力不一定相等,故应取两齿轮许用接触应力中的较小值代入公式进行计算。

6.7.4 齿轮材料及其许用应力

齿轮传动对材料的要求为:齿面层有足够的硬度和耐磨性以抵抗点蚀、胶合、磨损和塑性变形等失效;齿芯有足够的强度和韧性,以抵抗循环载荷和冲击载荷作用下引起的齿根处的折断失效。此外,还要有良好的工艺性能和热处理性能以达到所要求的精度,且要有低廉的价格。

常用的齿轮材料是锻钢,其次是铸铁、铸钢、有色金属。另外,非金属材料也可用作齿轮材料。

(1)锻钢

锻钢是常用的齿轮材料。为了提高齿面抗点蚀、抗胶合、抗磨损能力,一般都要经过热处理来提高齿面硬度和改善材料的加工性能。

按照齿面硬度和加工工艺的不同,可分为以下两类:

1)HBS ≤350 的软齿面齿轮

软齿面齿轮通常采用45 钢、35 钢等中碳钢,在重要场合采用40Cr,35SiMn 等中碳合金钢,热处理方法为正火或调质。考虑到小齿轮轮齿的工作次数较多,应使其齿面硬度比大齿轮高30 ~50HBS。软齿面齿轮加工时,一般是首先将轮坯进行热处理,然后再进行切齿加工,加工工艺比较简单,多用于一般机械传动中。

2)HBS > 350 的硬齿面齿轮

硬齿面齿轮材料通常是 45 钢、40Cr 及 20 钢、20Cr 等。获得硬齿面的热处理方法是:中碳钢或中碳合金钢经表面淬火,低碳钢或低碳合金钢采用表面渗碳淬火,或者采用渗氮或碳氮共渗等表面热处理,热处理后的齿面硬度一般为 45～62HRC。硬齿面齿轮的加工工艺为:粗切齿→表面热处理→精磨齿。这类齿轮需用专用设备磨齿,制造工艺复杂,主要用于重要场合或精密机械中。

(2)铸钢

对于直径大于 500 mm 或形状复杂的齿轮,可选用铸钢材料,常用的铸钢材料牌号有 ZG310-570,ZG340-640 等。铸钢齿轮强度和耐磨性较好,但轮坯加工前应经过退火或正火热处理,以消除材料内应力,改善切削性能。

(3)铸铁

铸铁适用于铸造形状复杂的齿轮,具有成本低、抗胶合和点蚀的能力强、可加工性能好等优点,但抗弯强度和耐冲击性能较差,常用于低速、轻载、大尺寸及开式齿轮传动。常用的铸铁牌号有 HT200,HT300,QT500-7,QT600-3 等。

(4)非金属材料

在高速、轻载、精度不高的齿轮传动中,为降低噪声,可用非金属材料,如尼龙、塑料等。通常小齿轮用非金属材料制造,而大齿轮仍用钢或铸铁制造,以利于散热。

齿轮的许用应力与齿轮的材料、热处理后的硬度等因素有关,其许用弯曲应力和许用接触应力按下式进行计算:

许用弯曲应力

$$[\sigma_F] = \frac{\sigma_{Flim}}{S_F} \quad \text{MPa} \tag{6.31}$$

许用接触应力

$$[\sigma_H] = \frac{\sigma_{Hlim}}{S_H} \quad \text{MPa} \tag{6.32}$$

式中 $\sigma_{Flim},\sigma_{Hlim}$——齿轮的弯曲疲劳极限和接触疲劳极限,MPa,见表 6.6;

S_F,S_H——弯曲疲劳强度和接触疲劳强度计算的安全系数,见表 6.7。

由于接触疲劳产生的点蚀破坏只引起噪声和振动的增大,不会立即停止工作;而由弯曲疲劳造成的轮齿折断有时能引起严重的事故,故弯曲疲劳安全系数 S_F 的数值大于接触疲劳安全系数 S_H。

表 6.6 常用齿轮材料及其力学性能

材料牌号	热处理方式	硬度	σ_{Flim}/MPa	σ_{Hlim}/MPa
	正火	156～217HBS	280～340	350～400
45	调质	197～286HBS	410～480	550～620
	表面淬火	45～50HRC	680～700	1 120～1 150

续表

材料牌号	热处理方式	硬度	σ_{Flim}/MPa	σ_{Hlim}/MPa
40Cr	调质	217~286HBS	560~620	650~750
	表面淬火	48~55HRC	700~740	1 150~1 210
38CrMoAl	调质	255~321HBS	600~640	710~790
	表面淬火	45~55HRC	690~720	1 130~1 210
35SiMn	调质	207~286HBS	550~610	650~760
	表面淬火	45~50HRC	690~700	1 130~1 150
20CrMnTi	渗氮	>850HV	715	1 000
	渗碳淬火 回火	56~62HRC	850	1 500
ZG310-570	正火	163~197HBS	210~250	280~330
ZG340-640	正火	179~207HBS	240~270	310~340
HT300	时效	187~255HBS	100~150	330~390
QT500-7	正火	170~230HBS	260~300	450~540
QT600-3	正火	190~270	280~310	490~580

注:1. 表中的 σ_{Flim} 和 σ_{Hlim} 数值是根据 GB/T 3480.5—2008 提供的线图,依据材料的硬度值查得,适用于材质和热处理质量达到中等要求的情况。

2. 如齿轮是双向传动,表中 σ_{Flim} 的数值应乘以 0.7。

表6.7 安全系数

安全系数	软齿面	硬齿面	重要的传动、渗碳淬火齿轮、铸造齿轮
S_F	1.3~1.4	1.4~1.6	1.6~2.2
S_H	1.0~1.1	1.1~1.2	1.3

6.8　直齿圆柱齿轮传动的设计计算

6.8.1　设计计算路线

① 对于闭式软齿面齿轮传动,齿面接触强度较低,其主要失效形式为齿面点蚀,因此通常先按齿面接触强度进行设计计算,确定齿轮的参数后再对轮齿的弯曲强度进行校核。对于闭式硬齿面齿轮传动,齿面硬度较高,其主要失效形式为轮齿折断。通常首先按轮齿的弯曲强度进行设计计算,然后再校核齿面接触强度。

② 开式齿轮传动的失效,主要是轮齿磨损后使齿厚减薄,最终导致轮齿折断。因此,应保证其具有足够的齿面抗磨损能力及齿根抗折断能力。关于齿面磨损的计算方法迄今为止尚不够完善,故对于开式齿轮传动,目前仅以保证齿根弯曲疲劳强度作为设计准则。为补偿因磨损而引起的弯曲疲劳强度的降低,计算时可将许用弯曲应力 $[\sigma_F]$ 降低 25%~50%。

6.8.2　设计参数的选择

在设计齿轮传动时,可通过轮齿弯曲强度或齿面接触强度的设计公式确定小齿轮的分度圆直径 d_1 或模数 m,而其他一些主要参数则需由设计者自己选定。下面分别讨论如何合理选择这些参数。

(1)齿数比

齿数比 $u = z_2/z_1$,对于减速传动 $u = i$,对于增速传动 $u = 1/i$。单级齿轮传动的齿数比 u 不宜过大,否则会增大传动的外廓尺寸,并且使两轮的工作负载差别增大。对于直齿圆柱齿轮传动 $u \leqslant 5$;斜齿圆柱齿轮传动 $u \leqslant 8$。

(2)齿数

在分度圆直径一定的条件下,增加齿数使重合度 ε 增大,提高了传动的平稳性;而齿数多则模数小,齿高和齿顶圆直径也随之减小,可减小齿面的滑动,有利于提高轮齿的抗磨损能力和抗胶合能力,并且能节约材料,减少加工轮齿的切削量,降低加工成本。但模数的减小,会导轮齿弯曲强度降低。因此,在选择齿数时应遵循以下原则:

① 对于闭式软齿面齿轮传动,在满足轮齿弯曲强度的条件下,可适当增加齿数,通常取 $z_1 = 20 \sim 40$。

② 对于闭式硬齿面齿轮、开式齿轮和铸铁齿轮传动,为保证齿根有足够的弯曲强度,则需适当减少齿数,以使齿轮有较大的模数,推荐 $z_1 = 17 \sim 20$。对于传递动力的齿轮,齿轮模数不得小于 $1.5 \sim 2$ mm。

③ 为了避免根切,对于标准直齿圆柱齿轮,应取 $z_1 \geqslant 17$;对于周期性变化的载荷,为避免最大载荷总是作用在某一对或某几对轮齿上而使磨损过于集中,两齿轮的齿数 z_1 和 z_2 最好互为质数。这样实际传动比可能与要求的传动比有出入,但一般情况下允许传动比存在5%的误差。

(3)齿宽系数

设计中选取的齿宽系数越大,则齿轮宽度越大,而齿轮分度圆直径和中心距则越小,可使传动尺寸紧凑。但是,齿宽越大,载荷沿齿宽分布越不均匀,于轮齿强度不利。表6.8给出了推荐的齿宽系数 φ_d 值。

为了便于安装和补偿轴向尺寸的误差,通常取小齿轮宽度大于大齿轮宽度 $5 \sim 10$ mm。塑料齿轮和金属齿轮传动时,应将塑料齿轮做得窄一些。

表 6.8　圆柱齿轮齿宽系数 φ_d 的推荐值

齿轮相对于支承的位置	软齿面(HBS ≤ 350)	硬齿面(HBS > 350)
对称布置	$0.8 \sim 1.4$	$0.4 \sim 0.9$
非对称布置	$0.6 \sim 1.2$	$0.3 \sim 0.6$
悬臂布置	$0.3 \sim 0.4$	$0.2 \sim 0.25$

注:1. 直齿齿轮取小值,斜齿齿轮可取较大值(人字齿可取到2)。

　　2. 载荷稳定,轴承刚度高时,可取较大值;变载荷,轴承刚度低时,取较小值。

　　3. 开式齿轮传动可取 $\varphi_d = 0.3 \sim 0.5$。

例 6.1 某单级圆柱齿轮减速器用电动机直接驱动,单向运转,载荷有中等程度的冲击。传递功率 $P = 20$ kW,电动机转速 $n = 970$ r/min,齿轮传动比 $i = 3.5$,试设计该齿轮传动。

解 1)选择齿轮材料,确定许用应力

该传动为一般传动,故选择闭式软齿面传动,由表 6.6 选择齿轮材料,可得

小齿轮用合金钢 40Cr,调质处理,硬度为 240HBS,则 $\sigma_{Flim1} = 580$ MPa, $\sigma_{Hlim1} = 660$ MPa。

大齿轮用 45 钢,调质处理,硬度为 200HBS,则 $\sigma_{Flim2} = 420$ MPa, $\sigma_{Hlim2} = 560$ MPa。

由表 6.7,取安全系数 $S_F = 1.35$, $S_H = 1.1$。

由式(6.31)和式(6.32)可得材料的许用应力为

$$[\sigma_{F1}] = \frac{\sigma_{Flim1}}{S_F} = \frac{580}{1.35} = 430 \text{ MPa}, [\sigma_{H1}] = \frac{\sigma_{Hlim1}}{S_H} = \frac{660}{1.1} = 600 \text{ MPa};$$

$$[\sigma_{F2}] = \frac{\sigma_{Flim2}}{S_F} = \frac{420}{1.35} = 311 \text{ MPa}, [\sigma_{H2}] = \frac{\sigma_{Hlim2}}{S_H} = \frac{560}{1.1} = 509 \text{ MPa}。$$

2)按照齿面接触强度设计

对于闭式软齿面齿轮传动,应先按齿面接触强度进行设计计算,确定齿轮的参数后再对轮齿的弯曲强度进行校核。

小齿轮扭矩为 $T_1 = 9\,550\frac{P}{n_1} = 9\,550 \times \frac{20}{970} = 196.9$ N · m。

由表 6.3,在电动机直接驱动,单向运转,载荷有中等程度冲击的工作条件下,可取载荷系数 $K = 1.4$。

由表 6.8,对称布置的软齿面直齿齿轮,可取齿宽系数 $\varphi_d = 1.0$。

标准齿轮的节点区域系数 $Z_H = 2.5$;表 6.5 可查得一对锻钢齿轮的弹性影响系数 $Z_E = 189.8$ MPa$^{1/2}$。

许用接触应力取两齿轮材料中较小的一个,即 $[\sigma_H] = [\sigma_{H2}] = 509$ MPa。

按照齿面接触强度设计式(6.30)得

$$d_1 \geqslant \sqrt[3]{\frac{2\,000KT_1}{\varphi_d} \cdot \frac{u \pm 1}{u}\left(\frac{Z_E Z_H}{[\sigma_H]}\right)^2}$$

$$= \sqrt[3]{\frac{2\,000 \times 1.4 \times 196.9}{1.0} \times \frac{3.5+1}{3.5} \times \left(\frac{189.8 \times 2.5}{509}\right)^2} = 85.1 \text{ mm}。$$

3)确定齿轮的主要参数尺寸

取齿数 $z_1 = 29$,则 $z_2 = iz_1 = 3.5 \times 29 = 101.5$,取 $z_2 = 101$。

齿轮传动的实际传动比为 $i = \frac{z_2}{z_1} = \frac{101}{29} = 3.48$,与要求传动比的误差为 0.57%,满足误差小于 5% 的要求。

由 $m = \frac{d_1}{z_1} \geqslant \frac{85.1}{29} = 2.93$ mm,查表 6.1 取标准模数 $m = 3$ mm,则

$d_1 = mz_1 = 3 \times 29 = 87$ mm, $d_2 = mz_2 = 3 \times 101 = 303$ mm,

$$a = \frac{1}{2}(d_1 + d_2) = \frac{1}{2} \times (87 + 303) = 195 \text{ mm}。$$

齿宽为 $b = \varphi_d d_1 = 1.0 \times 87 = 87$ mm,为了便于安装和补偿轴向尺寸的误差,通常取小齿轮

宽度大于大齿轮宽度 $5 \sim 10$ mm,取 $b_1 = 95$ mm, $b_2 = 87$ mm。

4)校核轮齿弯曲强度

由表 6.4 可查得两齿轮的齿形系数及应力校正系数: $Y_{Fa1} = 2.53$, $Y_{Fa2} = 2.18$, $Y_{Sa1} = 1.62$, $Y_{Sa2} = 1.79$。由式(6.25)校核轮齿弯曲强度得

$$\sigma_{F1} = 2\,000\,\frac{KT_1}{bm^2 z_1}Y_{Fa1}Y_{Sa1} = 2\,000 \times \frac{1.4 \times 196.9}{87 \times 3^2 \times 29} \times 2.53 \times 1.62$$

$$= 99.5 \text{ MPa} < [\sigma_{F1}] = 430 \text{ MPa}$$

$$\sigma_{F2} = 2\,000\,\frac{KT_1}{bm^2 z_1}Y_{Fa2}Y_{Sa2} = 2\,000 \times \frac{1.4 \times 196.9}{87 \times 3^2 \times 29} \times 2.18 \times 1.79$$

$$= 94.7 \text{ MPa} < [\sigma_{F2}] = 311 \text{ MPa}$$

计算结果表明,齿轮的几何尺寸能够满足轮齿弯曲强度的要求,无须进行调整。

5)齿轮的主要几何尺寸

$m = 3$ mm, $z_1 = 29$, $z_2 = 101$,

$d_1 = 87$ mm, $d_2 = 303$ mm, $a = 195$ mm,

$d_{a1} = d_1 + 2h_a^* m = 93$ mm, $d_{a2} = d_2 + 2h_a^* m = 309$ mm,

$b_1 = 95$ mm, $b_2 = 87$ mm。

6.9　斜齿圆柱齿轮传动

6.9.1　斜齿圆柱齿轮齿廓曲面的形成及主要啮合特点

前面所讨论的直齿圆柱齿轮传动都是在齿轮的端面(即垂直于齿轮轴线的平面)上进行的。实际上齿轮是具有一定宽度的,其齿廓曲面是发生面 S 在基圆柱上做纯滚动时,平面 S 上一条与基圆柱母线 NN' 平行的直线段 KK' 的运动轨迹所形成的渐开面,如图 6.14(a)所示。

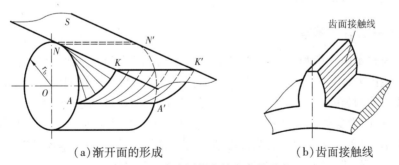

（a）渐开面的形成　　　　　　（b）齿面接触线

图 6.14　直齿圆柱齿轮齿廓的形成

当一对直齿圆柱齿轮相互啮合时,两齿廓曲面的接触线为平行于齿轮轴线的直线段,如图 6.14(b)所示。这样,相互啮合的一对齿廓是沿整个齿宽同时进入啮合并沿整个齿宽同时脱离啮合的,轮齿上的作用力也是突然加上和突然卸下。因此,直齿圆柱齿轮的传动平稳性较差,冲击和噪声大,不适于高速传动。为了克服这种缺点,改善啮合性能,工程中采用了斜齿圆柱齿轮机构。

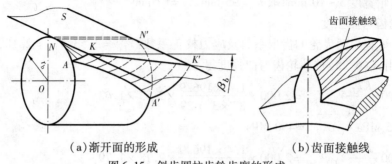

（a）渐开面的形成　　　　　　　　（b）齿面接触线

图 6.15　斜齿圆柱齿轮齿廓的形成

　　斜齿圆柱齿轮齿廓面的形成与直齿圆柱齿轮类似，只是形成齿廓曲面的直线段 KK' 不与基圆柱母线 NN' 平行，而是有一夹角 β_b（见图 6.15（a）），称为基圆柱上的螺旋角。当发生面 S 沿基圆柱做纯滚动时，直线 KK' 上的每一点都依次从其与基圆柱面的接触点开始展开成一条渐开线，而直线 KK' 上各点所形成的渐开线的集合就是斜齿轮的齿廓曲面。由此可知，斜齿轮齿廓曲面与垂直于基圆柱轴线的任一平面的交线（即端面上的齿廓曲线）仍是渐开线，并且由于这些渐开线具有相同的基圆半径，因此它们的形状都是一样的，只是形成渐开线的起始点不同而已。如图 6.15（a）所示，由于 KK' 与基圆柱的轴线不平行，因此它与基圆柱的接触点在基圆柱上形成了一条螺旋线 AA'，螺旋线 AA' 即为各条渐开线的起始点，由此形成的渐开面即为螺旋渐开面。螺旋角 β_b 越大，轮齿的偏斜也越厉害，若 $\beta_b = 0$ 就成为直齿圆柱齿轮了。因此，可将直齿圆柱齿轮看成斜齿圆柱齿轮的一个特例。从端面看，一对渐开线斜齿齿轮的传动就相当于一对渐开线直齿齿轮的传动，故它也能够实现定传动比传动。

　　一对斜齿圆柱齿轮啮合时，齿面上的接触线是由一个齿轮的一端齿顶（或齿根）处开始逐渐由短变长，再由长变短，至另一端的齿根（或齿顶）处终止（见图 6.15（b））。因此，斜齿圆柱齿轮的轮齿是逐渐进入和退出啮合的，这样就减少了传动时的冲击和噪声，提高了传动的平稳性，故适用于高速、重载的场合。

6.9.2　斜齿圆柱齿轮的基本参数

　　斜齿圆柱齿轮是由直齿圆柱齿轮演变而来的，斜齿圆柱齿轮在端面上和直齿圆柱齿轮具有相同的渐开线齿形，因此，其端面几何尺寸的计算与直齿圆柱齿轮相同。但是，斜齿圆柱齿轮的轮齿是螺旋状的，在垂直于分度圆柱螺旋线方向的截面（称为法面）上，其齿形与端面齿形不同，因而形成两类参数，即法向参数与端面参数。加工斜齿圆柱齿轮时，刀具沿着螺旋线的方向进行切削，因而规定法向参数为标准值。但在计算斜齿轮的基本尺寸时仍需按端面参数计算，因此，有必要建立端面参数与法向参数之间的换算关系。

（1）模数

　　如图 6.16 所示为斜齿圆柱齿轮分度圆柱面的展开图，从图中可知端面周节 p_t 与法向周节 p_n 的关系为

$$p_t = \frac{p_n}{\cos \beta} \tag{6.33}$$

式中，下标 t 表示端面参数；下标 n 表示法向参数；β 为分度圆柱上的螺旋角（简称螺旋角）。

式(6.33)两边各除以 π,可得端面模数 m_t 和法向模数 m_n 的关系为

$$m_t = \frac{m_n}{\cos \beta} \tag{6.34}$$

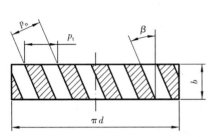

图 6.16　斜齿圆柱齿轮分度圆柱展开图

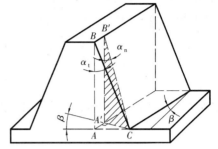

图 6.17　端面压力角与法向压力角

(2)齿顶高系数和顶隙系数

斜齿轮的齿顶高和齿根高在端面和法面上都是相等的,故有

$$\begin{cases} h_a = h_{at}^* m_t = h_{an}^* m_n \\ h_f = (h_{at}^* + c_t^*) m_t = (h_{an}^* + c_n^*) m_n \end{cases} \tag{6.35}$$

由此可得

$$\begin{cases} h_{at}^* = h_{an}^* \cos \beta \\ c_{at}^* = c_{an}^* \cos \beta \end{cases} \tag{6.36}$$

式中　h_{at}^*,c_t^*——端面的齿顶高系数和顶隙系数;

$\quad\quad h_{an}^*,c_n^*$——法向的齿顶高系数和顶隙系数,取法向参数为标准值,正常齿制:$h_{an}^* = 1.0$,

$\quad\quad c_n^* = 0.25$;短齿制:$h_{an}^* = 0.8,c_n^* = 0.3$。

(3)压力角

为了便于分析斜齿轮的端面压力角 α_t 与法向压力角 α_n 之间的关系,现用斜齿条来说明。

如图 6.17 所示,图中△ABC 位于端面上,△$A'B'C$ 位于法面上,两三角形等高,且其所在平面间的夹角为螺旋角 β,由几何关系可知

$$\frac{\overline{AC}}{\tan \alpha_t} = \frac{\overline{A'C}}{\tan \alpha_n} \tag{6.37}$$

在△$AA'C$ 中,有 $\overline{A'C} = \overline{AC} \cos \beta$,由此可得

$$\tan \alpha_t = \frac{\tan \alpha_n}{\cos \beta} \tag{6.38}$$

有了以上的关系,就可根据直齿圆柱齿轮的几何计算方法,导出斜齿圆柱齿轮的几何尺寸计算公式,见表 6.9。

6.9.3　斜齿圆柱齿轮的正确啮合条件和重合度

(1)正确啮合条件

一对标准斜齿轮传动要实现正确啮合,除了两个齿轮的法向模数及法向压力角应分别相

等外,它们的螺旋角还必须匹配。螺旋角的方向常用旋向表示,有左旋与右旋之分。如图6.18所示,判断方法是将齿轮轴线垂直摆放,从齿轮前面看齿向,轮齿向左倾斜即为左旋;轮齿向右倾斜即为右旋。一对斜齿轮外啮合时,两轮分度圆上的螺旋角 β_1,β_2 必须大小相等,旋向相反,即 $\beta_1 = -\beta_2$;内啮合时,β_1,β_2 必须大小相等,旋向相同,即 $\beta_1 = \beta_2$。由此,一对标准斜齿轮传动的正确啮合的条件为

$$\begin{cases} m_{n1} = m_{n2} = m_n \\ \alpha_{n1} = \alpha_{n2} = \alpha_n \\ \beta_1 = \mp \beta_2 \end{cases} \tag{6.39}$$

式中," − "号用于外啮合," + "号用于内啮合。

表6.9　标准斜齿圆柱齿轮几何尺寸计算公式

名　称	符号	计算公式与说明	名　称	符号	计算公式与说明
法向模数	m_n	由承载能力确定,选取标准值	基圆直径	d_b	$d_b = d \cos \alpha_t$
端面模数	m_t	$m_t = m_n / \cos \beta$	齿顶高	h_a	$h_a = h_{an}^* m_n$
法向压力角	α_n	选取标准值	齿根高	h_f	$h_f = (h_{an}^* + c_n^*) m_n$
端面压力角	α_t	$\tan \alpha_t = \tan \alpha_n / \cos \beta$	齿全高	h	$h = h_a + h_f = (2h_{an}^* + c_n^*) m_n$
法向周节	p_n	$p_n = \pi m_n$	齿顶圆直径	d_a	$d_a = d + 2h_a$
端面周节	p_t	$p_t = \pi m_t = \pi m_n / \cos \beta$	齿根圆直径	d_f	$d_f = d - 2h_f$
分度圆直径	d	$d = m_t z = m_n z / \cos \beta$	标准中心距	a	$a = m_n (z_1 + z_2) / 2 \cos \beta$

(2)重合度

为了便于说明斜齿圆柱齿轮传动的重合度,现将端面尺寸相同的斜齿圆柱齿轮和直齿圆柱齿轮的传动进行对比。对于直齿圆柱齿轮传动(见图6.9和图6.19),轮齿在点 K_1 处开始,沿整个齿宽同时进入啮合,在点 K_2 处终止啮合时,也将沿整个齿宽同时脱离啮合,故其重合度为

$$\varepsilon = \frac{\overline{K_1 K_2}}{p_{bt}} \tag{6.40}$$

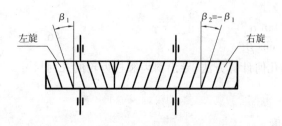

图6.18　斜齿圆柱齿轮外啮合传动简图

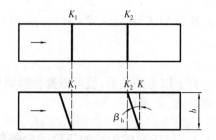

图6.19　斜齿轮和直齿轮啮合线的对比

对于斜齿圆柱齿轮传动而言,轮齿前端在点 K_1 处开始进入啮合,但这时不是整个齿宽同时进入啮合,而是由轮齿的前端先进入啮合,随着齿轮的转动,才逐渐达到沿全齿宽接触。当轮齿终止啮合时,也是轮齿的前端先脱离接触,轮齿后端还继续啮合,待轮齿后端到达终止点 K_2 后,轮齿才完全脱离啮合。由图 6.19 可知,斜齿圆柱齿轮传动的实际重合度为

$$\varepsilon = \frac{\overline{K_1 K}}{p_{bt}} = \frac{\overline{K_1 K_2}}{p_{bt}} + \frac{b \tan \beta_b}{p_{bt}} = \varepsilon_\alpha + \varepsilon_\beta \tag{6.41}$$

式中　ε_α——端面重合度,其值等于与斜齿圆柱齿轮端面齿廓相同的直齿圆柱齿轮传动的重合度;

　　　ε_β——轴向重合度,它是由于轮齿的倾斜而增加的重合度。

由此可知,斜齿圆柱齿轮传动的重合度随齿轮宽度和螺旋角的增大而增大。这是斜齿圆柱齿轮传动较平稳、承载能力较大的原因之一。

6.9.4　斜齿圆柱齿轮的当量齿轮和当量齿数

在进行强度计算和用仿形法加工斜齿轮时,必须要知道斜齿轮的法向齿形,但要精确求出法向齿形是很复杂的,通常采用下面的方法来近似地确定。

如图 6.20 所示,过斜齿轮分度圆柱面上的 C 点作轮齿螺旋线的法平面 n—n,它与分度圆柱面的交线为一椭圆。椭圆的短轴半径为 r,长轴半径为 $r/\cos \beta$,该椭圆在 C 点的曲率半径为

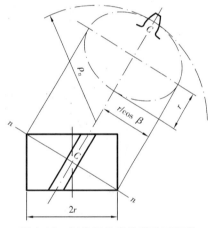

$$\rho_n = \frac{\left(\dfrac{r}{\cos \beta}\right)^2}{r} = \frac{r}{(\cos \beta)^2} \tag{6.42}$$

如果以 ρ_n 为半径作圆,此圆在 C 点附近的一段圆弧与椭圆非常接近。因此,可将斜齿圆柱齿轮的法向齿形近似看作以 ρ_n 为分度圆半径,以 m_n 为模数,以 α_n 为压力角的假想直齿圆柱齿轮的齿形。这个假想的直

图 6.20　斜齿圆柱齿轮的法面齿形

齿圆柱齿轮称为原斜齿轮的当量齿轮。它的齿数 z_v 称为当量齿数。

$$z_v = \frac{2\rho_n}{m_n} = \frac{2r}{m_n (\cos \beta)^2} = \frac{m_t z}{m_n (\cos \beta)^2} = \frac{z}{(\cos \beta)^3} \tag{6.43}$$

由式(6.43)可知,斜齿圆柱齿轮的当量齿数总是大于实际齿数的,并且往往不是整数,也无须圆整。

6.9.5　斜齿圆柱齿轮传动的受力分析

如同对直齿轮作受力分析一样,对斜齿轮作受力分析时,通常也略去齿廓工作面间的摩擦力。并将沿齿面接触线上的分布载荷以集中力 F_n(正压力)表示,它作用于齿宽中点法向截面的齿廓节点处。正压力 F_n 是空间力,其方向为沿齿廓接触点的公法线方向,指向齿廓工作面。如图 6.21 所示,正压力 F_n 可分解为周向力 F_t、轴向力 F_a 和径向力 F_r 3 个分力,即

$$\begin{cases} F_{t} = \dfrac{2\,000T_{1}}{d_{1}} \\[2mm] F_{a} = F_{t}\tan\beta \\[2mm] F_{r} = F_{n}\sin\alpha_{n} = F_{t}\dfrac{\tan\alpha_{n}}{\cos\beta} \end{cases} \qquad N \qquad\qquad (6.44)$$

而法向力(正压力)

$$F_{n} = \dfrac{F_{t}}{\cos\beta \cdot \cos\alpha_{n}} \qquad N \qquad\qquad (6.45)$$

式中　T_{1}——齿轮1传递的扭矩,N·m;

　　　d_{1}——齿轮1的分度圆直径,mm;

　　　β——螺旋角;

　　　α_{n}——法面压力角。

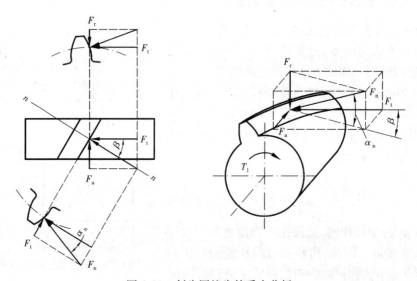

图 6.21　斜齿圆柱齿轮受力分析

　　作用在斜齿圆柱齿轮上的圆周力 F_{t} 和径向力 F_{r} 方向的确定方法与直齿圆柱齿轮相同。而轴向力 F_{a} 的作用方向则与轮齿螺旋线的方向(左旋或右旋)、齿轮的转动方向以及齿轮是主动轮还是从动轮等因素有关。常用主动轮的左、右手定则来判定:主动轮是右旋时,用右手握住齿轮的轴线,拇指沿轴线方向,其余四指顺着齿轮转动的方向,则拇指指向即为轴向力的方向;主动轮为左旋时,则以左手来判断。主动轮的轴向力方向确定后,从动轮的轴向力与其大小相等,方向相反。

　　由式(6.44)可知,作用在斜齿轮上的轴向力的大小与轮齿的螺旋角 β 有关,β 越大,传动越平稳,但是轴向力也越大。这种轴向力要求齿轮的轴向固定必须可靠,轴和轴承的设计也要复杂一些,故螺旋角 β 不宜取太大。通常取 $\beta = 8° \sim 20°$。为了克服这一缺点,可采用人字齿轮传动。人字齿轮相当于两个螺旋角相等而方向相反的斜齿轮并联在一起,因而两边的轴向力能互相抵消,故人字齿轮的螺旋角可以取得较大一些。人字齿轮常用于大功率传动装置中,其缺点是制造比较困难。

6.9.6　斜齿圆柱齿轮传动的强度计算

斜齿圆柱齿轮的法向齿形可近似用当量齿轮的齿形来代替,因此,在正压力 F_n 的作用下,斜齿圆柱齿轮的强度计算也可近似地用当量齿轮的强度计算来代替,其基本原理与直齿圆柱齿轮传动相同。但由于斜齿轮啮合时重合度较大,同时相啮合的轮齿较多,轮齿的接触线是倾斜的,且当量齿轮的分度圆半径也较大,因此,斜齿轮的弯曲强度和接触强度都比直齿齿轮高。

对于斜齿圆柱齿轮的弯曲疲劳强度,其校核公式和设计公式为

$$\sigma_F = \frac{KF_t}{bm_n}Y_{Fa}Y_{Sa}Y_\beta = 2\ 000\ \frac{KT_1}{bm_n^2 z_1}Y_{Fa}Y_{Sa}Y_\beta \leqslant [\sigma_F] \qquad \text{MPa} \qquad (6.46)$$

$$m_n \geqslant \sqrt[3]{\frac{2\ 000KT_1}{z_1^2 \varphi_d} \cdot \frac{Y_{Fa}Y_{Sa}Y_\beta}{[\sigma_F]}\cos^2\beta} \qquad \text{mm} \qquad (6.47)$$

式中　Y_β——螺旋角系数,$Y_\beta = 0.85 \sim 0.92$,β 角大时取小值,反之取大值;

Y_{Fa},Y_{Sa}——齿形系数和应力校正系数,应根据当量齿数 $z_v = \dfrac{z}{(\cos\beta)^3}$ 由表6.4查得。

对于斜齿圆柱齿轮的接触疲劳强度,其校核公式和设计公式为

$$\sigma_H = Z_E Z_H Z_\beta \sqrt{\frac{2\ 000KT_1}{bd_1^2} \cdot \frac{u \pm 1}{u}} \leqslant [\sigma_H] \qquad \text{MPa} \qquad (6.48)$$

$$d_1 \geqslant \sqrt[3]{\frac{2\ 000KT_1}{\varphi_d} \cdot \frac{u \pm 1}{u}\left(\frac{Z_E Z_H Z_\beta}{[\sigma_H]}\right)^2} \qquad \text{mm} \qquad (6.49)$$

式中　Z_β——螺旋角系数,$Z_\beta = \sqrt{\cos\beta}$。

6.10　圆锥齿轮传动

6.10.1　圆锥齿轮齿廓的形成及当量齿轮

圆锥齿轮用于相交轴之间的传动。其轮齿是分布在一个圆锥体上的(见图6.22),这是圆锥齿轮有别于圆柱齿轮的特点之一。正是由于这个特点,故圆柱齿轮中的各"圆柱",在这里都变成为"圆锥",如齿顶圆锥、齿根圆锥、分度圆锥、节圆锥等。圆锥齿轮的轮齿是向锥顶收缩的,故有大端、小端之分。为了计算和测量的方便,通常取大端的参数为标准值。一对圆锥齿轮的锥顶通常都重合于一点,这个点就是两轮轴线的交点。两轴间的交角 Σ 可为任意值,但在大多数情况下 $\Sigma = 90°$。

圆锥齿轮按轮齿与分度圆锥母线之间的关系,可分为直齿、斜齿及曲齿等类型。由于直齿圆锥齿轮的设计、制造和安装均较简便,故应用最为广泛。曲齿圆锥齿轮由于传动平稳、承载能力较强,因此常用于高速重载的传动,如汽车、拖拉机中的差速齿轮等。本节仅介绍 $\Sigma = 90°$ 的标准外啮合直齿圆锥齿轮传动。

圆锥齿轮齿廓的形成与圆柱齿轮相似,其差别在于用基圆锥代替了基圆柱,图6.23中平面 S 与基圆锥的母线相切。当平面 S 沿基圆锥做纯滚动时,平面上一条与基圆锥母线 ON 相接触的直线 OK 的轨迹将在空间中形成一渐开线曲面,该曲面即为直齿圆锥齿轮的齿廓。直

线 OK 上各点的轨迹都是渐开线(在顶点 O 处的渐开线为一点)。因为 K 点描绘出的渐开线 NK 上各点均与锥顶 O 等距,故该渐开线必定在一个以锥顶 O 为中心,以 $\overline{OK}$ 为半径的球面上,即 NK 是球面渐开线。由于球面无法展成平面,致使圆锥齿轮的设计和制造产生很多困难,常用近似曲线来代替球面渐开线。

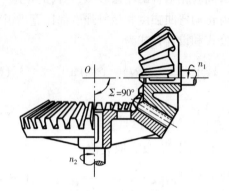

图 6.22　圆锥齿轮传动

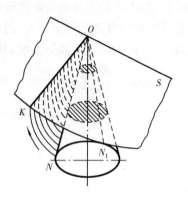

图 6.23　球面渐开线的形成

如图 6.24 所示,过圆锥齿轮大端分度圆上 A 点作 OA 的垂线与两轮的轴线分别交于 O_1 和 O_2 点。分别以 OO_1,OO_2 为轴线,以 O_1A,O_2A 为母线作两个圆锥,该两圆锥称为背锥,背锥与大端的球面渐开线切于大端分度圆。自球心 O 作射线,将球面渐开线的齿形投影于背锥上,则由图 6.24 可知,背锥面上的齿形与球面渐开线的齿形极为相近,因而可认为,一对直齿圆锥齿轮的啮合近似于背锥面上的齿廓啮合。由于圆锥面可展开成平面,故也就将球面渐开线简化成平面曲线。

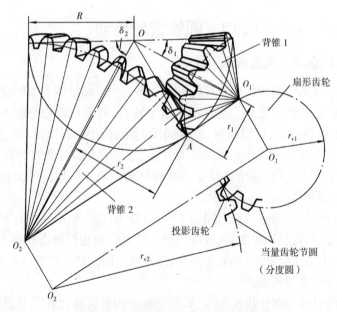

图 6.24　圆锥齿轮的背锥与当量齿轮

将背锥展开成平面,得到一个以背锥的锥距 r_v 为分度圆半径的扇形齿轮,再将它补足为一个完整的齿轮,这个虚拟的齿轮称为圆锥齿轮的当量齿轮。当量齿轮所具有的齿数 z_v 称为当量齿数,它与圆锥齿轮的实际齿数 z 之间的关系可通过两分度圆半径 r_v,r 求解,由图 6.24 可得

$$r_v = \frac{r}{\cos \delta} \tag{6.50}$$

式中　δ——圆锥齿轮的分度圆锥角。

由此可得

$$z_v = \frac{2r_v}{m} = \frac{2r}{m \cos \delta} = \frac{z}{\cos \delta} \tag{6.51}$$

因 $\cos \delta$ 小于 1,故当量齿数大于实际齿数,且当量齿数不一定是整数。在进行轮齿强度计算及用仿型法切削圆锥齿轮时,都要用到当量齿数。

如上所述,圆锥齿轮大端的齿形可近似地用当量齿轮的齿形来表示。同样,一对圆锥齿轮的啮合特性也可通过相啮合的当量齿轮进行研究。前面介绍的有关圆柱齿轮传动的结论,可通过当量齿轮的转换,用于圆锥齿轮传动。例如,关于正确啮合条件,已知一对直齿圆柱齿轮的正确啮合条件是两轮的模数和压力角分别相等。这一条件当然适用于一对当量齿轮的啮合。由此推知,圆锥齿轮的正确啮合条件是两轮大端的模数和压力角分别相等。此外,圆锥齿轮的重合度、不发生根切的最少齿数等也都可直接应用圆柱齿轮的结论和公式。但是必须注意,计算时应代入当量齿数。

6.10.2　圆锥齿轮传动的尺寸计算

圆锥齿轮的几何尺寸是以大端为基础进行计算的。这是因为大端的尺寸最大,其计算和测量的相对误差最小,同时也便于估计机构的外廓尺寸。

如图 6.25 所示为一对标准直齿圆锥齿轮。其几何尺寸的计算公式见表 6.10。

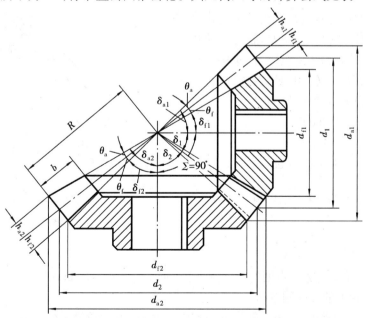

图 6.25　直齿圆锥齿轮传动的几何计算

表 6.10 $\Sigma = 90°$ 标准直齿圆锥齿轮的几何尺寸计算

名称	符号	计算公式及参数的选择
模数	m	以大端模数为标准
传动比	i	$i = z_2/z_1 = \tan \delta_2 = \cot \delta_1$
分度圆锥角	δ_1, δ_2	$\delta_2 = \arctan(z_2/z_1), \delta_1 = 90° - \delta_2$
分度圆直径	d_1, d_2	$d_1 = mz_1, d_2 = mz_2$
齿顶高	h_a	$h_a = h_a^* m$
齿根高	h_f	$h_f = (h_a^* + c^*)m$
全齿高	h	$h = h_a + h_f = (2h_a^* + c^*)m$
顶隙	c	$c = c^* m$
齿顶圆直径	d_{a1}, d_{a2}	$d_{a1} = d_1 + 2h_a\cos\delta_1, d_{a2} = d_2 + 2h_a\cos\delta_2$
齿根圆直径	d_{f1}, d_{f2}	$d_{f1} = d_1 - 2h_f\cos\delta_1, d_{f2} = d_2 - 2h_f\cos\delta_2$
锥顶距	R	$R = \sqrt{r_1^2 + r_2^2} = \dfrac{m}{2}\sqrt{z_1^2 + z_2^2} = \dfrac{d_1}{2\sin\delta_1} = \dfrac{d_2}{2\sin\delta_2}$
齿顶角	θ_a	$\theta_a = \arctan(h_a/R)$
齿根角	θ_f	$\theta_f = \arctan(h_f/R)$
根锥角	δ_{f1}, δ_{f2}	$\delta_{f1} = \delta_1 - \theta_f, \delta_{f2} = \delta_2 - \theta_f$
顶锥角	δ_{a1}, δ_{a2}	$\delta_{a1} = \delta_1 - \theta_a, \delta_{a2} = \delta_2 - \theta_a$

注：在直齿圆锥齿轮中，在 $m \leqslant 1$ 时，$h_a^* = 1.0, c^* = 0.25; m > 1$ 时，$h_a^* = 1.0, c^* = 0.2$。

6.10.3 圆锥齿轮传动的受力分析

如图 6.26 所示为直齿圆锥齿轮的轮齿受力图，忽略齿廓工作面间的摩擦力，假定沿轮齿接触线上分布载荷的合力 F_n（正压力）集中作用于齿宽中点 C 处，正压力 F_n 可分解为周向力 F_t、轴向力 F_a 和径向力 F_r 3 个分力，即

$$\begin{cases} F_t = \dfrac{2\ 000T_1}{d_{m1}} \\ F_r = F_t\tan\alpha \cdot \cos\delta_1 \\ F_a = F_t\tan\alpha \cdot \sin\delta_1 \end{cases} \quad (6.52)$$

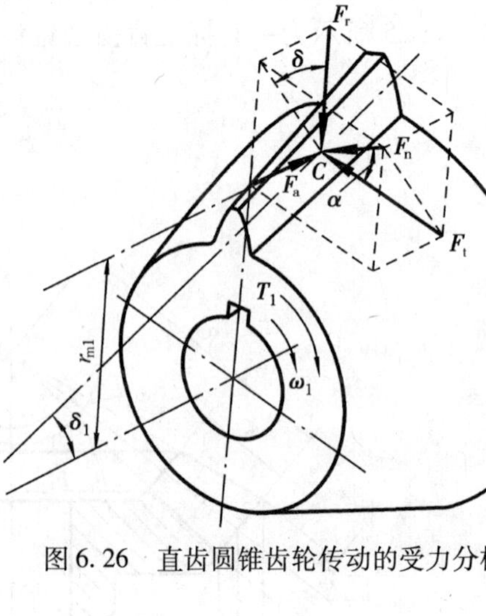

而正压力为

$$F_n = \frac{F_t}{\cos\alpha} \quad (6.53)$$

图 6.26 直齿圆锥齿轮传动的受力分析

式中 d_{m1}——齿轮 1 齿宽中点处的分度圆直径，mm，$d_{m1} = d_1 - b\sin\delta_1$；

δ_1——齿轮 1 的分度圆锥角。

由于圆锥齿轮传动中，两齿轮轴线垂直相交的缘故，因此圆锥齿轮之间的作用力关系为：

圆周力 F_{t1} 和 F_{t2} 大小相等,方向相反;齿轮 1 的径向力 F_{r1} 和齿轮 2 的轴向力 F_{a2} 大小相等,方向相反;齿轮 1 的轴向力 F_{a1} 和齿轮 2 的径向力 F_{r2} 大小相等,方向相反。

6.10.4 圆锥齿轮传动的强度计算

为简化计算,近似认为一对直齿圆锥齿轮传动和位于齿宽中点处的一对当量齿轮传动的强度相当,由此可得直齿圆锥齿轮的轮齿弯曲强度校核和设计公式分别为

$$\sigma_F = \frac{4\,000KT_1}{\varphi_R(1 - 0.5\varphi_R)^2 m^3 z_1^2 \sqrt{u^2 + 1}} Y_{Fa} Y_{Sa} \leqslant [\sigma_F] \qquad \text{MPa} \tag{6.54}$$

$$m \geqslant \sqrt[3]{\frac{4\,000KT_1}{\varphi_R(1 - 0.5\varphi_R)^2 z_1^2 \sqrt{u^2 + 1}} \cdot \frac{Y_{Fa} Y_{Sa}}{[\sigma_F]}} \qquad \text{mm} \tag{6.55}$$

式中　m——锥齿轮的大端模数,mm;

φ_R——齿宽系数,$\varphi_R = \dfrac{b}{R}$,一般取 $\varphi_R = 0.25 \sim 0.3$,为了公差测量及锥齿轮安装的需要,

通常使 $b_1 = b_2 = b$;

R——锥距;

Y_{Fa}, Y_{Sa}——齿形系数和应力校正系数,应根据当量齿数 $z_v = \dfrac{z}{\cos \delta}$ 由表 6.4 查得。

运用轮齿弯曲强度计算同样的方法,仍以齿宽中点处的当量直齿圆柱齿轮作为计算基础,可得直齿圆锥齿轮的齿面接触强度的校核和设计公式分别为

$$\sigma_H = Z_E Z_H \sqrt{\frac{4\,000KT_1}{\varphi_R(1 - 0.5\varphi_R)^2 d_1^3 u}} \leqslant [\sigma_H] \qquad \text{MPa} \tag{6.56}$$

$$d_1 \geqslant \sqrt[3]{\frac{4\,000KT_1}{\varphi_R(1 - 0.5\varphi_R)^2 u} \left(\frac{Z_E Z_H}{[\sigma_H]}\right)^2} \qquad \text{mm} \tag{6.57}$$

思考题与习题

1. 对齿轮传动的基本要求有哪些?怎样才能满足这些基本要求?

2. 什么是齿廓啮合的基本定律?为什么渐开线齿廓能够满足该定律?

3. 渐开线有哪些性质?

4. 渐开线齿轮正确啮合和连续传动的条件是什么?

5. 分度圆、节圆、模数、压力角、啮合线、啮合角及重合度等名词的含义是什么?

6. 啮合角和压力角在什么情况下相等?

7. 什么是标准齿轮和标准中心距?具有标准中心距的标准齿轮传动有何特点?

8. 为什么说渐开线齿轮传动具有可分性?

9. 对于外啮合的渐开线标准直齿圆柱齿轮,在什么条件下基圆直径大于齿根圆直径?

10. 测得一正常齿制的渐开线标准直齿圆柱齿轮的齿顶圆直径 $d_a = 225$ mm,数得其齿数 $z = 100$,求其模数,并计算主要几何尺寸。

11. 开式齿轮设计计算与闭式有何不同？开式齿轮的 z, m, φ_d 应如何选择？

12. 齿形系数 Y_{Fa} 与哪些因素有关？两个直齿圆柱齿轮，分别为 $m = 20$ mm, $z = 20$ 及 $m = 2$ mm, $z = 20$ 其齿形系数是否相等？为什么？

13. 齿宽及中心距确定后，提高齿轮接触强度与弯曲强度的承载能力的办法有哪些？

14. 若一对齿轮的中心距和传动比保持不变，仅改变齿数，齿轮的齿面接触强度与轮齿弯曲强度会如何变化？

15. 两对齿轮分别为：$m = 5$ mm, $z_1 = 40$, $z_2 = 158$ 及 $m = 10$ mm, $z_1 = 20$, $z_2 = 79$，其他条件（如材料、硬度、齿宽、转数等）均为主动轮与主动轮，从动轮与从动轮对应相同。试问：

（1）接触强度的承载能力是否相等？弯曲强度的承载能力是否相等？

（2）若传动速度低，短时超载大，用哪一对合适？若传动速度高，用哪一对合适？

16. 一对开式标准直齿圆柱齿轮，已知 $m = 6$ mm, $z_1 = 20$, $z_2 = 80$，齿宽 $b = 90$ mm。主动轮转速 $n_1 = 330$ r/min。小齿轮材料为调质 45 钢，硬度为 230HBS，大齿轮材料 HT300，硬度为 200HBS。单向传动，载荷稍有冲击，试求能传递的最大功率。

17. 斜齿圆柱齿轮传动与直齿圆柱齿轮传动相比有哪些优缺点？

18. 斜齿圆柱齿轮的正确啮合条件是什么？

19. 斜齿圆柱齿轮的端面参数和法向参数有何不同？其关系如何？

20. 在一个中心距 $a = 250$ mm 的旧箱体内，配上一对齿数为 $z_1 = 18$, $z_2 = 81$，模数 $m_n = 5$ mm 的斜齿圆柱齿轮，试问这一对齿轮的螺旋角应是多少度？

21. 一对标准直齿圆锥齿轮传动，大端模数 $m = 5$ mm，齿数 $z_1 = 16$, $z_2 = 48$，齿宽系数 $\varphi_R = 0.3$，两轴间的夹角 $\Sigma = 90°$，试计算这对齿轮的几何尺寸。

第7章 轮系和减速器

7.1 概 述

上一章论述了一对齿轮的传动,那是齿轮传动最简单的形式。在机械传动中,有时一对齿轮传动的功能十分有限。为了实现大传动比、变速、变向等功能,常采用一系列依次啮合的齿轮来传递运动和动力。这种由多对齿轮(包括蜗轮、蜗杆)组成的传动系统,称为轮系。

根据运转时各个齿轮的几何轴线位置是否固定,轮系可分为定轴轮系和周转轮系两种类型。

(1)定轴轮系

在轮系运转时,所有齿轮的几何轴线相对于机架的位置都固定的轮系,称为定轴轮系,如图7.1所示。

由轴线互相平行的圆柱齿轮组成的定轴轮系,称为平面定轴轮系;包含圆锥齿轮、螺旋齿轮、蜗杆蜗轮等空间齿轮的定轴轮系,称为空间定轴轮系。

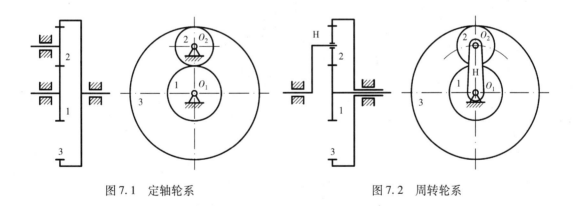

图7.1 定轴轮系   图7.2 周转轮系

(2)周转轮系

在轮系运转时,至少有一个齿轮的几何轴线相对于机架的位置是变化的,称为周转轮系,如图7.2所示。

在周转轮系中,齿轮2由构件H支承,运转时除绕自身几何轴线 O_2 转动(自转)外,还随轴线 O_2 绕固定的几何轴线 O_1 转动(公转),故称其为行星轮。支承行星轮2的构件H称为行星架,也称为系杆或转臂,与行星轮啮合且几何轴线固定不动的齿轮1,3称为太阳轮或中心轮,内齿轮3也称内齿圈。行星架H与太阳轮1,3的轴线重合时,周转轮系才能正常工作,故该轴线称为主轴线。

7.2 定轴轮系的传动比

轮系中主动轮与从动轮的转速(或角速度)之比,称为轮系的传动比,通常用 i 表示。因为角速度或转速是矢量,所以讨论轮系的传动比,既要计算传动比的数值,又要确定主、从动轮的转向关系。

对于平行轴的圆柱齿轮传动,齿轮的转向可直接在传动比公式中以"±"号表示,即

$$i_{12} = \frac{n_1}{n_2} = \frac{\omega_1}{\omega_2} = \pm \frac{z_2}{z_1} \tag{7.1}$$

式中,"+"表示两齿轮的转向相同,用于内啮合;"−"表示两齿轮的转向相反,用于外啮合。

对于圆锥齿轮传动,由于其主、从动轮的运动不在同一平面内,故不能用"±"号表示其转向关系,只能用标注箭头的方法确定。约定箭头的指向与齿轮外缘最前方点的线速度方向一致。外啮合圆柱齿轮传动时,主、从动轮转向相反,故表示其转向的箭头方向要么相向、要么相背,如图 7.3(a)所示;内啮合圆柱齿轮传动时,主、从动轮转向相同,故表示其转向的箭头方向相同,如图 7.3(b)所示;圆锥齿轮传动与外啮合圆柱齿轮传动相似,箭头应同时指向啮合点或背离啮合点,如图 7.3(c)所示。

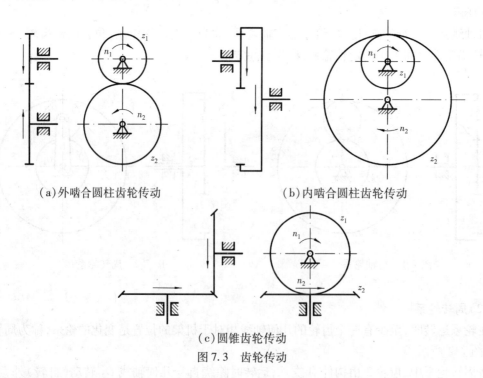

(a)外啮合圆柱齿轮传动　　　　　　(b)内啮合圆柱齿轮传动

(c)圆锥齿轮传动

图 7.3　齿轮传动

如图 7.4 所示,齿轮 1,2,2′,3,3′,4,5 组成一平面定轴轮系,由各对齿轮的传动比可计算出输入轴 I 与输出轴 V 之间的传动比,由图 7.4 可得

$$i_{12} = \frac{n_1}{n_2} = -\frac{z_2}{z_1} \qquad i_{2'3} = \frac{n_{2'}}{n_3} = \frac{z_3}{z_{2'}}$$

$$i_{3'4} = \frac{n_{3'}}{n_4} = -\frac{z_4}{z_{3'}} \qquad i_{45} = \frac{n_4}{n_5} = -\frac{z_5}{z_4} \tag{7.2}$$

将以上各式顺序连乘,则

$$i_{12} \cdot i_{2'3} \cdot i_{3'4} \cdot i_{45} = \frac{n_1}{n_2} \cdot \frac{n_{2'}}{n_3} \cdot \frac{n_{3'}}{n_4} \cdot \frac{n_4}{n_5} = (-1)^3 \frac{z_2 z_3 z_5}{z_1 z_{2'} z_{3'}} \tag{7.3}$$

将 $n_2 = n_2', n_3 = n_3'$ 代入式(7.3),得

$$i_{15} = \frac{n_1}{n_5} = i_{12} \cdot i_{2'3} \cdot i_{3'4} \cdot i_{45} = (-1)^3 \frac{z_2 z_3 z_5}{z_1 z_{2'} z_{3'}} = -\frac{z_2 z_3 z_5}{z_1 z_{2'} z_{3'}} \tag{7.4}$$

式(7.4)表明,定轴轮系的传动比等于组成该轮系的各对齿轮传动比的连乘积,其值也等于各从动轮齿数的乘积与各主动轮齿数的乘积之比。式(7.4)中计算结果的负号,表明齿轮5与齿轮1的转向相反。

在图7.4中,齿轮4在轮系中既为主动轮又为从动轮,在轮系中称为惰轮,它对轮系传动比的数值没有影响(在式中可消去),但会影响传动比的符号。

根据以上分析,将定轴轮系的首轮以1表示,末轮以 k 表示,圆柱齿轮外啮合的对数为 m,则定轴轮系的总传动比公式为

$$i_{1k} = \frac{n_1}{n_k} = (-1)^m \frac{各从动轮齿数的乘积}{各主动轮齿数的乘积} \tag{7.5}$$

对于非平行轴的空间定轴轮系,其传动比的大小仍用式(7.5)计算,但方向须在图中用箭头标明。

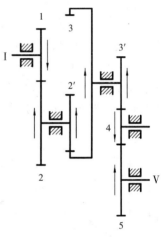

图 7.4 定轴轮系

例 7.1 如图7.5所示的定轴轮系中,$n_1 = 1\,470$ r/min,转向如图示,锥齿轮5为输出构件。已知各轮齿数:$z_1 = 17, z_2 = 33, z_{2'} = z_3 = 19, z_4 = 55, z_{4'} = 21, z_5 = 45$。求:1)轮系的传动比 i_{15};2)锥齿轮的转速 n_5。

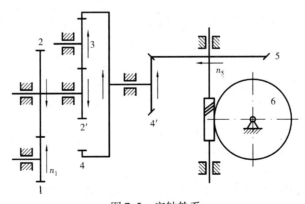

图 7.5 定轴轮系

解 1）轮系的传动比 $i_{15} = \dfrac{n_1}{n_5} = \dfrac{z_2 z_3 z_4 z_5}{z_1 z_2, z_3 z_{4'}} = \dfrac{33 \times 55 \times 45}{17 \times 19 \times 21} = 12.04$。

2）锥齿轮的转速 $n_5 = \dfrac{n_1}{i_{15}} = \dfrac{1\,470}{12.04} = 122.1$ r/min。

该轮系为非平行轴传动，各轮的转向用箭头标注在图 7.5 中。

7.3　周转轮系的传动比

由于周转轮系中的行星轮既有自转又有公转，其几何轴线是不固定的，因此，周转轮系各构件间的传动比不能直接用定轴轮系的传动比公式求解，其传动比的计算常采用转化机构法。

如图 7.6(a) 所示，该周转轮系中齿轮 1，2，3 以及行星架 H 的转速分别为 n_1，n_2，n_3，n_H。根据相对运动原理，假设对整个周转轮系加上一个与行星架的转速 n_H 大小相等，方向相反的公共转速 $-n_H$，则行星架的转速变为 $n_H - n_H = 0$，即行星架固定不动，而各构件间的相对运动关系并不变化。这样所有齿轮的几何轴线位置都固定不动，得到了假想的定轴轮系，如图 7.6(b) 所示。这种假想的定轴轮系称为原周转轮系的转化轮系。转化轮系中，各构件的转速见表 7.1。

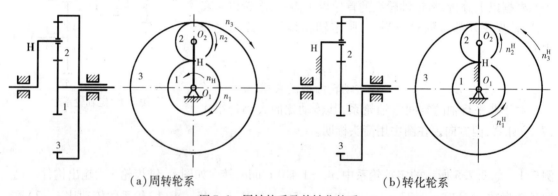

（a）周转轮系　　　　　　　　　　（b）转化轮系

图 7.6　周转轮系及其转化轮系

表 7.1　转化轮系中各构件的转速

构　件	周转轮系中各构件的绝对转速	转化轮系中各构件的转速
太阳轮 1	n_1	$n_1^H = n_1 - n_H$
行星轮 2	n_2	$n_2^H = n_2 - n_H$
太阳轮 3	n_3	$n_3^H = n_3 - n_H$
行星架 H	n_H	$n_H^H = n_H - n_H = 0$
机架 4	0	$n_0^H = 0 - n_H = -n_H$

转化轮系中齿轮 1 和齿轮 3 的传动比可根据定轴轮系传动比计算方法得出，即

$$i_{13}^{\mathrm{H}} = \frac{n_1^{\mathrm{H}}}{n_3^{\mathrm{H}}} = \frac{n_1 - n_{\mathrm{H}}}{n_3 - n_{\mathrm{H}}} = (-1)^1 \frac{z_2 z_3}{z_1 z_2} = -\frac{z_3}{z_1} \tag{7.6}$$

推广到一般情况,周转轮系中两轮 a,b 的传动比,可通过转化轮系的传动比公式求解为

$$i_{ab}^{\mathrm{H}} = \frac{n_a - n_{\mathrm{H}}}{n_b - n_{\mathrm{H}}} = \pm \frac{\text{从 } a \text{ 轮到 } b \text{ 轮之间各从动轮齿数的乘积}}{\text{从 } a \text{ 轮到 } b \text{ 轮之间各主动轮齿数的乘积}} \tag{7.7}$$

应用式(7.7)时,应注意以下问题:

① 齿轮 a,b 的轴线必须与主轴线重合或位于行星架 H 上。

② n_a,n_b,n_{H} 是相应构件在平行平面内的转速,其值为代数量,代入公式时必须带入正、负号。假定某一转向为正,则与其同向的取正,与其反向的则取负。

③ 若周转轮系中有圆锥齿轮或蜗杆蜗轮传动且首末轮的轴线平行时,传动比的大小仍用式(7.7)计算,而转向应当用画箭头的方法确定。

例 7.2 在如图 7.6 所示的周转轮系中,已知 $n_1 = 100$ r/min,$n_3 = 60$ r/min,n_1 与 n_3 转向相反,齿数 $z_1 = 17$,$z_2 = 29$,$z_3 = 75$,求 n_{H},n_2,$i_{1\mathrm{H}}$。

解 由式(7.7),取 n_1 的转向为正,代入已知数据得

$$i_{13}^{\mathrm{H}} = \frac{n_1 - n_{\mathrm{H}}}{n_3 - n_{\mathrm{H}}} = \frac{100 - n_{\mathrm{H}}}{-60 - n_{\mathrm{H}}} = -\frac{z_3}{z_1} = -\frac{75}{17},$$

解得 $n_{\mathrm{H}} = -30.43$ r/min。

又 $i_{12}^{\mathrm{H}} = \frac{n_1 - n_{\mathrm{H}}}{n_2 - n_{\mathrm{H}}} = \frac{100 + 30.43}{n_2 + 30.43} = -\frac{z_2}{z_1} = -\frac{29}{17},$

解得 $n_2 = -106.89$ r/min,求得 n_{H} 与 n_2 皆为负,表明其与 n_1 的转向相反。

$$i_{1\mathrm{H}} = \frac{n_1}{n_{\mathrm{H}}} = \frac{100}{-30.43} = -3.29。$$

例 7.3 如图 7.7 所示的轮系,已知各轮齿数:$z_1 = 24$,$z_2 = 33$,$z_{2'} = 21$,$z_3 = 78$,$z_{3'} = 18$,$z_4 = 30$,$z_5 = 78$,求传动比 i_{14}。

解 该轮系是包含定轴轮系和周转轮系的混合轮系,这类轮系的求解,必须首先将其分解为单一的定轴轮系和周转轮系,然后分别按转化轮系和定轴轮系逐个列式求解。

在该轮系中,双联齿轮 2-2' 的轴线绕着齿轮 1,3 的轴线转动,是行星轮;支持它运动的构件(卷筒 H)是行星架;与行星轮相啮合的齿轮 1 和 3 是两个太阳轮。这两个太阳轮都能转动,故齿轮 1,2-2',3 和转臂 H 组成一个周转轮系,其余的齿轮 3',4,5 是一个定轴轮系,两轮系在一起构成了混合轮系。

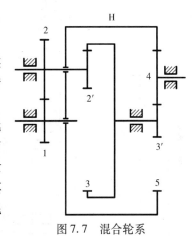

图 7.7 混合轮系

在周转轮系中 $i_{13}^{\mathrm{H}} = \frac{n_1 - n_{\mathrm{H}}}{n_3 - n_{\mathrm{H}}} = -\frac{z_2 z_3}{z_1 z_{2'}} = -\frac{33 \times 78}{24 \times 21} = -5.11。$

在定轴轮系中 $i_{3'5} = \frac{n_{3'}}{n_5} = -\frac{z_5}{z_{3'}} = -\frac{78}{18} = -4.33$,$i_{45} = \frac{n_4}{n_5} = \frac{z_5}{z_4} = \frac{78}{30} = 2.6。$

由齿轮相互关系得 $n_3 = n_{3'}, n_5 = n_H$。

将以上各式联立,解得 $i_{14} = \dfrac{n_1}{n_4} = 10.86$。

7.4 减速器

7.4.1 减速器的主要类型

在机械传动中,为了降低转速并相应地增大转矩,常在原动机与工作机之间安装具有固定传动比的独立传动部件,它通常是由封闭在箱体内的齿轮传动(或蜗杆传动)组成,这种独立传动部件称为减速器。在个别机械中,也可用来增加转速,此时则称为增速器。

减速器由于传递运动准确、结构紧凑、使用维护简单并有标准系列产品可供选用,故在工业中应用较广泛。

减速器的类型很多,按传动零件的不同,可分为齿轮减速器、蜗轮减速器、齿轮—蜗轮减速器及行星减速器等;按传动级数的不同,可分为单级、两级及多级减速器;按轴在空间的位置不同,可分为立式和卧式减速器。

常用减速器的主要类型、特点及应用见表7.2。

表7.2 常用减速器的主要类型、特点及应用

类别	级数		传动简图	传动比范围	特点及应用
圆柱齿轮减速器	单级			$i \leqslant 8 \sim 10$	轮齿可制成直齿、斜齿和人字齿。传动轴线平行,结构简单,精度容易保证。直齿一般用在圆周速度 $v \leqslant 8$ m/s、轻载的场合;斜齿、人字齿用在圆周速度 $v = 25 \sim 50$ m/s、重载的场合,也常用于重载低速的场合
	两级	展开式		$i = 8 \sim 60$	齿轮相对于轴承位置不对称,轴产生弯曲变形时,载荷在齿宽上分布不均匀,因此轴应具有较大的刚度,并尽量使高速级齿轮远离输入端。高速级可制成斜齿,低速级可制成直齿。用于载荷较平稳的场合
		分流式			齿轮相对于轴承对称布置,载荷沿齿宽分布均匀,轴承受载也平均分配。高速级采用两对斜齿轮,低速级可制成人字齿或直齿,结构较复杂,主要用于变载荷场合

类别	级数		传动简图	传动比范围	特点及应用
圆锥齿轮减速器	单级			$i \leqslant 8 \sim 10$	轮齿可制成直齿、斜齿、曲齿。两轴线垂直相交或成一定角度相交。制造安装较复杂,成本高,故仅在设备布置上必要时才应用
	两级			直齿圆锥齿轮 $i = 8 \sim 22$ 斜齿或曲齿圆锥齿轮 $i = 8 \sim 40$	圆锥-圆柱齿轮减速器的特点同单级圆锥齿轮减速器。圆锥齿轮应在高速级,齿轮尺寸不宜太大,否则加工困难。圆柱齿轮可制成直齿或斜齿
齿轮—蜗轮减速器	单级	下置式		$i = 10 \sim 80$	蜗杆在蜗轮下面,啮合处冷却和润滑都较好,蜗杆轴承润滑也方便。但当蜗杆圆周速度太大时,搅油的功率损耗较大。一般用于蜗杆圆周速度 $v < 5$ m/s
		上置式			蜗杆在蜗轮上面,装卸方便,蜗杆圆周速度可高些,而且金属屑等杂物掉入啮合处的机会少,但蜗杆轴承润滑不方便。当蜗杆圆周速度 $v > 4 \sim 5$ m/s 时,最好采用此形式
		侧置式			蜗杆在旁边,且蜗轮轴是垂直的,一般用于水平旋转机构的传动(如旋转起重机)
	两级	蜗轮—蜗轮		$i = 43 \sim 3\ 600$	传动比大,结构紧凑,但效率较低。为使高速级和低速级传动浸入油中深度大致相等,应使 $a_1 = a_2/2$
		齿轮—蜗轮		$i = 15 \sim 480$	有齿轮传动在高速级和蜗轮传动在高速级两种形式。前者结构紧凑,后者效率较高

7.4.2　减速器的结构

常用减速器的结构必须满足以下要求:箱内的传动零件和轴承应能正常工作,并有良好的润滑;整个减速器应便于制造、安装和运输。现以单级圆柱齿轮减速器为例,简单介绍其结构和润滑。

减速器箱体常用灰铸铁铸成;受冲击载荷的重型减速器,箱体可采用铸钢铸成;单件生产的减速器箱体,也可用钢板焊接而成。

为了便于装配,箱体一般做成箱盖和箱座两部分,用螺栓连成一体,并用两个定位销来保证其准确定位。在箱体的剖分面处装有起盖螺钉,以便于打开箱盖。在箱体的轴承部位加筋板用于提高减速器的刚度,防止受载变形而影响正常传动。

箱体的轴承孔必须精确加工,以保证齿轮轴线相互位置的准确性。减速器吊钩和箱盖吊钩(或吊环螺栓)用于吊运减速器和起盖时使用。箱盖顶部设有窥视孔,用以观察箱内的齿轮啮合情况和加注润滑油。箱盖顶部还装有通气塞,它能及时排出箱内的热气。为了检查箱内油面的高低,在箱座侧面装有测油杆。箱座底部设有油塞,用以放出箱内的废油。

7.4.3 减速器的选用

减速器是应用较广泛的机械传动部件,为了减轻设计工作量,提高产品质量和降低成本,我国一些部门和工厂都制订了常用减速器的标准并进行批量生产,使用者可直接选用。

(1)常用标准减速器

各种标准减速器的系列较多,其规格、适用范围、代号、参数及安装尺寸等,可查阅有关手册或产品目录。下面简单介绍最常用的标准减速器。

标准减速器为渐开线圆柱(Z)齿轮减速器,分为单级(D)、两级(L)、三级(S)3 个系列。这类减速器主要用于冶金、矿山、建筑、化工、纺织及轻工机械等。其适用条件为:齿轮圆周速度不大于 18 m/s,高速轴转速不大于 1 500 r/min,工作温度为 −45 ~ +45 ℃,能用于正、反向运转。

这类减速器的代号由型号、总中心距、传动比、装配形式及齿轮精度等级组成。例如:

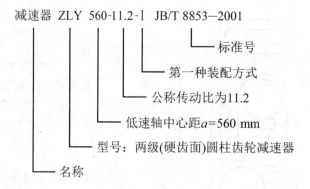

减速器 ZLY 560-11.2-Ⅰ JB/T 8853—2001
- 标准号
- 第一种装配方式
- 公称传动比为11.2
- 低速轴中心距 a=560 mm
- 型号:两级(硬齿面)圆柱齿轮减速器
- 名称

(2)标准减速器的选择

选用标准减速器时,一般的已知条件是:高速轴传递的功率 P_1 或低速传递的转矩 T、高速轴和低速轴转速、载荷变化图、使用寿命、装配形式及工作环境等。各种标准减速器都按型号规格列出承载能力表,可按工作要求选用。一般选用步骤如下:

① 根据工作要求确定标准减速器的类型。

② 根据转速求传动比,选用该类型中不同级数的减速器。

③ 由输入功率 P_1(或输出转矩 T)、工作类型、载荷性质、输入轴转速 n_1 和总传动比 i 等条件,在减速器承载能力表中查出所需减速器的型号,决定其参数和尺寸。

标准减速器的选用实例,见机械设计手册等有关资料。

思考题与习题

1. 定轴轮系与周转轮系的区别是什么?

2. 定轴轮系中哪些齿轮对传动比的大小没有影响?它又有何用途?

3. 转化轮系有何用途?它的传动比是周转轮系的传动比吗?

4. 如图 7.8 所示为钟表指针机构,S,M,H 分别为秒、分、时针。已知各轮的齿数 $z_2=60$, $z_3=8$, $z_4=64$, $z_5=28$, $z_6=42$, $z_8=64$,试求 z_1 和 z_7。

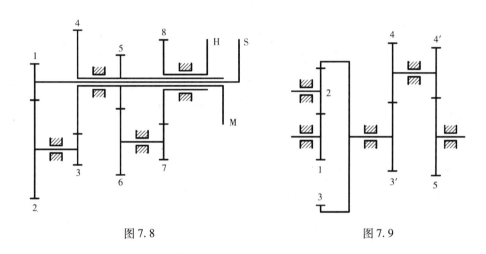

图 7.8   图 7.9

5. 如图 7.9 所示,已知轮系中各齿轮的齿数 $z_1=z_2=20$, $z_3=60$, $z_4=26$, $z_{4'}=22$, $z_5=34$,各轮的模数相同,轮 $3'$ 和轮 5 的轴线重合。试计算轮 $3'$ 的齿数和传动比 i_{15}。

6. 在如图 7.10 所示的轮系中,已知各轮的齿数为 $z_1=62$, $z_2=20$, $z_{2'}=24$, $z_3=18$,转速为 $n_1=100$ r/min, $n_3=200$ r/min,试求 n_H 的大小和转向:

(1)当 n_1 和 n_3 转向相同时;

(2)当 n_1 和 n_3 转向相反时。

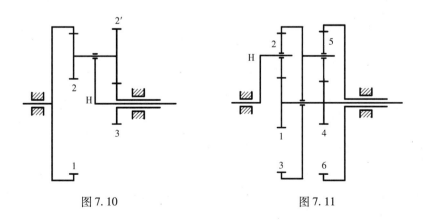

图 7.10   图 7.11

103

7. 在如图 7.11 所示的轮系中,已知各轮的齿数为 $z_1 = 28$,$z_3 = 78$,$z_4 = 24$,$z_6 = 80$,转速为 $n_1 = 2\,000$ r/min,试求 n_H 在:

（1）当轮 3 固定时;

（2）当轮 6 固定时。

8. 常用的减速器有哪些类型? 各有何特点? 应如何选用减速器?

第8章 轴

8.1 概 述

轴是组成机械的重要零件之一。其功用主要是用来支承做回转运动的零件,如齿轮、蜗轮、带轮、链轮及凸轮等,并传递运动和动力,承受弯矩和转矩。

8.1.1 轴的分类

根据承载情况,轴可分为心轴、传动轴和转轴3类。心轴为只承受弯矩而不传递转矩的轴,心轴又可分为转动心轴和固定心轴,如铁路机车的轮轴(见图8.1(a))和自行车的前轮轴(见图8.1(b))等;传动轴为以传递转矩为主,不承受弯矩或承受很小弯矩的轴,如汽车的传动轴(见图8.2)等;转轴为既传递转矩,又承受弯矩的轴,如齿轮减速器的轴(见图8.3)等,转轴是机械中最常见的轴。

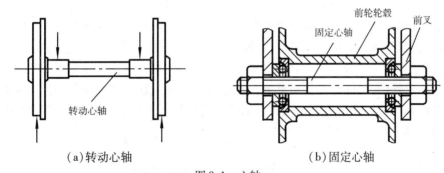

(a)转动心轴　　　　　　　　　　(b)固定心轴

图8.1　心轴

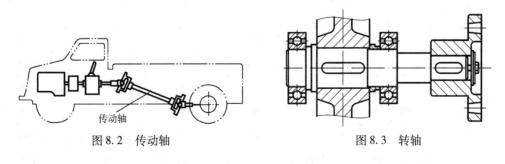

图8.2　传动轴　　　　　　　　　图8.3　转轴

根据结构形状,轴又可分为直轴(见图8.4)、曲轴(见图8.5)和挠性轴(见图8.6)。直轴应用最广,根据外形直轴可分为直径无变化的光轴(见图8.4(a))和直径有变化的阶梯轴(见图8.4(b))。

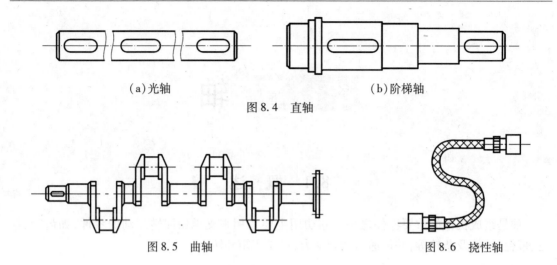

（a）光轴　　　　　　　　　　　　　（b）阶梯轴

图 8.4　直轴

图 8.5　曲轴　　　　　　　　　　图 8.6　挠性轴

8.1.2　轴的材料

通常轴的破坏形式为疲劳损坏,因此轴的材料应具有足够的疲劳强度,小的应力集中敏感性以及良好的加工性能等。

轴的常用材料主要有碳素钢和合金钢。对于不重要的或受力较小的轴,可使用 Q235 等普通碳素钢,不进行热处理。对于中载和一般要求的轴,可用 30,40,45 和 50 优质碳素钢,其中 45 钢最为常用,为改善其力学性能,应进行调质或正火处理。对于重要机械上传递大功率的重载轴,为了减轻质量和提高轴颈的耐磨性,可采用合金钢以满足其力学性能。常用的合金钢有 40Cr,35CrMo,20Cr 等。若要求轴的局部表面具有较高的硬度以提高耐磨性时,可进行局部表面的硬化处理。例如,中碳钢可进行局部表面高频淬火,低碳钢则可进行局部表面渗碳淬火。强化处理(如喷丸、滚压等)后的轴颈表面对提高轴的弯曲疲劳强度效果显著。轴的材料也可采用球墨铸铁,它的优点是价格低廉,吸振性强,对应力集中的敏感性较小。曲轴、凸轮轴等形状复杂的轴的毛坯可以铸造。但铸造轴的工艺过程不易控制,故轴的质量不够稳定。轴的常用材料及其主要力学性能见表 8.1。

表 8.1　轴的常用材料及其主要力学性能

材料牌号	热处理	毛坯直径 /mm	硬度 /HBS	抗拉强度 σ_b/MPa	屈服强度 σ_s/MPa	弯曲疲劳极限 σ_{-1}/MPa	扭转疲劳极限 τ_{-1}/MPa
Q235				440	240	200	105
45	正火	25	≤241	600	360	260	150
		<100	170~217	600	300	275	140
		>100~300	162~217	580	290	270	135
		>300~500	162~217	560	280	260	130
		>500~700	156~217	540	270	250	125
	调质	≤200	217~255	650	360	300	155

材料牌号	热处理	毛坯直径/mm	硬度/HBS	抗拉强度 σ_b/MPa	屈服强度 σ_s/MPa	弯曲疲劳极限 σ_{-1}/MPa	扭转疲劳极限 τ_{-1}/MPa
40Cr	调质	25	241～266	1 000	800	500	280
		<100		750	550	350	200
		100～300		700	550	340	185
35CrMo	调质	25	207～269	1 000	850	510	285
		≤200		750	550	390	200
		>100～300	207～269	700	500	350	185
20Cr	渗碳淬火回火	15	表面硬度50～60HRC	850	550	375	215
		30		850	400	280	160
		≤600		650	400	280	160
QT50-15			187～255	500	380	180	155

8.2 轴的结构设计

轴的结构设计,就是根据工作条件,确定轴的外形、结构和全部尺寸。由于影响轴结构的因素很多,因此轴没有标准的结构形式,设计时要针对具体情况得出轴的合理结构。一般来说,设计出来的轴应满足下列要求:

① 装在轴上的零件有相对确定的位置。

② 轴受力合理,有利于提高强度和刚度。

③ 具有良好的加工工艺性。

④ 便于装拆和调整。

⑤ 节省材料,减轻质量。

从这些要求出发,轴通常设计成中间大两端小的阶梯形,这种阶梯轴用料省,各剖面接近于等强度,便于加工制造,而且有利于轴上零件的装拆、定位和固定。

8.2.1 轴上零件的装配

轴上零件的装配方案是轴结构设计的第一步,它决定轴的基本形式。装配方案即定出轴上主要零件的装配方向、顺序和相互关系。如图 8.7 所示,轴上零件的装配方案是:齿轮、套筒、右端轴承和轴承端盖、半联轴器依次从轴的右端向左安装,左端只安装左端轴承及其端盖。这样就可对各轴段的粗细顺序作出初步安排。一般应考虑几种装配方案,进行分析比较,选择较佳的装配方案。

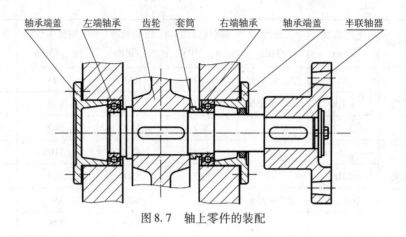

图 8.7　轴上零件的装配

8.2.2　轴上零件的轴向定位及固定

轴上零件安装时,要有准确的轴向工作位置,即定位。对于工作时不允许轴向滑动的轴上零件,受力后不得改变其工作位置,即要求可靠的固定。轴上零件常用轴肩、轴环、套筒、圆螺母、紧定螺钉、弹性挡圈、轴端压板及圆锥轴头等方式来实现轴向定位和固定。其结构形式、特点和应用见表8.2。

8.2.3　轴上零件的周向固定

轴上零件的周向固定方法有键、花键、销、过盈连接以及成形连接等。周向固定方法的选取,应根据载荷的大小和性质、轮毂与轴的对中性要求和重要程度等因素来决定。例如,齿轮与轴的周向固定一般采用平键连接;在重载、冲击或振动情况下,可用过盈配合加平键连接;在传递较大转矩,且轴上零件需作轴向移动或对中性要求较高时,可采用花键连接;轻载或不重要的情况下,可采用销连接或紧定螺钉连接等。

8.2.4　轴的结构工艺性

轴的结构设计,应考虑加工、测量、装拆和维修的方便,力求减少工作量,提高生产效率。轴的结构越简单,工艺性越好,因此在满足功能要求的前提下,应尽量简化轴的结构形状。为了便于减少加工刀具的数量,应尽量使轴上直径相近处的过渡圆角、倒角、键槽、越程槽、退刀槽等的尺寸各自统一。无特殊要求时,同一轴上不同轴段的各键槽应布置在轴的同一条母线上,以减少铣削键槽时工件的装夹次数。当有几个花键轴段时,花键的尺寸也最好统一。为了便于轴上零件的装配,轴应设计成阶梯形,轴端应加工出倒角(一般为45°),对于有过盈连接的轴段,常在装入端加工出导向圆锥面。需要磨削的轴段,应留出砂轮越程槽,需车制螺纹的轴段应有退刀槽。为降低轴的应力集中,提高轴的抗疲劳能力,相邻轴段的直径变化不宜过大(见图8.8)。

表 8.2　轴上零件的轴向定位及固定

定位和固定方式	结构简图	特定和应用
轴肩与轴环		结构简单,工作可靠,可承受较大的载荷。为了保证定位可靠,轴上的圆角半径 r 应小于零件毂孔的圆角半径 R 或倒角高度 C。在定位时,一般取轴肩高度 $h=(2\sim3)R$ 或 $h=(2\sim3)C$;轴环宽度 $b=(1\sim1.5)h$
套筒		当轴上的两零件间隔距离不大时,可用套筒进行轴向定位。其结构简单,定位可靠,但不宜用于转速较高的轴。应注意安装零件的轴段长度要比轮毂的宽度短 $2\sim3$ mm,以保证套筒能够靠紧零件端面
圆螺母		固定可靠,可承受较大的轴向力,一般常用于轴端零件的固定,用于固定轴中部的零件时,可避免采用长套筒以减轻质量。但轴上要切制螺纹和退刀槽,应力集中较大,一般采用细牙螺纹,以减少对轴的削弱
紧定螺钉		结构简单,定位方便,但不能承受大的轴向力,且不宜用于高速,常用于光轴上零件的固定
弹性挡圈		结构简单、紧凑,装拆方便。但只能承受较小的轴向力,且可靠性较差,对轴的强度削弱较大,常用于固定滚动轴承
轴端挡圈与圆锥轴头		采用螺钉将挡圈固定在轴的端面,与轴肩或锥面配合,用于固定轴端零件,使零件获得双向轴向固定。固定可靠,装拆方便,可承受较大的轴向力和冲击载荷。应注意装零件的轴段长度要比轮毂的宽度短 $2\sim3$ mm,以保证轴端挡圈能压紧零件端面

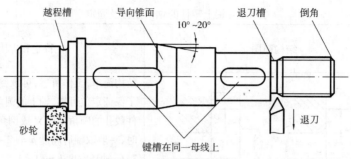

图 8.8　轴的结构工艺性

8.3　轴的强度计算

为了满足功能要求,轴设计时必须保证足够的强度,以防止疲劳断裂;对于刚度要求较高的轴,还必须进行刚度计算,以防止产生过大的弹性变形;而对于高速回转的轴,还需进行临界转速计算,以防止轴因共振而失稳。对于普通机械装置中的轴,转速通常不太高,故只需保证足够的强度或刚度即可。在进行轴的结构设计之前,可先根据轴上所受转矩初步估算轴的直径,在轴的结构设计完成之后,再进行强度校核计算。

8.3.1　按转矩估算轴径

受转矩作用时其强度条件为

$$\tau_T = \frac{T}{W_T} = \frac{9.55 \times 10^6 \dfrac{P}{n}}{0.2d^3} \leqslant [\tau_T] \quad \text{MPa} \tag{8.1}$$

式中　$\tau_T, [\tau_T]$——轴的扭转剪应力和许用剪应力,MPa;

　　　T——轴传递的转矩,N·m;

　　　P——轴传递的功率,kW;

　　　W_T——轴的抗扭截面模量,$W_T = \pi d^3/16 \approx 0.2d^3$,$mm^3$;

　　　d——轴的直径,mm;

　　　n——轴的转速,r/min。

根据式(8.1)可得:

$$d \geqslant \sqrt[3]{\frac{9.55 \times 10^6 P}{0.2[\tau_T]n}} = A\sqrt[3]{\frac{P}{n}} \quad \text{mm} \tag{8.2}$$

式中　A——材料和承载情况确定的系数,见表8.3。

表8.3　常用材料的$[\tau_T]$和 A 值

轴的材料	Q235,20	35	45	40Cr,35SiMn,42SiMn,38SiMnMo,20CrMnTi
$[\tau_T]$/MPa	12~20	20~30	30~40	40~52
A	158~134	134~117	117~106	106~97

注:当作用在轴上的弯矩小或只受扭矩时,A取较小值,$[\tau_T]$取较大值,反之亦反。

8.3.2 按弯扭组合强度校核轴的直径

轴的结构设计完成后,轴的各部分尺寸就已经确定,于是轴上外载荷和支承反力的作用位置即可确定,由此可进行轴的受力分析及绘制弯矩图和扭矩图,然后按弯扭组合校核轴的强度。

对于一般钢制的轴,按第三强度理论(即最大剪应力理论)得轴的强度条件为

$$\sqrt{\sigma^2 + 4\tau^2} \leqslant [\sigma] \qquad \text{MPa} \qquad (8.3)$$

式中 σ——危险截面上由弯矩产生的弯曲应力,MPa;

τ——危险截面上由扭矩产生的扭转剪应力,MPa;

$[\sigma]$——轴的许用弯曲应力,MPa。

将 $\sigma = \dfrac{1\,000M}{\pi d^3/32} \approx \dfrac{10^4 \cdot M}{\pi d^3}$ 和 $\tau = \dfrac{1\,000T}{\pi d^3/16} \approx \dfrac{10^4 \cdot T}{2\pi d^3}$ 代入式(8.3),可得危险截面上的计算应力为

$$\sigma = \frac{\sqrt{M^2 + T^2}}{d^3} \cdot 10^4 \leqslant [\sigma] \qquad \text{MPa} \qquad (8.4)$$

式中 d——轴在危险截面处的直径,mm;

M——危险截面上的弯矩,N·m;

T——危险截面上的扭矩,N·m。

一般转轴的弯曲应力 σ 为对称循环应力,而扭转剪应力 τ 的循环特性往往与 σ 不同,为考虑后者循环特性不同的影响,将式(8.4)中的 T 乘以折合系数 α,由此可得转轴的强度校核公式与设计公式分别为

$$\sigma = \frac{\sqrt{M^2 + (\alpha T)^2}}{d^3} \cdot 10^4 = \frac{M'}{d^3} \cdot 10^4 \leqslant [\sigma_{-1}] \qquad \text{MPa} \qquad (8.5)$$

$$d \geqslant \sqrt[3]{\frac{10^4 \cdot M'}{[\sigma_{-1}]}} \qquad \text{mm} \qquad (8.6)$$

式中 M'——当量弯矩,$M' = \sqrt{M^2 + (\alpha T)^2}$,N·m;

α——折合系数,扭矩不变时,取 $\alpha = 0.3$,扭矩脉动变化时取 $\alpha = 0.6$,对于频繁正反转的轴,取 $\alpha = 1.0$;

$[\sigma_{-1}]$——对称循环许用弯曲应力,$[\sigma_{-1}] \approx 0.1\sigma_b$,$\sigma_b$ 为材料的强度极限,可由表 8.1 查得。

由式(8.6)可得轴的直径公式。若轴的计算剖面处有键槽,则会削弱轴的强度,应适当加大该处的直径。有一个键槽时,轴径加大 4% ~ 5%;有两个键槽时,加大 7% ~ 10%。以上公式也适用于计算心轴和传动轴,计算心轴时,$T = 0$;计算传动轴时,$M = 0$。

例8.1 试计算某减速器输入轴危险截面的直径。已知作用于齿轮上的圆周力 $F_t = 17\,400$ N,径向力 $F_r = 6\,410$ N,轴向力 $F_a = 2\,860$ N(如图8.9所示),齿轮分度圆直径 $d_1 = 146$ mm,带轮作用于轴右端的力 $F_r = 4\,500$ N(方向未定),$L = 193$ mm,$K = 206$ mm。

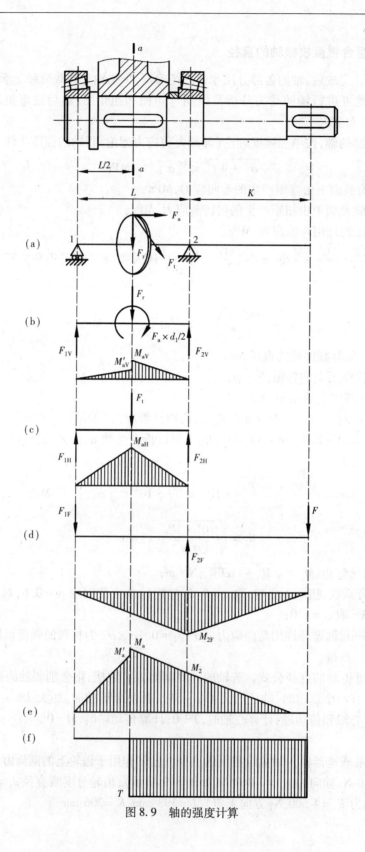

图 8.9 轴的强度计算

解 假设:① 轴所受的外力为集中载荷。② 轴及轴上零件质量不计。③ 将轴承视为铰链支座,如图 8.9(a)所示,支座位置在轴承宽度的中点处。④ 轴向力引起的压应力忽略不计。

1)求支反力

由轴的力矩平衡和力平衡关系,可求得不同方向的支反力,外力 F 作用方向与带传动的布置有关,在具体布置未确定前,可按最不利的情况考虑,见步骤 2)-④的计算。

① 垂直面的支反力(见图 8.9(b))

$$F_{1V} = \frac{F_r \cdot \dfrac{L}{2} - F_a \cdot \dfrac{d_1}{2}}{L} = \frac{6\,410 \times \dfrac{193}{2} - 2\,860 \times \dfrac{146}{2}}{193} = 2\,123 \text{ N},$$

$$F_{2V} = F_r - F_{1V} = 6\,410 - 2\,123 = 4\,287 \text{ N}_{\circ}$$

② 水平面的支反力(见图 8.9(c))

$$F_{1H} = F_{2H} = \frac{F_t}{2} = \frac{17\,400}{2} = 8\,700 \text{ N}_{\circ}$$

③ F 力在支点产生的支反力(见图 8.9(d))

$$F_{1F} = \frac{F \cdot K}{L} = \frac{4\,500 \times 206}{193} = 4\,803 \text{ N},$$

$$F_{2F} = F + F_{1F} = 4\,500 + 4\,803 = 9\,303 \text{ N}_{\circ}$$

2)绘制弯矩图

① 绘制垂直面弯矩图(见图 8.9(b))

$$M_{aV} = F_{2V} \cdot \frac{L}{2} = 4\,287 \times \frac{0.193}{2} = 414 \text{ N} \cdot \text{m},$$

$$M'_{aV} = F_{1V} \cdot \frac{L}{2} = 2\,123 \times \frac{0.193}{2} = 205 \text{ N} \cdot \text{m}_{\circ}$$

② 绘制水平面弯矩图(见图 8.9(c))

$$M_{aH} = F_{1H} \cdot \frac{L}{2} = 8\,700 \times \frac{0.193}{2} = 840 \text{ N} \cdot \text{m}_{\circ}$$

③ F 力产生的弯矩图(见图 8.9(d))

$$M_{2F} = F \cdot K = 4\,500 \times 0.206 = 927 \text{ N} \cdot \text{m},$$

a—a 截面处由 F 力产生的弯矩 $M_{aF} = F_{1F} \cdot \dfrac{L}{2} = 4\,803 \times \dfrac{0.193}{2} = 463 \text{ N} \cdot \text{m}_{\circ}$

④ 求合成弯矩图(见图 8.9(e))

考虑到最不利的情况,将 $\sqrt{M_{aV}^2 + M_{aH}^2}$ 与 M_{aF} 直接相加。

$$M_a = \sqrt{M_{aV}^2 + M_{aH}^2} + M_{aF} = \sqrt{414^2 + 840^2} + 463 = 1\,400 \text{ N} \cdot \text{m},$$

$$M'_a = \sqrt{M_{aV}'^2 + M_{aH}^2} + M_{aF} = \sqrt{205^2 + 840^2} + 463 = 1\,328 \text{ N} \cdot \text{m}_{\circ}$$

$$M_2 = M_{2F} = 927 \text{ N} \cdot \text{m}_{\circ}$$

3)绘制转矩图(见图 8.9(f))

$$T = F_t \cdot \frac{d_1}{2} = 17\,400 \times \frac{0.146}{2} = 1\,270 \text{ N} \cdot \text{m}_{\circ}$$

4)求危险截面的当量弯矩

由图 8.9(e)、(f)可知,a—a 截面最危险,其当量弯矩为:

$$M' = \sqrt{M_a^2 + \alpha T^2} = \sqrt{1\,400^2 + (0.3 \times 1\,270)^2} = 1\,451 \text{ N} \cdot \text{m},$$

其中,折合系数 α 取 0.3。

5)计算危险截面处的直径

轴的材料选用 45 钢,调质处理,$\sigma_b = 650$ MPa,$[\sigma_{-1}] = 0.1\sigma_b = 65$ MPa,则:

$$d \geq \sqrt[3]{\frac{10^4 \cdot M'}{[\sigma_{-1}]}} = \sqrt[3]{\frac{1\,451 \times 10^4}{65}} = 60.7 \text{ mm},$$

该截面有键槽,考虑到键槽对轴的削弱,将 d 值加大 4% ~ 5%,故:

$$d = 60.7 \times 104\% = 63 \text{ mm}_\circ$$

思考题与习题

1. 图 8.10 中 Ⅰ,Ⅱ,Ⅲ,Ⅳ 轴是心轴、转轴还是传动轴?

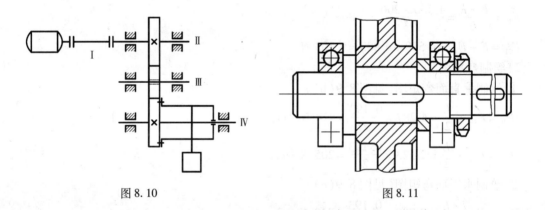

图 8.10 图 8.11

2. 指出图 8.11 中轴的结构错误,说明原因并予以改正。

3. 固定心轴和转动心轴所受的弯曲应力的性质有何区别?

4. 轴上零件进行轴向定位和周向固定的常用方法有哪些?说明其定位的特点。

5. 按弯扭组合进行强度计算时,当量弯矩的计算公式中为什么要把扭矩乘以一个系数? 其数值如何确定? 当量弯矩最大的截面是否就一定是最危险的截面? 为什么?

6. 在一个齿轮减速器中高速轴和低速轴的直径哪一个大? 为什么?

7. 有一台离心式水泵,由电动机带动,传递的功率 $P = 3$ kW,轴的转速 $n = 960$ r/min,轴的材料为 45 钢,试计算轴所需要的最小直径。

8. 如图 8.12 所示的转轴,已知轴的长度 $a = 320$ mm,$b = 580$ mm,传递的转矩 $T = 2\,350$ N · m,径向力 $F = 9\,200$ N,若轴的许用弯曲应力 $[\sigma_{-1}] = 80$ MPa,试计算该轴所需要的直径。

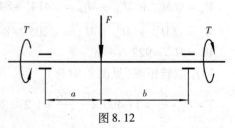

图 8.12

第9章 轴承

轴承的作用是支承轴和轴上的零件,减少轴与支承之间的摩擦和磨损,保证轴的旋转精度。根据转动副工作表面摩擦性质的不同,轴承可分为滑动摩擦轴承(简称滑动轴承)和滚动摩擦轴承(简称滚动轴承)。

滑动轴承具有承载能力强、抗振性能好、工作平稳、噪声小、寿命长、能剖分等优点,故常用于高速、重载、高精度以及要求轴承结构能剖分的情况,如在汽轮机、内燃机、大型电机、机床、航空发动机及铁路机车等机械上滑动轴承都被广泛地应用。此外,在低速、伴有冲击的机械中,如混凝土搅拌机、破碎机等也常采用滑动轴承。

滚动轴承摩擦阻力小,启动灵活,效率较高,并且绝大多数滚动轴承已标准化,由专业工厂大批量生产,规格品种齐全,互换性好,易于维护。某些滚动轴承能同时承受径向和轴向载荷,可使支承结构简化,故它被广泛应用于各种机械中。但滚动轴承的径向尺寸较大,接触应力大,承受冲击载荷的能力较差,高速、重载下寿命较低,噪声较大。

9.1 滑动轴承

9.1.1 滑动轴承的摩擦状态

滑动轴承工作时需用润滑剂润滑,其工作表面可能存在以下两种摩擦状态:

(1)边界摩擦状态

轴颈与轴承工作表面之间有润滑油存在,由于润滑油对金属表面的吸附作用,会在金属表面上形成一层油膜,称为边界油膜。边界油膜非常薄,不足以将相互摩擦的两金属表面完全隔开,故相互运动时轴颈、轴承两金属表面在微观上仍存在尖峰部分的直接接触,这种摩擦状态称为边界摩擦状态。

(2)液体摩擦状态

当满足一定的条件时,两摩擦表面间可形成具有一定厚度的压力油膜,将轴承和轴颈表面分隔开,运转时不存在金属表面之间的摩擦,而是液体(润滑油)分子间的内摩擦,故摩擦系数相当小,可有效地减小摩擦和磨损,这种状态称为液体摩擦状态。

除此之外,还有介于边界摩擦和液体摩擦之间的混合摩擦状态,也称为非液体摩擦状态,不太重要的滑动轴承大多在这种状态下工作。由上述可知,液体摩擦是滑动轴承最理想的工作情况,对于那些长期高速运转、精度要求高的机器,应确保其滑动轴承在液体摩擦状态下工作。

9.1.2 滑动轴承的类型和结构

按摩擦状态,滑动轴承可分为液体摩擦滑动轴承(液体摩擦状态)和非液体摩擦滑动轴承(边界摩擦状态或混合摩擦状态)。根据压力油膜的形成原理不同,液体摩擦滑动轴承又分为液体动压润滑轴承(简称动压轴承)和液体静压润滑轴承(简称静压轴承)。

按承载方向,滑动轴承可分为承受径向力的径向轴承和承受轴向力的推力轴承两大类。

滑动轴承的结构形式和摩擦状态以及承载方向有关,通常由轴承座(盖)、轴瓦(套)、密封及紧固装置等组成。一些常用滑动轴承的结构形式及尺寸已标准化,应尽量选用标准形式,必要时也可专门设计,以满足特殊需要。

(1)径向滑动轴承的结构形式

如图9.1(a)所示为整体式滑动轴承,由轴承体1、轴套2和润滑装置3等组成。这种轴承结构简单,但装拆时轴或轴承需轴向移动,而且轴套磨损后轴承间隙无法调整。因此,整体式轴承多用于间歇工作和低速轻载的机械。如图9.1(b)所示为剖分式滑动轴承,由轴承座1、轴承盖2、轴瓦3,4和双头螺柱5等组成。轴瓦直接与轴相接触,且不能在轴承孔中转动,为此轴承盖应适度压紧。轴承盖上制有螺纹孔,便于安装油杯或油管。为了提高安装的对心精度,在中分面上加工有台阶形榫口。当载荷方向倾斜时,可将中分面相应斜置(见图9.1(c)),但使用时应保证径向载荷的实际作用线与中分面对称线摆幅不超过35°。剖分式轴承装拆方便,轴承孔与轴颈之间的间隙可适当调整。当轴瓦磨损严重时,可方便地更换轴瓦,因此应用比较广泛。

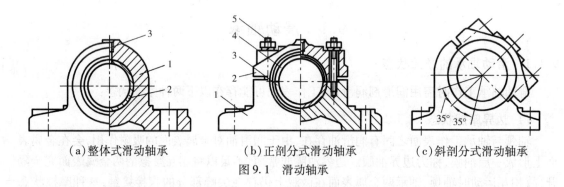

|(a)整体式滑动轴承|(b)正剖分式滑动轴承|(c)斜剖分式滑动轴承|

图9.1 滑动轴承

(2)推力滑动轴承的结构形式

推力轴承工作时,轴的端面或轴环端面是承载面,它们与轴瓦相对运动。实心式(见图9.2(a))轴端中心处线速度为零,边缘处线速度最大,因而轴瓦的磨损不均匀,压力分布也不均匀,实际中很少使用。一般机器中常用空心式(见图9.2(b))、单环(见图9.2(c))和多环式(见图9.2(d))轴承结构。多环式轴承承载能力强,且可承受双向载荷,但各环承载大小不等,环数不能太多。图9.2(e)为空心立式平面止推滑动轴承的结构示意图,轴承座3由铸铁或铸钢制成,止推轴瓦4由青铜或其他减摩材料制成,限位销钉5限制轴瓦转动。止推轴瓦的下表面制成球形,以防偏载。

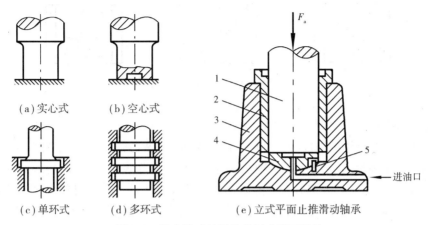

(a)实心式　　(b)空心式

(c)单环式　　(d)多环式　　(e)立式平面止推滑动轴承

图9.2　推力滑动轴承的常用止推面结构

9.1.3　轴瓦

(1)轴瓦结构

轴瓦和轴套是滑动轴承中的重要零件。整体式轴瓦是套筒形,称为轴套,它通常用于整体式轴承,其结构如图9.3(a)所示,轴套外径可取为 $D=(1.15\sim1.2)d$。剖分式轴瓦用于剖分式滑动轴承,轴瓦有厚壁(壁厚 δ 与直径 D 之比大于0.05)和薄壁两种(见图9.3(b)、(c))。薄壁轴瓦是将轴承合金黏附在低碳钢带上经冲裁、弯曲变形及精加工制成的双金属轴瓦。这种轴瓦适合大批量生产,质量稳定,成本低,但刚性较差,装配后不再修刮内孔,轴瓦受力变形后的形状取决于轴承座的形状,因此轴承座也应进行精加工。厚壁轴瓦常由铸造制得,为改善摩擦性能,可在底瓦内表面浇注一层轴承合金(称为轴承衬),厚度为零点几毫米至几毫米。为使轴承衬牢固地黏附在底瓦上,可在底瓦内表面预制出燕尾槽。为更好地发挥材料的性能,还可在这种双金属轴瓦的轴承衬表面镀一层铟、银等更软的金属。多金属轴瓦能兼顾满足轴瓦的各项性能要求。

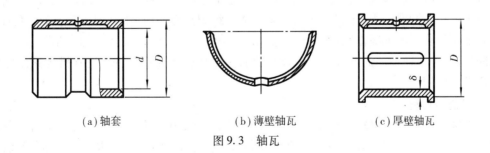

(a)轴套　　　　　　(b)薄壁轴瓦　　　　　　(c)厚壁轴瓦

图9.3　轴瓦

为使润滑油均布于轴瓦工作表面,轴瓦上制有油孔和油槽。当载荷向下时,承载区为轴瓦下部,上部为非承载区。此时,润滑油进口应设在上部,使油能顺利导入。油槽应以进油口为中心沿纵横或斜向开设。但不得与轴瓦端面开通,以减少端部漏油。如图9.4所示为常用的油槽形式。

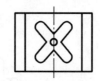

图 9.4　轴瓦常用的油槽形式

（2）轴瓦的材料

轴瓦材料应具有足够的强度和塑性（即耐压、耐冲击、疲劳强度和可塑性好）；良好的减摩性（摩擦系数小）和耐磨性；容易跑合（轴瓦工作时，易于消除表面不平度，能很好地与轴颈表面贴合）；良好的导热、防腐和抗胶合性能以及工艺性和经济性。一种材料要完全具备上述性能是不可能的，因此，要综合考虑轴承所受载荷的大小，轴颈转速高低等，根据主要性能要求选择材料。

常用的轴瓦和轴承材料有以下 4 种：

1）铸造轴承合金（又称巴氏合金）

这种材料主要是锡（Sn）、铅（Pb）、锑（Sb）、铜（Cu）的合金，分为锡基和铅基两大类。

锡锑轴承合金的摩擦系数小，抗胶合性能良好，对油的吸附性好，耐腐蚀，易磨合，常用于高速重载的场合。但是价格较贵，且机械强度较差，因此，多用作轴承衬材料浇注在钢、铸铁或青铜底瓦上。

铅锑轴承合金的各方面性能与锡锑轴承合金相近，但材料较脆，不宜承受较大的冲击载荷，一般用于中速、中载的场合。

2）铸造青铜

青铜的熔点高、硬度高，其承载能力、耐磨性与导热性均优于轴承合金，它可在较高温度（250 ℃）下工作。但是可塑性差，不易磨合，与之配合的轴颈必须淬硬。青铜可单独制成轴瓦，为节约有色金属材料，也可将青铜浇注在钢或铸铁底瓦上。常用的铸造青铜主要有铸造锡青铜和铸造铝青铜，一般分别用于重载、中速中载和低速重载的场合。

3）粉末合金

该合金又称金属陶瓷，它经制粉、定型、烧结等工艺制成。粉末合金轴承具有多孔组织，使用前将轴承浸入润滑油中，让润滑油充分渗入微孔组织。运转时，轴瓦温度升高，由于油的热膨胀及轴颈旋转时的抽吸作用使油自动进入滑动表面润滑轴承。轴承一次浸油后可以使用较长时间，常用于不便加油的场合。粉末合金轴承在食品机械、纺织机械、洗衣机等家用电器中都有广泛地应用。

4）非金属材料

制作轴承的非金属材料主要是塑料，它具有摩擦系数小、耐腐蚀、抗冲击、抗胶合等特点；但导热性差，容易变形，重载使用时必须充分润滑。大型滑动轴承（如水轮机轴承）可选用酚醛塑料，中小型轴承可选用聚酰材料。

轴瓦和轴承衬的常用材料及其性质见表 9.1。

9.1.4　非液体摩擦滑动轴承的校核计算

在低速、轻载或不重要的工作场合多采用非液体摩擦滑动轴承。这类轴承的主要失效形

表9.1 常用轴瓦和轴承衬材料的牌号和性能

轴瓦材料		最大许用值			最高工作温度/℃	硬度/HBS	备 注
		$[p]$/MPa	$[v]$/m·s⁻¹	$[pv]$/MPa·m·s⁻¹			
铸造锡锑轴承合金	ZSnSb11Cu6	平稳载荷			150	150	用于高速、重载下工作的重要轴承,变载荷下易疲劳,价格较贵
		25	80	20			
	ZSnSb8Cu4	冲击载荷					
		20	60	15			
铸造铅锑轴承合金	ZPbSb16Sn16 Cu2	15	12	10	150	150	用于中速、中等载荷的轴承,不宜受显著的冲击载荷。可作为锡锑轴承合金的代用品
	ZPbSb15Sn5Cu3Cd2	5	6	5			
铸造锡青铜	ZCuSn10P1	15	10	15	280	300	用于中速、重载及受变载荷的轴承
	ZCuSn5Pb5Zn5	5	3	10			用于中速、中等载荷的轴承
铸造铝青铜	ZCuAl10Fe3	15	4	12		280	用于润滑充分的低速、重载轴承
灰铸铁	HT150~250	0.1~4	2~0.5			160~180	用于低速、轻载的不重要轴承

式为磨损或胶合,摩擦表面形成并维护稳定的边界油膜是防止失效的关键。一般是在确定结构尺寸后,进行校核计算以限制轴瓦的压强 p 及其与速度的乘积 pv。

(1)径向滑动轴承的校核计算

1)校核压强 p

径向滑动轴承的受力情况如图9.5(a)所示。对于低速或间歇工作的轴承,为防止润滑油从工作表面挤出,保证良好的润滑而不致过度磨损,压强 p 应满足

$$p = \frac{F_r}{B \cdot d} \leqslant [p] \quad \text{MPa} \tag{9.1}$$

式中　F_r——轴承所受的径向力,N;

　　　B——轴瓦宽度,mm;

　　　d——轴颈直径,mm;

　　　$[p]$——轴瓦材料的压强许用值,MPa,见表9.1。

2)校核压强与速度的乘积 pv 值

摩擦系数 f 与 pv 值的乘积表示单位面积上的摩擦功率损失,pv 值高,容易导致轴承温度

升高引起边界油膜破裂。pv 值的验算式为

$$pv = \frac{F_r}{B \cdot d} \cdot \frac{\pi dn}{60 \times 1\,000} = \frac{F_r n}{19\,100B} \leqslant [pv] \qquad \text{MPa} \cdot \text{m/s} \tag{9.2}$$

式中　n——轴的转速，r/min；

　　　$[pv]$——轴瓦材料 pv 的许用值，MPa·m/s，见表9.1。

　3)校核相对滑动速度 v

　当轴与轴瓦相对滑动速度较高时，磨损加剧，对于轻载高速的场合，可不验算 pv 值，但应进行相对滑动速度 v 的验算。其验算式为

$$v = \frac{\pi dn}{60 \times 1\,000} \leqslant [v] \qquad \text{m/s} \tag{9.3}$$

式中　$[v]$——轴瓦材料滑动速度 v 的许用值，m/s，见表9.1。

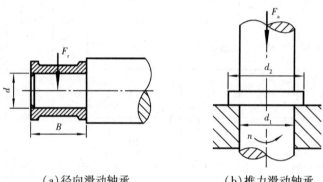

（a）径向滑动轴承　　　　　（b）推力滑动轴承
图9.5　滑动轴承的受力情况

（2）推力滑动轴承的校核计算

1)校核压强 p

推力轴承的受力情况如图9.5(b)所示。其压强 p 的计算式为

$$p = \frac{F_a}{\dfrac{\pi}{4}(d_2^2 - d_1^2)\varphi z} \leqslant [p] \qquad \text{MPa} \tag{9.4}$$

式中　F_a——轴承所受的轴向载荷，N；

　　　z——止推环面数目；

　　　φ——考虑油槽使支承面积减小的系数，通常取 $\varphi = 0.9 \sim 0.95$；

　　　d_1, d_2——轴径和止推环直径，mm。

　考虑到各止推环面受载不均匀因素，对于多环止推滑动轴承，应将表9.1中的 $[p]$ 值降低50%。

　2)校核压强与速度的乘积 pv_m 值

　v_m 为止推环上的平均速度，校核的计算式为

$$pv_m = \frac{F_a}{\dfrac{\pi}{4}(d_2^2 - d_1^2)\varphi z} \cdot \frac{\pi(d_1 + d_2)n}{2 \times 60 \times 1\,000} = \frac{F_a n}{94\,200(d_2 - d_1)\varphi z} \leqslant [pv] \qquad \text{MPa} \cdot \text{m/s} \tag{9.5}$$

由于止推滑动轴承采用平均速度 v_{m} 进行校核计算,因而 $[pv]$ 值要远低于表 9.1 所列值,设计时大致可取 $[pv] = 2 \sim 4$ MPa·m/s。

例 9.1 某径向滑动轴承,承受径向载荷为 $F_{\mathrm{r}} = 230\ 000$ N,轴的转速为 $n = 280$ r/min,轴颈直径 $d = 200$ mm。试选择标准径向滑动轴承,并选择轴瓦材料。

解 查机械设计手册,初步选择 H4200 型径向滑动轴承,轴瓦宽度 $B = 300$ mm。轴瓦材料选择铸造铝青铜 ZCuAl10Fe3,查表 9.1 得: $[p] = 15$ MPa, $[v] = 4$ m/s, $[pv] = 12$ MPa·m/s。

校核计算:

$$p = \frac{F_{\mathrm{r}}}{B \cdot d} = \frac{230\ 000}{300 \times 200} = 3.84 \text{ MPa} < [p],$$

$$v = \frac{\pi dn}{60 \times 1\ 000} = \frac{\pi \times 200 \times 280}{60 \times 1\ 000} = 2.932 \text{ m/s} < [v],$$

$$pv = \frac{F_{\mathrm{r}}n}{19\ 100B} = \frac{230\ 000 \times 280}{19\ 100 \times 300} = 11.24 \text{ MPa·m/s} < [pv],$$

所选轴承满足要求。

9.2 滚动轴承

9.2.1 滚动轴承的结构

如图 9.6 所示,滚动轴承一般是由外圈 1、内圈 2、滚动体 3 及保持架 4 组成。内圈和外圈分别与轴颈及轴承座孔装配在一起。通常是内圈随轴颈回转,外圈固定;但也可用于外圈回转而内圈不动,或是内外圈同时回转的情况。

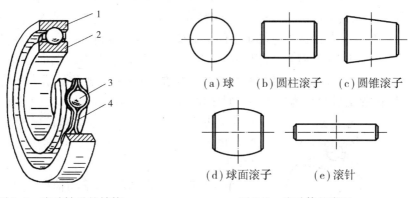

图 9.6 滚动轴承的结构　　　　　　图 9.7 滚动体的类型

滚动体是滚动轴承的核心元件,它使相对运动表面间的滑动摩擦变为滚动摩擦。根据不同轴承结构的要求,常用的滚动体有球形、圆柱滚子、圆锥滚子、球面滚子及滚针等形状,如图 9.7 所示。滚动体的形状、大小和数量直接影响轴承的承载能力。轴承内外圈上的滚道可限制滚动体的轴向位移。

保持架把滚动体彼此隔开并使其沿圆周均匀分布,以避免滚动体相互之间直接接触,减少磨损和发热。

当滚动体是圆柱滚子或滚针时,在某些情况下,可以没有内圈或外圈,这时的轴颈或轴承座起到内圈或外圈的作用,因而工作表面应具备相应的硬度和表面粗糙度。此外,还有一些轴承,除了以上4种基本零件外,还增加有其他特殊零件,如带密封盖或在外圈上加止动环等。

9.2.2 滚动轴承的类型及特点

滚动轴承的类型很多,按照滚动体的形状,滚动轴承可分为球轴承和滚子轴承。球轴承的滚动体和滚道为点接触,承载能力低,耐冲击性差,但摩擦阻力小,极限转速高,价格低廉。滚子轴承的滚动体与滚道为线接触,承载能力高,耐冲击,但摩擦阻力大,价格也比较高。

按照承受载荷的方向,滚动轴承又可分为向心轴承和推力轴承。滚动轴承所能承受的载荷方向与轴承的公称接触角 α 有关,接触角是滚动体与外圈滚道接触点的法线与轴承径向平面之间的夹角,如图9.8所示。它是滚动轴承的一个重要参数。

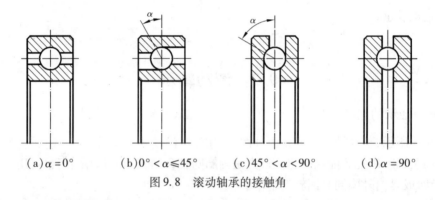

(a)$\alpha = 0°$ (b)$0° < \alpha \leqslant 45°$ (c)$45° < \alpha < 90°$ (d)$\alpha = 90°$

图9.8 滚动轴承的接触角

如图9.8所示,根据公称接触角 α 的大小,向心轴承可分为径向接触轴承和向心角接触轴承两种类型。径向接触轴承的接触角 $\alpha = 0°$(见图9.8(a)),主要承受径向载荷,如深沟球轴承、圆柱滚子轴承等,其中深沟球轴承也能承受少量的轴向载荷。向心角接触轴承的接触角范围为 $0° < \alpha \leqslant 45°$(见图9.8(b)),可同时承受径向载荷和单方向的轴向载荷,如角接触球轴承、圆锥滚子轴承等。向心角接触轴承的轴向承载能力随着接触角的增大而增大。按公称接触角 α 的大小,推力轴承分为推力角接触轴承($45° < \alpha \leqslant 90°$)和轴向接触轴承($\alpha = 90°$)两种类型(见图9.8(c)、(d))。推力角接触轴承主要承受轴向载荷,也能承受较小的径向载荷;轴向接触轴承只能承受轴向载荷。

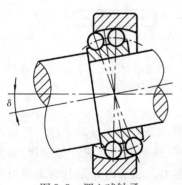

图9.9 调心球轴承

按工作时能否自动调心,滚动轴承可分为调心轴承和非调心轴承。安装误差或轴的变形等都会引起轴承内外圈中心线发生相对倾斜,其倾斜角 δ 称为偏位角,如图9.9所示。要使轴承内外圈轴线发生相对倾斜时仍能保证正常工作,要求轴承有一定的调心性能,调心轴承的外圈滚道是球面,其球心与轴承中心一致,因此允许产生较大的偏位角。

常用的滚动轴承的类型、主要性能和特点见表9.2。

表9.2 常用滚动轴承的类型、主要性能和特点

类型名称	类型代号	简 图	极限转速	性能和特点
调心球轴承	1		中	主要承受径向载荷,也能承受小的双向轴向载荷。外圈滚道表面是以轴承中点为中心的球面,故能自动调心,允许内外圈的偏斜角 $\delta \leqslant 2° \sim 3°$
调心滚子轴承	2		低	性能、特点与调心球轴承相同,但具有较大的径向承载能力,允许内外圈的偏斜角 $\delta \leqslant 1.5° \sim 2.5°$
圆锥滚子轴承	3		中	可同时承受较大的径向载荷及单向的轴向载荷。外圈可分离,可调整轴承游隙。一般成对使用,对称安装
推力球轴承	5		低	为了防止滚动体与滚道之间的滑动,工作时必须加有一定的轴向载荷。高速时离心力大,滚动体与保持架磨损、发热严重,寿命降低,故极限转速很低。轴线必须与轴承座底面垂直,载荷必须与轴线重合,以保证滚动体均匀承载
深沟球轴承	6		高	主要承受径向载荷,也可同时承受少量的双向轴向载荷,高速、轻载时,可代替推力球轴承。工作时内外圈轴线允许偏斜角 $\delta \leqslant 8' \sim 16'$。摩擦阻力小、极限转速高、结构简单、价格便宜、应用广泛
角接触球轴承	7		高	可以同时承受径向载荷及单向的轴向载荷,能在较高转速下工作,一般成对使用,对称安装。承受轴向载荷的能力由接触角 α 决定。接触角的3种规格分别为15°、25°、40°,接触角越大,承受轴向载荷的能力也越高
圆柱滚子轴承	N		高	轴承的内外圈可以分离,故不能承受轴向载荷,径向承载能力大于同尺寸的球轴承,尤其是承受冲击载荷的能力较强;但内外圈轴线允许的偏斜角很小($\delta \leqslant 2' \sim 4'$)。这类轴承还可不带外圈或内圈
滚针轴承	NA		低	轴承采用数量较多的滚针作滚动体,一般没有保持架,内外圈可分离。径向尺寸小,能承受很大的径向载荷,但不能承受轴向载荷。滚针间有摩擦,旋转精度及极限转速低,工作时不允许内外圈轴线有偏斜。常用于转速较低且径向尺寸受限制的场合

9.2.3　滚动轴承的代号

滚动轴承是标准件,其代号是表示轴承结构、尺寸、公差等级和技术性能等特征的产品符号,由字母和数字组成。按 GB/T 272—1993 的规定,滚动轴承代号是由基本代号、前置代号和后置代号构成,其代表的内容和排列顺序见表 9.3。

表 9.3　滚动轴承代号的构成

前置代号	基本代号					后置代号							
成套轴承分部件代号	五	四	三	二	一	内部结构代号	密封与防尘结构代号	保持架及其材料代号	特殊轴承材料代号	公差等级代号	游隙代号	多轴承配置代号	其他代号
	类型代号	尺寸系列代号		内径代号									
		宽度系列代号	直径系列代号										

(1)基本代号

基本代号表示轴承的基本类型、结构和尺寸,是轴承代号的基础。基本代号由轴承类型代号、尺寸系列代号及内径代号构成。

1)内径代号

内径代号用于表示轴承内径(指轴承内圈的内径)的大小,基本代号右起第一、二位数字为内径代号,内径代号的表示方法见表 9.4。

表 9.4　轴承内径代号的表示方法

轴承公称内径 d/mm		内径代号	示　例
0.6~10(非整数)		用公称内径的毫米数直接表示,在其与尺寸系列代号间用"/"分隔开	深沟球轴承 618/2.5 的内径为 2.5 mm
1~9(整数)		用公称内径的毫米数直接表示,对深沟及角接触球轴承 7,8,9 直径系列,内径与尺寸系列代号间用"/"分隔开	深沟球轴承 625 的内径为 5 mm;深沟球轴承 618/5 的内径为 5 mm
10~17	10	00	深沟球轴承 6303 的内径为 17 mm
	12	01	
	15	02	
	17	03	
20~480(22,28,32 除外)		公称内径除以 5 的商数,商数为个位数时,需要在商数左边加"0"	深沟球轴承 6407 的内径为 35 mm
22,28,32 及 500 mm 以上		用公称内径的毫米数直接表示,在其与尺寸系列代号间用"/"分隔开	深沟球轴承 62/32 的内径为 32 mm;调心滚子轴承 230/800 的内径为 800 mm

2)尺寸系列代号

尺寸系列代号由轴承的宽(高)度系列代号和直径系列代号组合而成,基本代号右起第三位数字为直径系列代号,右起第四位数字为宽(高)度系列代号。

轴承的直径系列代号是指结构相同,内径相同而外径和宽度不同的系列,如图9.10所示。对同一内径的轴承,由于要求承受的载荷和使用寿命不相同,故需使用大小不同的滚动体,则轴承的外径和宽度也随之改变,以适应不同的要求。直径系列代号按7,8,9,0,1,2,3,4,5的顺序,滚动体和轴承外径依次增大,轴承的承载能力也相应增大。

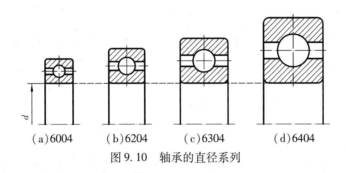

(a)6004　　(b)6204　　(c)6304　　(d)6404

图9.10 轴承的直径系列

轴承的宽(高)度系列代号是指结构相同、内径和直径系列相同,但宽(高)度不同的轴承系列。向心轴承为宽度系列,轴承宽度按8,0,1,2,3,4,5,6的顺序依次增大,轴的承载能力也相应增大。推力轴承为高度系列,轴承高度按7,9,1,2的顺序,依次增大。宽度系列代号为0时,在轴承代号中通常省略(在调心滚子轴承和圆锥滚子轴承中不可省略),具体尺寸系列代号见表9.5。

表9.5 滚动轴承尺寸系列代号

直径系列代号		向心轴承								推力轴承			
		宽度系列代号								高度系列代号			
		特窄	窄	正常	宽	特宽	特宽	特宽	特宽	特低	低	正常	正常
		尺寸系列代号											
		8	0	1	2	3	4	5	6	7	9	1	2
超特轻	7	—	—	17	—	37	—	—	—				
超特轻	8	—	8	18	28	38	48	58	68				
超特轻	9	—	9	19	29	39	49	59	69				
特轻	0	—	0	10	20	30	40	50	60	70	90	10	
特轻	1	—	1	11	21	31	41	51	61	71	91	11	—
轻	2	82	2	12	22	32	42	52	62	72	92	12	22
中	3	83	3	13	23	33	—	—	—	73	93	13	23
重	4	—	4	—	24	—	—	—	—	74	94	14	24
重	5	—	—	—	—	—	—	—	—		95		

3）类型代号

轴承类型用数字或字母表示,基本代号的右起第五位为类型代号,不同轴承的类型代号见表9.2。

（2）前置代号

前置代号在基本代号的左侧,用字母表示。它表示成套轴承的分部件（如 L 表示可分离轴承的内圈或外圈;K 表示滚子和保持架组件）。例如,LN207 表示(0)2 尺寸系列的单列圆柱滚子轴承的可分离外圈。一般轴承无须作此说明,则前置代号可省略。

（3）后置代号

后置代号置于基本代号的右边并与基本代号空半个汉字距离或用符号"—","/"分隔。后置代号所表示内容的含义见表9.3。下面介绍几种常用的后置代号。

1）内部结构代号

表示同一类型轴承的不同内部结构,用字母紧跟着基本代号表示。如接触角为15°,25°,40°的角接触球轴承分别用 C,AC 和 B 表示内部结构的不同。

2）轴承的公差等级

分为2级、4级、5级、6级、6x级及0级共6个级别,依次由高级到低级,其代号分别为/P2,/P4,/P5,/P6,/P6x 和/P0。公差等级中,6x级仅适用于圆锥滚子轴承。0级为普通级,在轴承代号中不标出。

3）常用的轴承径向游隙系列

分为1组、2组、0组、3组、4组、5组共6个组别,径向游隙依次从小到大。0组游隙是常用的游隙组别,在轴承代号中不标出,其余的游隙组别在轴承代号中分别用/C1,/C2,/C3,/C4,/C5 表示。

例 9.2 说明 62303,625,72211 AC,LN308 /P6x 及 59220 等代号的含义。

解 62303 为深沟球轴承,尺寸系列 23（宽度系列 2,直径系列 3）,内径 17 mm,精度为 P0 级。

625 为深沟球轴承,尺寸系列(0)2（宽度系列 0 省略不标,直径系列 2）,内径 5 mm,精度为 P0 级。

72211 AC 为角接触球轴承,尺寸系列 22（宽度系列 2,直径系列 2）,内径 55 mm,接触角 $\alpha = 15°$,精度为 P0 级。

LN308 /P6x 为单列圆柱滚子轴承的可分离外圈,尺寸系列(0)3（宽度系列 0 省略不标,直径系列 3）,内径 40 mm,精度为 P6x 级。

59220 为推力球轴承,尺寸系列 92（高度系列 9 直径系列 2）,内径 100 mm,精度为 P0 级。

9.2.4 滚动轴承的选择

选用轴承首先是选择类型,正确的选择基于对各类轴承特性的充分理解。表 9.2 列出了关于轴承特性的说明。下面简要说明选择轴承类型的几个要点。

（1）轴承所受的载荷

轴承所受载荷的大小、方向和性质,是选择轴承类型的主要依据。

① 当轴承承受纯轴向载荷时,一般选用推力轴承。当轴承上承受纯径向载荷时,一般选

用向心轴承(60000,N0000 或 NA0000 型)。当轴承在承受径向载荷的同时,还有不太大的轴向载荷时,可选用深沟球轴承(60000 型)、调心球轴承(10000 型)或接触角不大的向心角接触轴承(30000,70000C 型)。当轴向载荷较大时,可选择接触角较大的向心角接触轴承(30000B,70000AC 或 70000B),或者选用向心轴承和推力轴承组合在一起,分别承受径向载荷和轴向载荷,这在轴向载荷超过径向载荷很多,或特别要求有较大的轴向刚性(即轴向位移很小)时尤为适宜。

② 同样外廓尺寸条件下,滚子轴承比球轴承有较大的承载能力。因此,在载荷较大时,应优先选用滚子轴承;在载荷较小时,则优先选用球轴承。

③ 当轴承内径较小($d \leqslant 20$ mm)时,球轴承与滚子轴承的承载能力已差不多,应优先选用球轴承。

(2)轴承的转速

在一般转速下,转速的高低对轴承类型的选择不产生什么影响。只有在转速较高时才会有比较明显的影响。表 9.2 列出了各类轴承的参考极限转速。由于轴承的极限转速主要是受工作时温升的限制,因此,不能认为这个极限转速就是一个绝不可超过的界限。虽然如此,在设计时还是要力求轴承在低于极限转速的条件下工作。

根据转速的要求,可以确定以下几点选用原则:

① 球轴承与滚子轴承相比较,有较高的极限转速,故在高速时应优先选用球轴承。

② 在内径相同的条件下,外径越小,滚动体就越轻小,运转时滚动体加在外圈滚道上的离心惯性力也就越小,因而更适合于在更高的转速下工作。故在高速时,宜选用超轻、特轻及轻系列的轴承。重及特重系列的轴承,只用于低速重载的场合。如用一个轻系列轴承而承载能力达不到要求时,可考虑采用更宽系列的轴承,或用两个轻系列的轴承并装在一起使用。

③ 推力轴承的极限转速很低,当工作转速高时,若轴向载荷不十分大,可以采用向心角接触球轴承承受轴向力,同时用一个向心滚子轴承承受径向力。

(3)调心性能的要求

由于制造和安装误差等因素致使轴的中心线与轴承中心线不重合时,或因轴受力产生弯曲或倾斜时,会造成轴承的内外圈轴线发生偏斜。这时应选用调心轴承,如调心球轴承或调心滚子轴承。

(4)安装和拆卸的方便

选用轴承类型时还应考虑便于装拆的因素。当必须沿轴向安装和拆卸轴承部件时,应优先选用内外圈可分离的轴承(N0000,NA0000,30000 型等)。当轴承在长轴上安装时,为便于装拆,可选用带内锥孔和紧定套的轴承。

9.2.5 滚动轴承的寿命及承载能力计算

(1)滚动轴承的失效形式及额定寿命

滚动轴承工作时,由于轴承内圈、外圈和滚动体的接触表面受到交变应力的作用,工作一段时间后,接触表面就可能发生疲劳点蚀,导致轴承产生振动和噪声,直致轴承失效。通常情况下疲劳点蚀是滚动轴承的主要失效形式。不回转、缓慢摆动或转速很低的滚动轴承,一般不会产生点蚀,但在较大的静载荷或冲击载荷的作用下,会使内外圈滚道与滚动体的接触处产生塑性变形,形成不均匀的凹坑,从而导致轴承失效。当滚动轴承的工作环境恶劣、润滑不良、密封不好或安装不当时,各元件会磨损严重或发生破裂而导致轴承失效。

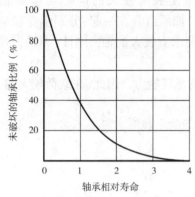

图 9.11　滚动轴承的相对寿命分布曲线

对于一般转速的轴承,为防止点蚀,应进行寿命计算。轴承的寿命是指点蚀破坏前轴承运转的转数(以 10^6 r 为单位)或小时数。由于材料内部组织的不均质性以及分布的随机性,即使是同样材料、同样尺寸及同一批生产出来的轴承,在完全相同的条件下工作,它们的寿命也会相差很大。而实际的轴承,其材料、尺寸、形状、工作条件等更是千差万别,这更增大了轴承实际寿命的差别。如图 9.11 所示为一典型的轴承相对寿命分布曲线。大量的试验结果表明,一批轴承中(至少 30 个以上),以统计平均寿命为 1,则最长的相对平均寿命为 4,最短相对寿命为 0.1 ~ 0.2,故轴承能够工作的最长寿命与最早破坏的轴承寿命之差为 20 ~ 40 倍。因此,作为轴承的寿命,既不能以一批轴承中的最长寿命为标准,也不应以最短寿命为标准,同样也不能以平均寿命为标准(取平均寿命时,只有约 40% 的轴承能够达到,见图 9.11)。对于一般的机器,是按 90% 的轴承不发生点蚀破坏的寿命为标准的,即将 90% 的轴承不发生破坏前的转数(以 10^6 r 为单位)或工作小时数作为轴承的寿命,并将其称为额定寿命。由图 9.11 可知,额定寿命约为统计平均寿命的 20% 。

(2)滚动轴承的额定动载荷和当量动载荷

对于一个具体的轴承,其结构、尺寸及材料均已确定。工作载荷越大,引起的接触应力也就越大,轴承能够工作的时间(即实际寿命)也就越短。为了在计算时能有一个基准,故引入额定动载荷的概念,用 C 来表示。

轴承的额定动载荷是指轴承能够旋转 10^6 次而不发生点蚀破坏的概率为 90% 时的载荷值(对向心及向心推力轴承为纯径向载荷,对推力轴承为纯轴向载荷)。C 是代表每个型号的轴承承载能力的特性值,选用时可从轴承标准中查取。

滚动轴承的基本额定动载荷是在向心轴承只受径向载荷,推力轴承只受轴向载荷的特定条件下确定的。实际上,轴承往往承受着径向载荷和轴向载荷的联合作用,因此,须将实际载荷转化为等效的当量动载荷 P,使轴承在当量动载荷 P 作用下的寿命与在实际工作载荷条件下的寿命相等。当量动载荷的计算方法如下

对于只承受纯径向载荷的向心轴承

$$P = F_r \tag{9.6}$$

对于只承受纯轴向载荷的推力轴承

$$P = F_a \tag{9.7}$$

对于同时承受径向载荷和轴向载荷的深沟球轴承或角接触轴承

$$P = XF_r + YF_a \tag{9.8}$$

式中　F_r, F_a——轴承所受的径向载荷和轴向载荷,N;

X, Y——径向载荷系数和轴向载荷系数,由表 9.6 查得。

表 9.6　（单列）向心轴承的径向载荷系数 X 和轴向载荷系数 Y

轴承类型		F_a/C_{0r}	e	$F_a/F_r > e$		$F_a/F_r \leqslant e$	
				X	Y	X	Y
深沟球轴承		0.014	0.19	0.56	2.30	1	0
		0.028	0.22		1.99		
		0.056	0.26		1.71		
		0.084	0.28		1.55		
		0.11	0.30		1.45		
		0.17	0.34		1.31		
		0.28	0.38		1.15		
		0.42	0.42		1.04		
		0.56	0.44		1.00		
角接触球轴承	70000C $(\alpha = 15°)$	0.015	0.38	0.44	1.47	1	0
		0.029	0.40		1.40		
		0.058	0.43		1.30		
		0.087	0.46		1.23		
		0.12	0.47		1.19		
		0.17	0.50		1.12		
		0.29	0.55		1.02		
		0.44	0.56		1.00		
		0.58	0.56		1.00		
	70000AC $(\alpha = 25°)$	—	0.68	0.41	0.87	1	0
	70000B $(\alpha = 40°)$	—	1.14	0.35	0.57	1	0
调心球轴承		—	$1.5 \tan \alpha$	0.40	$0.4 \cot \alpha$	1	0
调心滚子轴承							
圆锥滚子轴承							

注：F_a/C_{0r} 为表上中间值时可用插值法；C_{0r} 是轴承的基本额定静载荷，可从轴承标准中查取；α 为公称接触角。

（3）滚动轴承的寿命计算公式

对于具有额定动载荷 C 的轴承，如其所受的当量动载荷 P 恰好为 C 时显然其寿命将为 $10^6 r$。当 $P \neq C$ 时，由试验和理论分析得出滚动轴承的寿命计算公式为

$$L_{10} = \left(\frac{f_T C}{f_P P}\right)^\varepsilon \quad 10^6 r \tag{9.9}$$

或

$$L_{10h} = \frac{10^6}{60n}\left(\frac{f_T C}{f_P P}\right)^\varepsilon \geqslant [L_{10h}] \quad h \tag{9.10}$$

式中　ε——寿命指数，对于球轴承，$\varepsilon = 3$，对于滚子轴承，$\varepsilon = 10/3$；

f_T——温度系数，在高温下工作的轴承，由于轴承元件的材料组织、硬度等会发生变化，其承载能力有所降低。因此，引入温度系数对基本额定动载荷 C 进行修正，温度系数 f_T 的取值见表 9.7；

f_P——载荷系数,用于修正机器工作时振动、冲击等对轴承寿命的影响,载荷系数 f_P 的取值见表9.8;

n——轴承转速,r/min;

$[L_{10h}]$——轴的预期寿命,h,可根据机器的具体要求成参考表9.9确定。

若轴承的预期寿命$[L_{10h}]$和当量动载荷 P 已知,则轴承所需的基本额定动载荷为

$$C \geqslant \frac{f_P P}{f_T}\left(\frac{60n}{10^6}[L_{10h}]\right)^{\frac{1}{\varepsilon}} \tag{9.11}$$

表 9.7 温度系数 f_T

轴承工作温度/℃	≤120	125	150	175	200	225	250	300	350
温度系数 f_T	1	0.95	0.9	0.85	0.80	0.75	0.70	0.60	0.50

表 9.8 载荷系数 f_P

载荷性质	载荷系数 f_P	举 例
无冲击或轻微冲击	1.0 ~ 1.2	电机、汽轮机、通风机、水泵等
中等冲击	1.2 ~ 1.8	机床、车辆、内燃机、冶金机械、起重机械、减速器等
强烈冲击	1.8 ~ 3.0	轧钢机、破碎机、钻探机、剪床等

表 9.9 轴承预期寿命 $[L_{10h}]$ 的参考值

使用情况	机器种类	预期寿命/h
不经常使用的仪器和设备	闸门启闭装置、汽车方向指示器等	300 ~ 3 000
间断使用的机械,若因轴承故障中断使用时,不会引起严重后果	一般手工操作机械、农业机械、装配吊车、使用不频繁的机床、自动送料装置	3 000 ~ 8 000
间断使用的机械,若因轴承故障而中断使用时,能引起严重后果	发电站辅助机械、流水作业线自动传送装置、皮带运输机、车间吊车	8 000 ~ 14 000
每天工作8 h 的机器(利用率不高)	一般齿轮传动装置、破碎机、起重机、一般机械	10 000 ~ 24 000
每天工作8 h 的机器(利用率较高)	机床、连续使用的起重机、印刷机械、离心机、鼓风机	20 000 ~ 30 000
连续工作24 h 的机器	空气压缩机、水泵、矿山卷扬机、轧钢机齿轮装置	40 000 ~ 50 000
连续工作24 h 运转,中断工作能引起严重后果的机器	电站主要设备、矿井水泵、给排水装置、矿用通风机	$\approx 10^6$

（4）向心角接触轴承轴向载荷的计算

角接触球轴承和圆锥滚子轴承在受到径向载荷作用时,由于接触角 α 的影响,承载区内滚动体 i 所受的法向力 Q_i 可分解为径向力 Q_{ri} 和轴向力 Q_{ai},各滚动体所受轴向分力的合力称为内部轴向力 F_d,如图 9.12 所示。其大小可按表 9.10 中所列公式计算,方向始终沿轴向由轴承外圈宽边指向窄边。

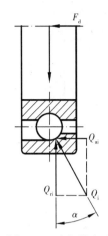

图 9.12 内部轴向力

如图 9.13 所示,向心角接触轴承通常采用两个轴承成对使用对称安装的方式。正装时,外圈窄边相对;反装时,外圈窄边相背。由于向心角接触轴承产生内部轴向力,故在计算当量动载荷时,轴承所受的轴向载荷 F_a 并不等于轴向外载荷 F_{ae},还应将由径向载荷 F_r 派生的内部轴向力 F_d 考虑进去。下面以正装为例进行分析（见图9.13(a)）,F_{re} 和 F_{ae} 分别为作用于轴上的径向外载荷和轴向外载荷,设 F_{ae} 的方向为向左指向轴承1,根据作用于轴上的外载荷可求得轴承的径向支反力,即轴承所受的径向载荷分别为 F_{r1} 和 F_{r2}。对于正装的向心角接触轴承,由 F_{r1} 和 F_{r2} 所产生的内部轴向力 F_{d1} 和 F_{d2} 的方向如图 9.13(a)所示。

表 9.10　内部轴向力 F_d 的计算公式

圆锥滚子轴承 （30000 型）	角接触球轴承		
	70000C($\alpha = 15°$)	70000AC($\alpha = 25°$)	70000B($\alpha = 40°$)
$F_d = F_r/(0.8\cot\alpha)$	$F_d = eF_r$	$F_d = 0.68F_r$	$F_d = 1.14F_r$

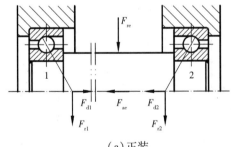 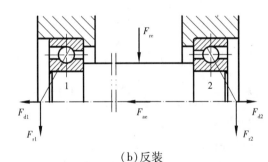

（a）正装　　　　　　　　　　　　（b）反装

图 9.13　向心角接触轴承不同安装方式下的内部轴向力方向

若将轴和轴承内圈看成一个整体,则其所受的轴向外力为 F_{d1},F_{d2} 和 F_{ae},对其进行轴向的受力平衡分析（见图9.14）,可分为以下两种情况进行讨论:

① 如图 9.14(a)所示,若 $F_{d2} + F_{ae} > F_{d1}$,则轴有向左移动的趋势,但轴承1的左端已被固定,轴不能移动,故此时轴承1被"压紧",通过外圈产生了一个向右的附加轴向力 F'_{d1},使轴受力平衡,则

$$F_{d2} + F_{ae} = F_{d1} + F'_{d1} \tag{9.12}$$

由此可得两轴承的轴向载荷分别为

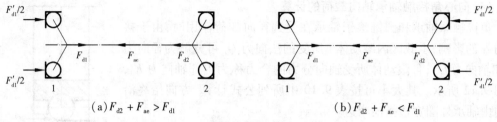

(a) $F_{d2} + F_{ae} > F_{d1}$ (b) $F_{d2} + F_{ae} < F_{d1}$

图 9.14　向心角接触轴承正装时的受力分析

$$\begin{cases} F_{a1} = F_{d1} + F'_{d1} = F_{d2} + F_{ae} \\ F_{a2} = F_{d2} \end{cases} \tag{9.13}$$

② 如图 9.14(b)所示,若 $F_{d2} + F_{ae} < F_{d1}$,则轴有向右移动的趋势,故轴承 2 被"压紧",产生附加的轴向力 F'_{d2},使轴受力平衡,则

$$F_{d2} + F'_{d2} + F_{ae} = F_{d1} \tag{9.14}$$

此时,两轴承的轴向载荷分别为:

$$\begin{cases} F_{a1} = F_{d1} \\ F_{a2} = F_{d2} + F'_{d2} = F_{d1} - F_{ae} \end{cases} \tag{9.15}$$

对于轴向外载荷 F_{ae} 向右以及反装的情况,可按照相同的方法计算。

例 9.3　某轴由一对 30206 圆锥滚子轴承支承(接触角 $\alpha = 15°$),载荷较平稳,工作温度 150 ℃,转速 $n = 200$ r/min,外部轴向载荷 $F_{ae} = 1\ 200$ N,方向如图 9.15 所示,两个轴承受到的径向载荷 $F_{r1} = 5\ 200$ N, $F_{r2} = 3\ 800$ N,试计算两轴承的寿命。

解　1)计算轴承内部轴向力

由表 9.10 可计算两轴承的内部轴向力为

$$F_{d1} = \frac{F_{r1}}{0.8\cot\alpha} = \frac{5\ 200}{0.8 \times \cot 15°} = 1\ 741.7\ \text{N}$$

$$F_{d2} = \frac{F_{r2}}{0.8\cot\alpha} = \frac{3\ 800}{0.8 \times \cot 15°} = 1\ 272.8\ \text{N}$$

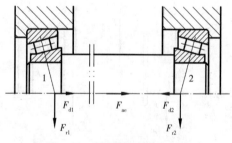

图 9.15　圆锥滚子轴承支承

2)计算轴向载荷

根据轴的受力平衡可知

$F_{d1} + F_{ae} = 1\ 741.7 + 1\ 200 = 2\ 941.7\ \text{N} > F_{d2}$

故 $F_{a1} = F_{d1} = 1\ 741.7\ \text{N}$, $F_{a2} = F_{d1} + F_{ae} = 2\ 941.7\ \text{N}$。

3)计算当量动载荷

由表 9.6 得 $e = 1.5\ \tan 15° = 0.40$

对于轴承 1, $\dfrac{F_{a1}}{F_{r1}} = \dfrac{1\ 741.7}{5\ 200} = 0.335 < e = 0.40$,查表 9.6 得 $X = 1$, $Y = 0$,

$P_1 = XF_{r1} + YF_{a1} = 1 \times 5\ 200 = 5\ 200\ \text{N}$

对于轴承 2, $\dfrac{F_{a2}}{F_{r2}} = \dfrac{2\ 941.7}{3\ 800} = 0.774 > e = 0.40$,得 $X = 0.4$, $Y = 0.4\cot 15° = 1.493$,

$P_2 = XF_{r2} + YF_{a2} = 0.4 \times 3\ 800 + 1.493 \times 2\ 941.7 = 5\ 912\ \text{N}$

4）计算轴承寿命

由工作温度 150 ℃，查表 9.7 得 $f_T = 0.9$；查表 9.8，载荷较平稳条件下可取 $f_P = 1.0$。

查附表 3，30 206 轴承 $C_r = 43\ 200$ N。

$$轴承 1，L_{10h1} = \frac{10^6}{60n}\left(\frac{f_T C_r}{f_P P_1}\right)^\varepsilon = \frac{10^6}{60 \times 200} \times \left(\frac{0.9 \times 43\ 200}{1.0 \times 5\ 200}\right)^{10/3} = 68\ 113\ \text{h}。$$

$$轴承 2，L_{10h2} = \frac{10^6}{60n}\left(\frac{f_T C_r}{f_P P_2}\right)^\varepsilon = \frac{10^6}{60 \times 200} \times \left(\frac{0.9 \times 43\ 200}{1.0 \times 5912}\right)^{10/3} = 44\ 408\ \text{h}。$$

例 9.4　深沟球轴承 6 309，载荷较平稳，工作温度 125 ℃，转速 $n = 960$ r/min，承受的径向载荷 $F_r = 2\ 000$ N，轴向载荷 $F_a = 1\ 200$ N，试计算该轴承的寿命。

解　1）计算当量动载荷

查附表 1，6 309 轴承 $C_r = 52\ 800$ N，$C_{0r} = 31\ 800$ N。

由表 9.6，$\dfrac{F_a}{C_{0r}} = \dfrac{1\ 200}{31\ 800} = 0.038$，插值得 $e = 0.234$，$\dfrac{F_a}{F_r} = \dfrac{1\ 200}{2\ 000} = 0.6 > e = 0.234$，

由表 9.6 得 $X = 0.56$，$Y = 1.893$，

$P = XF_r + YF_a = 0.56 \times 2\ 000 + 1.893 \times 1\ 200 = 3\ 391.6$ N。

2）计算轴承寿命

由工作温度 125 ℃，查表 9.7 得 $f_T = 0.95$；查表 9.8，载荷较平稳条件下可取 $f_P = 1.0$，

$$L_{10h} = \frac{10^6}{60n}\left(\frac{f_T C}{f_P P}\right)^\varepsilon = \frac{10^6}{60 \times 960} \times \left(\frac{0.95 \times 52\ 800}{1 \times 3\ 391.6}\right)^3 = 56\ 161\ \text{h}。$$

9.2.6　滚动轴承的静强度计算

对于转速很低或仅作缓慢摆动的滚动轴承，其主要失效形式是塑性变形，在这种情况下，应当按轴承的静强度来选择轴承的尺寸。对于转速较高但承受重载或冲击载荷的轴承，除必须进行寿命计算外，也应进行静强度校核计算。静强度计算公式为

$$\frac{C_0}{P_0} \geqslant S_0 \tag{9.16}$$

式中　S_0——静强度安全系数，按表 9.11 确定；

　　　C_0——基本额定静载荷，是指承受最大载荷的滚动体与滚道接触中心处产生的接触应力达到特定值（调心球轴承为 4 600 MPa；其他球轴承为 4 200 MPa；所有滚子轴承为 4 000 MPa）时的载荷，基本额定静载荷对于向心轴承为径向额定静载荷 C_{0r}，对于推力轴承为轴向额定静载荷 C_{0a}，各类轴承 C_0 的值可由轴承标准中查得；

　　　P_0——当量静载荷，N。

对只受径向载荷作用的向心轴承

$$P_0 = F_r \tag{9.17}$$

对只受轴向载荷只有的推力轴承

$$P_0 = F_a \tag{9.18}$$

表 9.11　静强度安全系数 S_0

轴承使用情况	工作条件	S_0
旋转轴承	旋转精度和平稳性要求高或受强烈冲击载	1.2 ~ 2.5
	一般情况	0.8 ~ 1.2
	旋转精度低,允许摩擦力较大,没有冲击振动	0.5 ~ 0.8
转速很低或摆动轴承	水坝门装置	≥1
	吊桥	≥1.5
	附加动载荷较小的大型起重机吊钩	≥1
	附加动载荷很大的小型装卸起重机吊钩	≥1.6
各种场合下使用的推力调心滚子轴承		≥4

当轴承同时受径向载荷 F_r 和轴向载荷 F_a 作用时

$$P_0 = X_0 F_r + Y_0 F_a \qquad (9.19)$$

式中　X_0, Y_0——当量静载荷的径向载荷系数和轴向载荷系数,见表 9.12。

若按照式(9.19)计算出的 P_0 小于 F_r,则应取 $P_0 = F_r$。

表 9.12　当量静载荷的径向载荷系数 X_0 和轴向载荷系数 Y_0

轴承类型	代号	单列轴承		双列轴承	
		X_0	Y_0	X_0	Y_0
深沟球轴承	60000	0.6	0.5	0.6	0.5
角接触球轴承	70000C	0.5	0.46	1	0.92
	70000AC	0.5	0.38	1	0.76
	70000B	0.5	0.26	1	0.52
调心球轴承	10000	0.5	$0.22 \cot \alpha$	1	$0.44 \cot \alpha$
圆锥滚子轴承	30000	0.5	$0.22 \cot \alpha$	1	$0.44 \cot \alpha$

9.2.7　滚动轴承的组合设计

为使轴承能够正常工作,除正确选择轴承型号外,还必须正确进行滚动轴承的组合设计,即根据轴承的具体要求和结构特点,对轴承的刚度、固定、间隙、配合以及装拆等进行全面的考虑。

(1)保证支承的刚度和同轴度

轴和安装轴承的轴承座或机体必须有足够的刚度,这些部件的变形会使滚动体的运动受到阻碍,影响旋转精度,导致轴承过早损坏。因此,轴承座孔壁应有足够的厚度,外壳上轴承座的悬臂应尽可能地缩短,并加筋以增强支承部位的刚度(见图 9.16)。

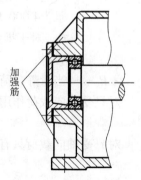

加强筋

图 9.16　轴承座的刚度

同一轴上的各轴承孔须保证必要的同轴度,否则轴安装后会产生较大的变形,影响轴承运转。因此应尽可能用整体机壳,并把安装轴承的两个孔一次镗出。当轴上装有不同尺寸的轴承时,外壳上的轴承孔仍应一次镗出,这时可利用衬筒来安装尺寸较小的轴承。当两个轴承孔分布在两个外壳上时,则应把两个外壳组合在一起进行镗孔。

（2）**轴承的固定**

为使轴和轴上零件在机器中有确定的位置,并能承受轴向载荷,必须固定轴承的轴向位置,同时还应考虑轴受热伸长后不会卡住滚动体而影响运转性能。常用的轴向固定方法有以下两种:

1）双支承单向固定

如图9.17所示,这种方法是利用轴肩顶住轴承内圈,轴承端盖顶住外圈,每一支承只能限制单方面的轴向移动。考虑温升后轴的伸长,对于径向轴承,在轴承外圈与轴承端盖之间应留出轴向热补偿间隙 C, $C = 0.2 \sim 0.3$ mm（见图9.17(a)）;对于角接触球轴承和圆锥滚子轴承,轴的热伸长量可由轴承的游隙补偿（见图9.17(b)）。这种固定方式结构简单,安装方便,适用于温差不大的短轴（跨距 $L < 350$ mm）。

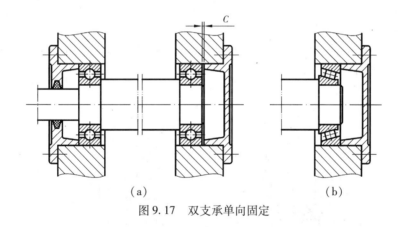

（a）   （b）

图9.17 双支承单向固定

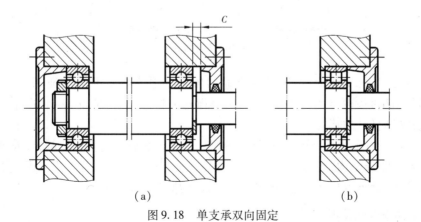

（a）   （b）

图9.18 单支承双向固定

2）单支承双向固定

对于长度较长或工作温升较高的轴,由于其热膨胀量较大,预留间隙的方法已不足以补偿轴的伸长量,此时可采用单支承双向固定的方法。如图9.18所示,将一个支承处的轴承内外圈两侧固定,以承受双向轴向载荷;而另一端作为游动支点,轴承的内圈双向固定,轴承外圈与座孔间可沿轴向自由游动。选用深沟球轴承作为游动支承时,应在轴承外圈与端盖间留适当间隙(见图9.18(a));若选用外圈无挡边的可分离型轴承作为游动支承时,轴承外圈应作双向固定,以免内外圈间产生过大错位,此时主要依靠轴承本身具有内外圈可分离的特性达到游动的目的(见图9.18(b))。

(3)轴承间隙和轴向位置的调整

为保证滚动轴承的正常运转,装配时一般要留出适当的轴向和径向间隙。间隙的大小对轴承的回转精度、受载、寿命、效率、噪声等都有很大的影响。间隙过大,轴承的回转精度降低,噪声增大;间隙过小,则由于轴的热膨胀使轴承受载加大,寿命缩短,效率降低。因此,轴承组合装配时应根据实际的工作状况适当地调整间隙,并从结构上保证能方便地进行调整。调整间隙的常用方法有以下两种:

1)垫片调整

如图9.19(a)所示的深沟球轴承组合,通过增加或减少轴承盖与轴承座端面间的垫片厚度来调整间隙。

2)螺钉调整

如图9.19(b)所示,用螺钉和压盖调整轴承间隙,螺母起锁紧作用。这种方法调整方便,但不能承受大的轴向力。

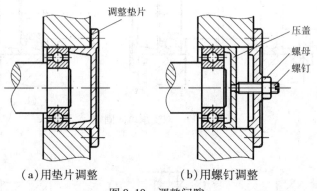

（a）用垫片调整　　　　　　　（b）用螺钉调整

图9.19　调整间隙

某些传动零件在安装时要求处于准确的轴向工作位置,才能保证正常工作。如图9.20(a)所示的圆锥齿轮传动,装配时要求两个齿轮的锥顶重合,因此,两轴的轴承组合必须保证轴系能作轴向位置的调整。

如图9.20(b)所示为小锥齿轮轴承组合部件,为便于齿轮轴向位置的调整,采用了套杯结构。图中轴承为正装结构,有两组调整垫片,套杯与轴承座之间的垫片1用来调整锥齿轮轴系部件的轴向位置,轴承盖与套杯之间的垫片2用来调整轴承间隙。

(4)轴承的配合和装拆

轴承的配合是指内圈与轴的配合及外圈与座孔的配合,轴承的周向固定是通过配合来保证的。由于滚动轴承是标准件,因此与其他零件配合时,内圈与轴颈的配合采用基孔制,外圈

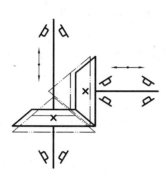
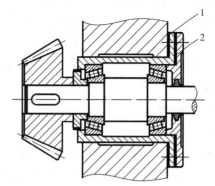

（a）轴向位置调整简图 　　　　（b）小锥齿轮轴系调整结构

图9.20　轴向位置的调整

与轴承座孔的配合采用基轴制。实际上，轴承的孔径和外径都具有公差带较小的负偏差，与一般圆柱体基准孔和基准轴的偏差方向、数值等都不相同，故轴承内孔与轴的配合比一般圆柱体的同类配合要紧得多。

轴承配合种类的选择应根据转速的高低、载荷的大小、温度的变化等因素来决定。配合过松，会使旋转精度降低，振动加大；配合过紧，可能因为内外圈过大的弹性变形而影响轴承的正常工作，也会使轴承装拆困难。一般来说，转速高、载荷大、温度变化大的轴承应选紧一些的配合；经常拆卸的轴承，应选较松的配合。转动套圈的配合应紧一些；游动支点的外圈与座孔的配合应松一些。与轴承内圈配合的回转轴常采用 n6，m6，k5，k6，j5，js6；与不转动的外圈相配合的轴承座孔常采用 J6，J7，H7，G7 等配合。

由于滚动轴承的配合通常较紧，为防止损坏轴承，应采取合理的装配方法保证装配质量，组合设计时也应采取相应措施。安装轴承时，小轴承可用铜锤轻而均匀地敲击配合套圈装入；大轴承可用压力机压入。尺寸大且配合紧的轴承可将孔件在油池中加热至 80～100 ℃后再进行装配。拆卸轴承时，可采用专用工具（见图 9.21 的轴承拆卸器）。为便于拆卸，轴承的定位轴肩高度应低于内圈厚度，其值可查阅轴承标准；同理，轴承外圈在套筒内应留出足够的高度和必要的拆卸空间，或在壳体上制出能放置拆卸螺钉的螺纹孔。需注意的是，装拆时力应施加在被装拆的套圈上，否则会损伤轴承。

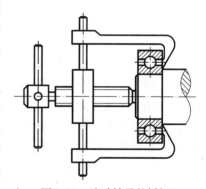

图9.21　滚动轴承的拆卸

9.2.8　滚动轴承的润滑和密封

（1）滚动轴承的润滑

轴承润滑的目的是为了减少摩擦和磨损，提高效率和延长使用寿命，同时润滑剂也起冷却、吸振、防锈和减噪的作用。

滚动轴承常用的润滑剂有润滑脂和润滑油。脂润滑不易流失、易于密封、油膜强度高、承载能力强，一次加脂后可以工作相当长的时间。润滑脂填充量一般不超过轴承中空隙容积的

1/3~1/2。油润滑的优点是摩擦系数小,润滑可靠且具有冷却散热和清洗的作用,但对密封和供油的要求较高。润滑剂的种类通常根据轴承内径 d 和转速 n 的乘积 dn 值进行选择,dn 值实际上反映了轴颈的圆周速度,当 $dn < (1.5 \sim 2) \times 10^5$ mm·r/min 时,一般可采用脂润滑,否则应采用油润滑。但当轴承附近的其他零件使用润滑油润滑时,可不必考虑 dn 值的大小,直接利用该润滑油润滑轴承。

(2)**滚动轴承的密封**

滚动轴承密封的目的是为了防止外界的灰尘、水分等进入滚动轴承,并阻止润滑剂的漏失。密封方法可分为接触式密封和非接触式密封两大类。

接触式密封是在轴承盖内放置软材料与转动轴直接接触而起到密封的作用。接触式密封常用的方式有毛毡圈密封、唇形密封圈密封等。毛毡圈密封(见图9.22(a))是将工业毛毡制成的环片嵌入轴承端盖上的梯形槽内,与转轴间摩擦接触,其结构简单、价格低廉,但毡圈易于磨损,常用于工作温度不高的脂润滑场合。唇形密封圈密封(见图9.22(b))是在轴承盖内放置一个用耐油橡胶等材料制成的唇形密封圈。若密封唇的方向朝向轴承座外部,则主要目的是防尘;反之,则是为了防止漏油。当采用两个唇形密封圈背靠背放置时,既可防尘,又可防止漏油。密封唇上套有一环形螺旋弹簧,使密封效果增强。这种密封装置安装方便、密封效果好、使用可靠,广泛用于油润滑和脂润滑场合,但在高速时易于发热。

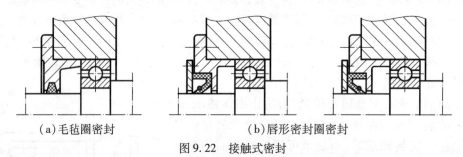

(a)毛毡圈密封　　　　　　　　　(b)唇形密封圈密封

图9.22　接触式密封

非接触式密封不与轴直接接触,多用于速度较高的场合,以减少摩擦功耗和发热。非接触式密封常用的方式有间隙密封和迷宫式密封等。间隙密封(见图9.23(a))在轴承盖通孔与轴表面之间留有0.1~0.3 mm的狭小间隙,并在通孔内加工出螺旋形沟槽,在槽内填满润滑脂,以增强密封效果。迷宫式密封(见图9.23(b))将旋转零件与静止零件之间的间隙做成曲路(迷宫)形式,并在间隙内填充润滑油或润滑脂以加强密封效果。这种密封工作可靠,对工作环境要求不高,无论是脂润滑还是油润滑均可采用。

(a)间隙密封　　　　　　　　　　(b)迷宫式密封

图9.23　非接触式密封

思考题与习题

1. 滑动轴承有哪些类型? 各适用在何种场合?

2. 对轴瓦和轴承衬的材料有哪些要求? 常用的材料有哪几类?

3. 轴瓦上油槽应设在什么位置? 油槽可否与轴瓦端面连通?

4. 止推滑动轴承的止推面为什么不能制成实心端面?

5. 滚动轴承的组成零件中,哪些零件是不可省略的关键零件?

6. 滚动轴承可分为哪几类? 各有何特点?

7. 说明下列滚动轴承代号的含义:

$$6208 \quad N208/P6 \quad 7207C \quad 30209/P5 \quad 71311C$$

8. 选择滚动轴承类型时要考虑哪些因素?

9. 滚动轴承的额定动载荷 C 和额定静载荷 C_0 的意义有何不同? 分别针对何种失效形式?

10. 角接触轴承的内部轴向力是如何产生的? 其方向如何判断? 大小如何计算? 角接触轴承为何通常成对使用?

11. 滚动轴承的密封方法有哪些? 各有何特点?

12. 装拆滚动轴承时应注意哪些问题?

13. 有一非液体摩擦径向滑动轴承,已知轴颈直径为 100 mm,轴瓦宽度为 100 mm,轴的转速为 1 200 r/min,轴承材料为 ZcuSn10P1,计算其能够承受的最大径向载荷。

14. 某传动装置中的一传动轴上装有齿轮及带轮,尺寸如图 9.24 所示。齿轮上圆周力 $F_t = 780$ N,径向力 $F_r = 290$ N,带作用在轴上的力 $Q = 2\,020$ N(与水平线成 30°),转速 $n = 1\,420$ r/min,要求寿命 $L_{10h} \geq 10\,000$ h,轴承处轴径 $d = 40$ mm,试选择深沟球轴承的型号。

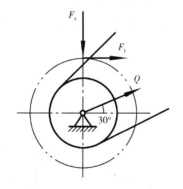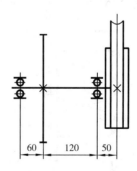

图 9.24

15. 某轴上安装了一对角接触球轴承,采用正装方式安装,已知两轴承受到的径向载荷 $F_{r1} = 1\,470$ N, $F_{r2} = 2\,650$ N,轴受到的外部轴向力 $F_{ae} = 1\,000$ N,方向指向轴承 2,轴颈 $d = 40$ mm,转速 $n = 5\,000$ r/min,常温下运转,有中等冲击,要求寿命 $L_{10h} \geq 2\,000$ h,试选择轴承的型号。

第10章 连 接

任何一部机器都是由许多零部件组合而成的,组成机器的零部件不能孤立地存在,它们必须通过一定的方式连接起来。在各种机械中,连接件是使用最多的零件,一般占机器总零件数的20%~50%。许多机器故障都是由于连接失效而造成的,因此,连接在机械设计中占有重要的地位。

连接可分为可拆连接和不可拆连接两种。允许多次装拆而无损于使用性能的连接,称为可拆连接,如螺纹连接、键连接和销连接等。不损坏组成零件就不能拆开的连接,称为不可拆连接,如焊接、胶接和铆接等。过盈连接可做成可拆或不可拆的连接,在机器中也经常使用。本章主要讨论可拆连接。

10.1 螺纹连接

10.1.1 螺纹的形成及主要参数

如图 10.1 所示,把底角为 γ 的直角三角形绕在直径为 d_2 的圆柱体上,使三角形底边 AB 和圆柱的底边重合,则斜边 ADC 在圆柱体上形成一条螺旋线 AD_1C_1,三角形的底角 γ 即为螺旋线的升角。如果斜边 AC 是一条有一定断面形状的带,则绕在圆柱体上后,就可得到相应的螺纹。如果以圆柱体上起点 A 的对称点 E_1(三角形上对应为 E 点)作为一新的起点位置,又会得到一条新的螺旋线,两条螺旋线相互间隔,称为双线螺纹;同理,可得到更多线数的螺纹,称

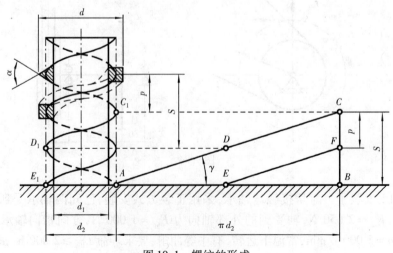

图 10.1 螺纹的形成

为多线螺纹。另外,在圆柱体的外表面形成的螺纹称为外螺纹,在圆柱体内孔壁上形成的螺纹称为内螺纹,两者相互旋合组成螺旋副。

螺纹可用机械加工,如车床、铣床、滚丝机等,也可用板牙、丝锥等工具手工加工。如图10.2所示,加工螺纹时工件匀速旋转,同时刀具匀速水平运动,则刀具在工件圆柱表面的运动轨迹即为螺旋线。在加工螺纹过程中,由于刀具的切削,在圆柱表面构成了凸起和凹入部分,凸起的顶端称为螺纹的牙顶,凹下的沟底称为螺纹的牙底。在通过螺纹轴线的剖面上,螺纹的轮廓形状称为螺纹牙型。在加工螺纹将结束时,由于加工刀具要逐渐离开工件,使螺纹末端部分的牙型不完整,形成一小段不完整的螺纹,称为螺尾。为了避免产生不完整的螺纹(螺尾),常在内外螺纹的末端预先车出一槽,以便车螺纹时退刀,此槽称为退刀槽。为了防止螺纹起端的损伤和便于装配,常将内外螺纹的起端制成倒角。

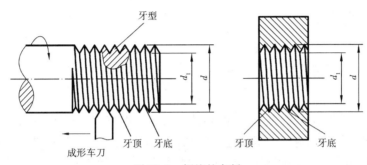

图 10.2 螺纹的车削

如图10.1和图10.2所示,螺纹的主要参数如下:

(1)**大径** d

大径 d 是指螺纹的最大直径,为外螺纹牙顶或内螺纹牙底所在圆柱体的直径,又称为螺纹的公称直径。

(2)**小径** d_1

小径 d_1 是指螺纹的最小直径,为外螺纹牙底或内螺纹牙顶所在圆柱体的直径,在强度计算中常作为外螺纹危险截面的直径,又称为计算直径。

(3)**中径** d_2

中径 d_2 是一个假象的直径,为螺纹的牙厚与牙间相等处的圆柱直径,又称为几何直径。

(4)**螺距** p

螺距 p 是指相邻两牙上对应点间的轴向距离。

(5)**导程** S

导程 S 是指螺纹上任一点沿螺旋线旋转一周时所移动的轴向距离。对于单线螺纹,则 $S = p$;对于多线螺纹,则 $S = np$,n 为螺纹的螺旋线数。

(6)**升角** γ

升角 γ 是指中径圆柱上螺旋线的切线与垂直于螺纹轴线的平面间的夹角。其计算式为

$$\tan \gamma = \frac{S}{\pi d_2} \tag{10.1}$$

（7）**牙型角 α**

牙型角 α 是指螺纹牙型相邻两侧边的夹角。

10.1.2　螺纹的类型、特点和作用

如图 10.3 所示，根据牙型的形状，螺纹可分为三角形螺纹、矩形螺纹、梯形螺纹及锯齿形螺纹等。三角形螺纹主要用于连接，其余 3 种主要用于传动。除矩形螺纹外，其他 3 种都已标准化。

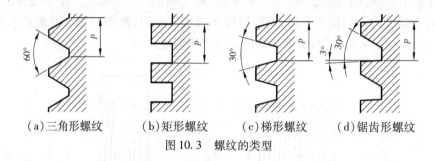

（a）三角形螺纹　　（b）矩形螺纹　　（c）梯形螺纹　　（d）锯齿形螺纹

图 10.3　螺纹的类型

三角形螺纹由于牙型角大，故当量摩擦系数大，自锁性能好，而且牙根厚、强度高，但效率低，因此适用于连接螺纹。它又分为普通螺纹和管螺纹两种类型。普通螺纹应用最广，其牙型角 α＝60°。根据螺距不同，普通螺纹分为粗牙普通螺纹与细牙普通螺纹。它们的区别是当大径相同时，细牙普通螺纹的螺距较小，螺纹的牙高及升角也随之减少。因此，细牙普通螺纹的强度较高，自锁性较好、多应用于薄壁零件或受变载、冲击及振动的连接中。管螺纹的牙型角 α＝55°，牙顶有较大的圆角，内外螺纹旋合后无径向间隙，管螺纹为英制细牙螺纹，基准直径为管子的外螺纹大径。它适用于管接头、旋塞、阀门及其他附件。

矩形螺纹的牙型角为 0°，这种螺纹摩擦力小，效率高，但精加工困难，螺纹磨损后造成的轴向间隙难以补偿，故易引起松动，且矩形螺纹与其他螺纹相比，在尺寸相同时其牙根部的强度最弱，因此目前这种螺纹应用较少。

梯形螺纹的牙型角 α＝30°，这种螺纹的效率虽然稍低于矩形螺纹，但牙根强度高，螺纹磨损后的轴向间隙可以补偿，因此应用很广。梯形螺纹多用于车床丝杠等传导螺旋及传力螺旋中。

锯齿形螺纹的牙型角工作边的一侧为 3°，另一侧为 30°，它的效率较矩形螺纹略低，但在尺寸相同时，牙根强度高于矩形螺纹。这种螺纹只适用于单向受力、在受载很大的起重螺旋及螺旋压力机中常采用锯齿形螺纹。

如图 10.4 所示，根据螺旋线的绕行方向，螺纹可分为右旋及左旋两种。右旋螺纹的螺母或螺钉顺时针旋入，左旋螺纹的螺母或螺钉逆时针旋入。一般常用右旋螺纹，只有在特殊用途时才采用左旋螺纹。

根据螺旋线的数目，螺纹又可分为单线、双线、三线以及多线螺纹。为了便于制造，螺纹的线数一般不超过 4。

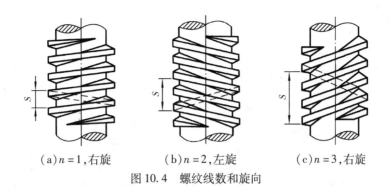

(a)$n=1$,右旋　　　(b)$n=2$,左旋　　　(c)$n=3$,右旋

图10.4　螺纹线数和旋向

10.1.3　螺纹连接的主要类型

螺纹连接的常用类型有螺栓连接、螺钉连接、双头螺柱连接及紧定螺钉连接。螺纹连接件有螺栓、双头螺栓、螺钉、螺母及垫圈等。这些零件都已标准化,并由专门工厂生产。

螺栓连接是把螺栓穿过被连接件的光孔,用螺母拧紧而实现连接,如图10.5(a)所示。螺栓连接是应用最广泛的螺纹连接,其结构简单、装拆方便,多用于被连接件不太厚并需经常拆卸的场合。

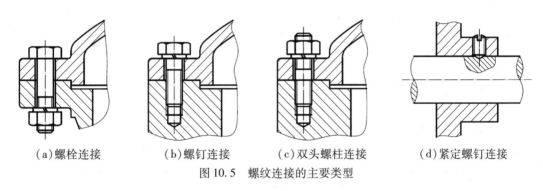

(a)螺栓连接　　　(b)螺钉连接　　　(c)双头螺柱连接　　　(d)紧定螺钉连接

图10.5　螺纹连接的主要类型

螺钉连接不用螺母,被连接件之一要制成螺纹孔。连接时,直接把螺钉的螺纹部分拧进被连接件的螺纹孔中,如图10.5(b)所示。螺钉连接常用于被连接件之一较厚,不便加工通孔的场合。这种连接的缺点是如果连接经常拆卸,容易因磨损而损坏被连接件的螺纹孔。

双头螺柱连接的螺柱两头均有螺纹,其一端拧入被连接件之一的螺纹孔中,另一端则用螺母拧紧,如图10.5(c)所示。拆卸时,仅拆下螺母,故螺纹孔不易损坏。双头螺柱连接常用于被连接件之一较厚、不便加工通孔、且须经常拆卸的场合。

紧定螺钉连接是把紧定螺钉拧入被连接件之一的螺纹孔中,并用它的末端顶紧另一被连接件,如图10.5(d)所示。紧定螺钉连接可用于固定两个零件的相对位置,并且可传递不大的力和转矩。

10.1.4 螺旋副的受力分析

（1）矩形螺纹的受力分析

如图 10.6 所示，螺母在轴向载荷 Q、驱动力矩 T 的作用下匀速旋转上升的运动可简化为质量为 Q 的滑块在水平驱动力 F_t 的推动下沿螺纹表面匀速向上移动，如图 10.6(b) 所示。如将螺纹沿中径展开，则相当于滑块沿斜面匀速向上移动，见图 10.7(a)，滑块与斜面之间力的关系可代替螺纹副中力的关系。

滑块匀速上滑时，除受外载荷 Q、水平推力 F_t 的作用外，还有斜面对滑块的法向反力 F_n 和摩擦力 F_f。将 F_n 与 F_f 合成为 F，则 F 为斜面对滑块的总反力，F_n 与 F 之间的夹角 ρ 称为摩擦角，由图 10.7(a) 可知

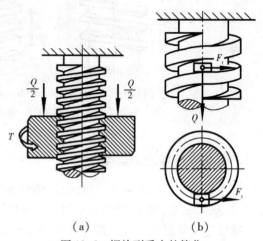

图 10.6 螺旋副受力的简化

$$\tan \rho = \frac{F_f}{F_n} = \frac{f F_n}{F_n} = f \qquad (10.2)$$

式中 f——两表面之间的滑动摩擦系数。

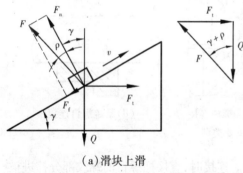

（a）滑块上滑

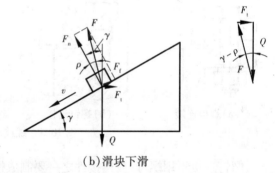

（b）滑块下滑

图 10.7 滑块受力分析

由于滑块进行匀速运动，因此作用在滑块上的力 Q，F 以及 F_t 处于平衡状态，3 力组成封闭的三角形，从而得到

$$F_t = Q \tan(\gamma + \rho) \qquad (10.3)$$

则旋转螺母所需的驱动力矩 T 为

$$T = F_t \frac{d_2}{2} = Q \tan(\gamma + \rho) \frac{d_2}{2} \qquad (10.4)$$

匀速向上旋转螺母时，螺母旋转一周，驱动力 F_t 所做的驱动功 $W_1 = F_t \pi d_2$，升起重物所做的有效功 $W_2 = QS$，故螺旋副的效率为

$$\eta = \frac{W_2}{W_1} = \frac{QS}{F_t \pi d_2} = \frac{Q \pi d_2 \tan \gamma}{Q \pi d_2 \tan(\gamma + \rho)} = \frac{\tan \gamma}{\tan(\gamma + \rho)} \qquad (10.5)$$

由式(10.5)可知，升角 γ 越大，则螺旋副的效率越高。但升角过大会引起加工困难，故一

般 $\gamma < 25°$。

当螺母匀速向下旋转时,相当于滑决沿斜面匀速下滑。此时,作用在滑块上的力如图 10.7(b)所示。其中,Q 力是下滑驱动力,F_t 为保持滑块匀速下滑的支持力,F 为斜面作用于滑块上的法向反力 F_n 和摩擦力 F_f 的合力。滑块在 Q,F,F_t 作用下保持受力平衡状态,这时 F 与 Q 之间的夹角为 $\gamma - \rho$,由此可得

$$F_t = Q \tan(\gamma - \rho) \tag{10.6}$$

由式(10.6)可知,当 $\gamma = \rho$ 时,则 $F_t = 0$,这时去掉支持力 F_t,滑块仍能保持平衡。当 $\gamma < \rho$ 时,则 F_t 为负,即要使滑块沿斜面下滑,必须对滑块加上与图中 F_t 相反方向的力;否则,无论 Q 有多大,滑块也不会自行下滑,这种现象称为螺旋副的自锁。螺旋副的自锁条件为

$$\gamma \leqslant \rho \tag{10.7}$$

由式(10.5)可知,当螺旋副满足自锁条件时,其效率总是小于 50%。

(2)非矩形螺纹的受力分析

矩形螺纹是牙型角等于零的螺纹,非矩形螺纹,包括三角形、梯形、锯齿形螺纹,它们各自具有不同的牙型角。非矩形螺纹与矩形螺纹的受力分析方法基本相同,但由于牙型角不同,引起接触面上的法向反力发生变化,使摩擦力增加,效率降低。下面通过矩形螺纹与三角形螺纹的对比加以说明。

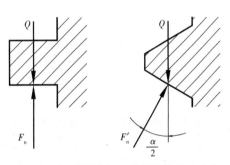

图 10.8　矩形螺纹与三角形螺纹的法向力

如图 10.8 所示,为了便于分析问题,假设螺母不动,螺杆上受相同的轴向外载荷 Q 的作用,略去升角 γ 的影响。这时,矩形螺纹和三角形螺纹的支承面法向反力分别为为 F_n 和 F_n',则对矩形螺纹有 $F_n = Q$,故其摩擦力为

$$F_f = F_n f = Qf \tag{10.8}$$

对于三角形螺纹,有 $F_n' = \dfrac{Q}{\cos \alpha/2}$,故

$$F_f' = F_n' f = \frac{Qf}{\cos \alpha/2} \tag{10.9}$$

对于三角形螺纹,由于 $\cos \dfrac{\alpha}{2} < 1$,故

$$F_n' > F_n, F_f' > F_f$$

即在相同轴向载荷的条件下,三角形螺纹的法向反力大于矩形螺纹的法向反力,在摩擦系数相同时,必然使三角形螺纹的摩擦力增大。为便于比较和计算,令

$$f_v = \frac{f}{\cos \alpha/2} \tag{10.10}$$

式中　f_v——当量摩擦系数。

则式(10.9)可写为

$$F_f' = Qf_v \tag{10.11}$$

这样就可把牙型角的变化对法向反力和摩擦力的影响用当量摩擦系数的形式表示。这种

转化只是数学形式的变化,而实际摩擦系数与牙型角并无关系。当量摩擦系数 f_v 所对应的摩擦角称为当量摩擦角 ρ_v,则 $\tan \rho_v = f_v$。

这样一来,非矩形螺纹的计算就可采用矩形螺纹的有关公式,只要把公式中的 ρ 换为 ρ_v 即可,各计算公式如下:

圆周力为

$$F_t = Q \tan(\gamma + \rho_v) \tag{10.12}$$

驱动力矩为

$$T = Q \tan(\gamma + \rho_v) \frac{d_2}{2} \tag{10.13}$$

效率为

$$\eta = \frac{\tan \gamma}{\tan(\gamma + \rho_v)} \tag{10.14}$$

自锁条件为

$$\gamma \leqslant \rho_v \tag{10.15}$$

10.1.5 螺栓连接的计算

螺栓连接的主要失效形式有螺栓杆拉断、螺纹的挤压和剪断、经常装拆时会因磨损而发生滑扣现象等。螺栓及螺母等都是标准件,其结构尺寸是根据等强度原则及使用经验而设计的,故螺栓连接计算的主要任务是根据强度条件确定螺纹小径 d_1,然后按标准选取螺栓的公称直径 d 和其他紧固件的尺寸。

螺栓连接的计算方法也基本适用于双头螺柱和螺钉连接。

(1)松螺栓连接

装配时不拧紧螺母的连接,称为松螺栓连接。如图 10.9 所示滑轮的螺栓连接即为松螺栓连接。松螺栓连接承受工作载荷前连接并不受力,工作时螺栓仅受拉力 Q 的作用,其强度条件为

$$\sigma = \frac{Q}{\frac{\pi}{4}d_1^2} \leqslant [\sigma] \quad \text{MPa} \tag{10.16}$$

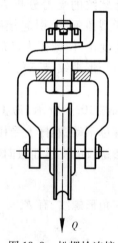

图 10.9 松螺栓连接

式中　Q——螺栓受到的拉力,N;

　　　d_1——螺栓的小径,mm;

　　　$[\sigma]$——螺栓的许用拉应力,MPa,其取值见表 10.2。

由式(10.16)可知,松螺栓连接的设计公式为

$$d_1 \geqslant \sqrt{\frac{4 \times Q}{\pi[\sigma]}} \quad \text{mm} \tag{10.17}$$

(2)只受预紧力作用的螺栓连接

一般螺栓连接在受外载荷之前就拧紧螺母,使螺栓受有一定的预紧力,以保证在外载荷作用之后,被连接件之间仍保持一定的压紧力。进行预紧的螺栓连接,螺栓的螺杆部分不仅受预紧力 Q_P 所产生的拉应力的作用,同时还受拧紧时螺纹驱动力矩 T_1 所产生的扭剪应力的作用,

应力计算式如下

拉应力为

$$\sigma = \frac{Q_p}{\frac{\pi}{4}d_1^2} \qquad (10.18)$$

扭剪应力为

$$\tau_T = \frac{T_1}{W_t} = \frac{Q_p \frac{d_2}{2}\tan(\gamma + \rho_v)}{\frac{\pi}{16}d_1^3} = \tan(\gamma + \rho_v)\frac{2d_2}{d_1}\frac{Q_p}{\frac{\pi}{4}d_1^2} \qquad (10.19)$$

对于常用的 M10—M68 的钢制普通螺栓,将螺栓的几何参数 d_1,d_2,γ 取平均值代入,并取 $\rho_v = \arctan 0.15$,则可得 $\tau_T \approx 0.5\sigma$。

按照材料力学的第四强度理论,可得到受拉伸和扭剪应力复合作用时的等效应力为

$$\sigma_{ca} = \sqrt{\sigma^2 + 3\tau_T^2} \approx 1.3\sigma \qquad (10.20)$$

式(10.20)表明,受拉伸和扭剪应力复合作用的螺栓连接可按受纯拉应力的情况来计算,但必须将拉应力加大30%,以考虑扭剪应力的影响。由此可得受预紧力 Q_p 作用的螺栓的强度条件为

$$\sigma = \frac{1.3Q_p}{\frac{\pi}{4}d_1^2} \leqslant [\sigma] \qquad \text{MPa} \qquad (10.21)$$

式中　Q_p——螺栓预紧力,N;

　　　d_1——螺栓的小径,mm;

　　　$[\sigma]$——螺栓的许用拉应力,MPa,其取值见表10.2。

由式(10.21)可得到螺栓的设计公式为

$$d_1 \geqslant \sqrt{\frac{4 \times 1.3Q_p}{\pi[\sigma]}} \qquad \text{mm} \qquad (10.22)$$

(3)受横向工作载荷作用的螺栓连接

1)普通螺栓连接

如图10.10(a)所示为受横向载荷作用的普通螺栓连接,外载荷 F_H 与螺栓轴线垂直,受力时板间不应有相对滑动。由于螺杆与被连接件的螺栓孔之间有间隙,因此,横向外载荷全靠板间产生的摩擦力来承受。在外载荷施加前后螺栓所受拉力不变,均等于预紧力 Q_p,板间的压力大小也等于 Q_p。因此,不滑移条件为板间所产生的摩擦力大于横向载荷,即

$$Q_p \geqslant \frac{K_f F_H}{fzm} \qquad \text{N} \qquad (10.23)$$

式中　F_H——横向载荷,N;

　　　K_f——可靠性系数,通常 $K_f = 1.1 \sim 1.3$;

　　　m——接合面数;

　　　z——螺栓个数;

　　　f——被连接件间的摩擦系数,对于铸铁和钢可取 $f = 0.15 \sim 0.2$。

由式(10.23)求得的预紧力 Q_P 即为每个螺栓所受的轴向工作拉力。螺栓的强度校核和设计公式见式(10.21)和式(10.22)。

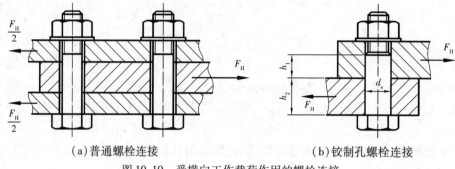

(a)普通螺栓连接　　　　　　　　　　(b)铰制孔螺栓连接

图 10.10　受横向工作载荷作用的螺栓连接

2)铰制孔螺栓连接

靠摩擦力承受横向载荷的普通螺栓连接,在冲击、振动或变载荷的情况下,工作不够可靠,而且由式(10.23)可知,若取 $f=0.2$,$z=1$,$m=1$,$K_f=1.2$,则 $Q_P=6F_H$。螺栓会承受较大的轴向载荷,使得所需的螺栓直径较大。为避免上述缺点,可使用铰制孔螺栓连接。如图 10.10(b)所示,铰制孔螺栓连接的螺栓杆部与被连接件的孔配合,靠螺栓杆部与被连接件孔壁的挤压以及螺栓杆的剪切来承受载荷。这种连接预紧力较小,被连接件间的摩擦力可忽略不计。在横向外载荷的作用下连接的主要失效形式是螺杆被剪断、螺杆与孔壁的接触表面被挤压破坏,则

挤压强度条件为

$$\sigma_p = \frac{F_H}{zd_s h_1} \leqslant [\sigma_p] \qquad \text{MPa} \tag{10.24}$$

剪切强度条件为

$$\tau = \frac{F_H}{z\frac{\pi d_s^2}{4}} \leqslant [\tau] \qquad \text{MPa} \tag{10.25}$$

式中　F_H——横向载荷,N;

z——螺栓个数;

d_s——螺栓杆直径,mm;

h_1——螺栓杆上受挤压的较小高度,mm,通常要求 $h_1 \geqslant 1.25 d_s$;

$[\sigma_p]$——许用挤压应力,MPa,见表 10.3,取螺栓和被连接件材料中 $[\sigma_p]$ 的较小值;

$[\tau]$——螺栓的许用剪切应力,MPa,见表 10.3。

(4)受轴向工作载荷作用的螺栓连接

如图 10.11 所示为汽缸盖的螺栓连接。外载荷 F_Σ 通过螺栓组中心,其方向与各螺栓轴线平行,由于螺栓均布在直径为 D 的圆周上,故每个螺栓所受的轴向工作载荷相同,即

$$F = \frac{F_\Sigma}{z} \tag{10.26}$$

在轴向工作载荷作用之前,预紧力使螺栓受拉,被连接件受压。轴向工作载荷作用之后,

螺栓所受的拉力增加,被连接件的压力减小。
当工作载荷过大或预紧力过小时,这种压力会
减小很多,甚至消失,接合面会出现缝隙,缸内
的气体或者液体泄漏,造成连接失效。为了保
证连接的紧密性和可靠性,在工作时,螺栓须保
留一定的残余预紧力 $Q'_P = K_r F$,故螺栓所受的总
载荷 Q_P 为

$$Q_P = F + Q'_P = F(1 + K_r) \quad (10.27)$$

式中　K_r——残余预紧力系数,其取值见表
　　　　10.1。

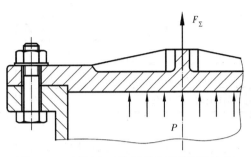

图 10.11　受轴向工作载荷作用的螺栓连接

表 10.1　受轴向工作载荷螺栓的残余预紧力系数

工作情况	一般连接	变载荷	冲击载荷	压力容器或有紧密性要求的连接
K_r	0.2 ~ 0.6	0.6 ~ 1.0	1.0 ~ 1.5	1.5 ~ 1.8

轴向载荷 Q_P 使螺杆危险截面上产生拉应力,考虑到螺栓拧紧时产生扭剪应力,因此要考虑扭剪应力的作用,螺栓的强度校核和设计公式见式(10.21)和式(10.22)。

(5)螺栓材料和许用应力

螺栓材料一般采用碳素钢,如 Q235,35 和 45 号钢等。重要的螺栓则采用合金钢,如 40Cr 等。

国家标准规定螺纹连接件按材料的机械性能分级。性能等级有 3.6,4.6,4.8,5.6,5.8,6.8,8.8(≤M16),8.8(>M16),9.8,10.9,12.9 共 11 个级别,规定螺纹连接件在图样中只标注力学性能等级,不再标注材料。性能等级代号的意义如下:若螺栓的力学性能等级为 $x.y$,则该螺栓的抗拉强度 σ_b 和屈服强度 σ_s 分别为

$$\begin{cases} \sigma_b = x \times 100 \\ \sigma_s = x \times y \times 10 \end{cases} \quad \text{MPa} \quad (10.28)$$

以力学性能等级 3.6 级为例,其抗拉强度 σ_b 和屈服强度 σ_s 分别为 300 MPa 和 180 MPa。

螺栓的许用应力与材料、载荷性质、制造和装配方法以及螺栓尺寸等有关。在普通装配条件下,普通螺栓和铰制孔螺栓的许用应力见表 10.2、表 10.3。

表 10.2　普通螺栓的许用拉应力

载荷性质		静载荷			变载荷	
公称直径 d		M6—M16	M16—M30	M30—M60	M6—M16	M16—M30
材料	碳　钢	$(0.25 \sim 0.33)\sigma_s$	$(0.33 \sim 0.5)\sigma_s$	$(0.5 \sim 0.77)\sigma_s$	$(0.1 \sim 0.15)\sigma_s$	$0.15\sigma_s$
	合金钢	$(0.2 \sim 0.25)\sigma_s$	$(0.25 \sim 0.4)\sigma_s$	$0.4\sigma_s$	$(0.13 \sim 0.2)\sigma_s$	$0.2\sigma_s$

表 10.3 铰制孔螺栓连接的许用应力

载荷性质	静载荷		变载荷	
材料	钢	铸铁	钢	铸铁
许用剪应力$[\tau]$	$0.4\sigma_s$	—	$(0.2\sim0.3)\sigma_s$	—
许用挤压应力$[\sigma_p]$	$0.8\sigma_s$	$(0.4\sim0.5)\sigma_b$	$0.6\sigma_s$	$(0.3\sim0.4)\sigma_b$

由表 10.2 可知,螺栓的许用拉应力与螺栓直径有关。在设计计算时,通常螺栓的直径是未知的,因此常采用试算法:首先假定一个螺栓直径 d,根据这个直径查出螺栓的许用拉应力,然后代入式(10.22)求出螺栓的小径 d_1,d_1 要与原来假定的直径基本相符,否则必须重算,直到合适为止。

例 10.1 设计如图 10.11 所示的压力容器的螺栓连接。由内压使上盖受到的总静载荷为 18 kN,被连接件总厚度 $h=48$ mm,螺栓个数 $z=6$。

解 1)选择螺栓材料

选择螺栓材料为碳素钢,力学性能等级为 6.8 级,则 $\sigma_s=6\times8\times10=480$ MPa。

2)计算螺栓的预紧力

由于是压力容器,考虑连接的紧密性,由表 10.1,取 $K_r=1.6$,则:

$$Q_P=(1+K_r)\frac{F_\Sigma}{z}=(1+1.6)\times\frac{18\,000}{6}=7\,800 \text{ N}。$$

3)计算螺栓直径

为了确定螺栓的许用应力,采用试算法。

初估螺栓的直径 $d=16$ mm,由表 10.2 得$[\sigma]=0.33\sigma_s=0.33\times480=158.4$ MPa,

计算螺栓小径,由式(10.22)得 $d_1\geqslant\sqrt{\dfrac{4\times1.3Q_P}{\pi[\sigma]}}=\sqrt{\dfrac{4\times1.3\times7\,800}{\pi\times158.4}}=9.03$ mm,

查机械手册得:M10,M12,M16 普通粗牙螺栓的小径分别为 8.176 mm,10.106 mm 和 13.835 mm,根据上式的结果应选取 $d=12$ mm,与原估计不符,故应重新计算。

取 $d=12$ mm,由表 10.2 得$[\sigma]=0.298\sigma_s=0.298\times480=143$ MPa,

重新计算螺栓小径为 $d_1\geqslant\sqrt{\dfrac{4\times1.3Q_P}{\pi[\sigma]}}=\sqrt{\dfrac{4\times1.3\times7\,800}{\pi\times143}}=9.5$ mm。

由 d_1 的要求,可取 $d=12$ mm,与估计相符,故决定采用 M12 螺栓。

4)计算螺栓几何尺寸

被连接件厚度 $h=48$ mm,由机械手册,M12 螺母的厚度 $m=10.8$ mm,垫圈厚度 $t=2.5$ mm,为保证连接可靠,螺栓伸出螺母的长度为 $l=(0.2\sim0.3)d=2.4\sim3.6$ mm。

螺栓杆长度为:

$L\geqslant h+m+t+l=48$ mm $+10.8$ mm $+2.5$ mm $+(2.4\sim3.6)$mm $=63.7\sim64.9$ mm,

螺栓为标准件,由机械手册查得与计算结果最接近的长度为 65 mm。

故所选型号为:

螺栓　M12×65　GB/T 5782—2000

螺母　M12　GB/T 6170—2000

垫圈　M12　GB/T 97.1—2002

10.1.6　螺纹连接的预紧和防松

(1)螺纹连接的预紧

绝大多数螺纹连接在装配时要适当地拧紧螺母(或螺钉),称为预紧。预紧后,被连接件和螺栓都受到预紧力 Q_P 的作用,只是螺栓受拉而被连接件受压。预紧的作用是增加连接的刚度、紧密性和在变载荷作用下的防松能力。预紧力应适当,过大的预紧力会导致连接的结构尺寸增大,或连接件在装配时过载而被拉断。通常规定,预紧后螺纹连接件的应力不得超过其材料屈服强度的70%。预紧力的大小应根据载荷性质、连接刚度等具体工作条件来确定。对于重要的连接在装配时应控制预紧力,通常是利用控制拧紧力矩的方法来控制预紧力,如采用测力矩扳手(见图10.12)或定力矩扳手(见图10.13)来控制预紧力的大小。

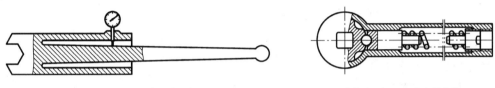

图 10.12　测力矩扳手　　　　　　　　图 10.13　定力矩扳手

为使螺纹连接获得一定的预紧力 Q_P 所需的拧紧力矩 T 等于克服螺纹副相对转动的阻力矩 T_1 和螺母环形端面与被连接件(或垫圈)支承面间的摩擦阻力矩 T_2 之和,即

$$T = T_1 + T_2 = Q_P \tan(\gamma + \rho_v) \frac{d_2}{2\,000} + Q_P f_c \frac{d_f}{2\,000} \qquad \text{N·m} \qquad (10.29)$$

式中　Q_P——预紧力,N;

　　　d_2——螺纹中径,mm;

　　　f_c——螺母与被连接件间的摩擦系数,无润滑时可取 $f_c = 0.15$;

　　　d_f——支承面的摩擦直径,mm,其计算式为

$$d_f = \frac{d_w + d_0}{2} \qquad (10.30)$$

式中　d_w——螺母支承面的外径,mm,$d_w \approx 1.5d$;

　　　d_0——螺栓孔直径,mm,$d_0 \approx 1.1d$。

对于 M10—M68 的粗牙螺纹,若取 $f_v = \tan \rho_v = 0.15$,式(10.29)可简化为

$$T \approx 2 \times 10^{-4} Q_P d \qquad \text{N·m} \qquad (10.31)$$

式中　d——螺栓的公称直径,mm。

(2)螺纹连接的防松

在静载荷和温度变化不大的情况下,螺纹连接的自锁作用是可靠的。但在冲击、振动、变载荷及温度变化较大的情况下,螺纹连接常常失去自锁能力而产生松脱现象。这不仅影响机器正常工作,甚至还会造成严重事故。因此,必须采取防松装置以防止松脱。

螺纹连接的防松,根本的问题是防止螺母相对于螺栓转动。防松装置的结构形式很多,按防松原理的不同,可分为靠摩擦力防松和利用机械锁紧防松两大类。常用的防松措施见表10.4。

表10.4 常用的防松措施

防松类型		图 例	说 明
靠摩擦力防松	弹簧垫圈		弹簧垫圈的材料是弹簧钢,拧紧螺母后,弹簧垫圈被压平而产生一定的弹力,使得螺旋副间保持一定的摩擦阻力而实现防松。这种方法结构简单,使用方便,应用非常广泛。弹簧垫圈的缺点是在缺口处垫圈对螺母的作用力最大,使螺栓受到附加弯矩的作用
	双螺母防松		两个螺母对顶拧紧,在两螺母间的一段螺栓内产生附加拉力,这一拉力几乎不受外载荷的影响,因而在螺旋副间保持一定的摩擦力,防止螺纹连接的松脱。双螺母防松结构简单,可用于低速机械。但增大了连接的外廓尺寸及质量,在高速机械上使用不够可靠,目前应用已大为减少
	尼龙圈锁紧螺母		螺母中嵌有尼龙圈,拧上螺母后尼龙圈内孔被胀大而箍紧螺栓。还有的在螺母中部开有径向螺孔,用紧定螺钉将尼龙块压紧在螺纹上从而起到防松的作用
利用机械锁紧防松	槽形螺母和开口销		槽形螺母拧紧后,将开口销穿过螺母的槽和螺栓末端的径向小孔,然后将开口销的尾部分开,这样螺母与螺栓之间不能相对运动。这种装置工作可靠、装拆方便,常用于有振动的高速机械
	圆螺母和止动垫圈		止动垫圈上有内翅和外翅,使用时将垫圈内翅插入轴上的槽内,而将其一个外翅弯折入四周开有小槽的螺母沟槽内,使螺母与螺栓之间不能相对转动。这种防松装置多用于滚动轴承组合中
	止动垫圈		使用止动垫圈防松时,将垫圈的一边弯到螺母的侧边上,另一边弯到被连接件的侧边上,以达到防松目的

10.2 键和花键连接

10.2.1 键连接的种类、特点和应用

键是一种标准件,通常用来实现轴与轮毂之间的周向固定并传递扭矩。有的还能实现轴上零件的轴向固定或轴向滑动的导向。键连接的主要类型有平键连接、半圆键连接、楔键连接及切向键连接。

(1)平键

如图 10.14(a)所示为普通平键的结构形式。平键的两侧面是工作面,工作时靠键与键槽侧面的挤压来传递转矩。键的上表面与轮毂的键槽底面间留有间隙。平键连接具有结构简单、装拆方便、对中性较好等优点,因而得到广泛的应用。这种键连接不能承受轴向力,因而不能起到轴向固定的作用。

根据用途的不同,平键可分为普通平键、薄型平键、导向平键及滑键 4 种。其中,普通平键和薄型平键用于静连接,导向平键和滑键用于动连接。

普通平键按构造可以分为圆头(A 型)、平头(B 型)及单圆头(C 型)3 种类型。圆头平键(见图 10.14(b))放在轴上用立铣刀铣出的键槽中,键在键槽中轴向固定良好。其缺点是键的头部侧面与轮毂上的键槽并不接触,因而键的圆头部分不能充分利用,而且轴上键槽端部的应力集中较大。平头平键(见图 10.14(c))放在用盘铣刀铣出的键槽中,因而避免了上述的缺点。但对于尺寸较大的键,需用紧定螺钉将其固定在轴上的键槽中以防松动。单圆头平键(见图 10.14(d))则常用于轴端与毂类零件的连接。

薄型平键与普通平键的主要区别是其键的高度为普通平键的 60% ~ 70%,薄型平键也分圆头、平头和单圆头 3 种形式。但传递转矩的能力较低,常用于薄壁结构、空心轴及一些径向尺寸受限制的场合。

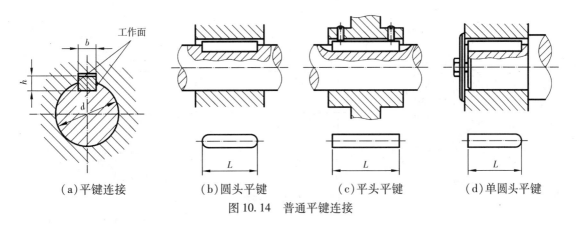

(a)平键连接　　(b)圆头平键　　(c)平头平键　　(d)单圆头平键

图 10.14　普通平键连接

当被连接的毂类零件在工作过程中必须在轴上作轴向移动时(如变速箱中的滑移齿轮),则须采用导向平键或滑键。导向平键(见图 10.15(a))是一种较长的平键,用螺钉固定在轴上的键槽中,为了便于拆卸,键上制有起键螺孔,以便拧入螺钉使键退出键槽。轴上的传动零件

则可沿键作轴向滑移。当零件的滑移距离较大时,所需导向平键的长度过大,制造困难,此时可采用滑键(见图10.15(b))。滑键固定在轮毂上,轮毂带动滑键在轴上的键槽中作轴向滑移。这样只需在轴上铣出较长的键槽,而键可做得较短。

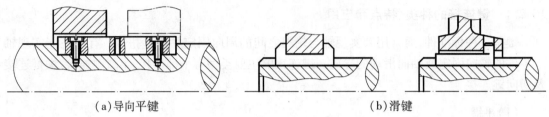

(a)导向平键　　　　　　　　　　　　　　　(b)滑键

图10.15　导向平键和滑键

(2)半圆键

半圆键连接如图10.16所示,轴上键槽用尺寸与半圆键相同的半圆键槽铣刀铣出,因而键在槽中能绕其几何中心摆动以适应轮毂中键槽的斜度。半圆键工作时,靠其侧面来传递转矩。这种键连接的优点是工艺性较好,装配方便,尤其适用于锥形轴端与轮毂的连接。其缺点是轴上的键槽较深,对轴的强度削弱较大,故一般只用于轻载静连接中。

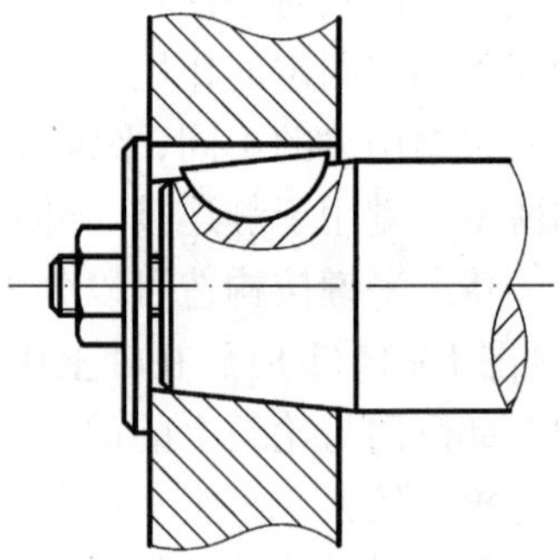

(3)斜键

斜键分为楔键和切向键两种。

楔键的结构如图10.17所示。其上表面有1:100的斜度,轮毂键槽的底面也有1:100的斜度。装配时,将键敲入键槽中或先将键放入键槽中,再敲打轮毂,键被楔紧在键槽之中,而键的两侧面留有间隙。工作时,靠键与键槽上下两工作面挤压而产生的摩擦力来传递转矩。

图10.16　半圆键连接

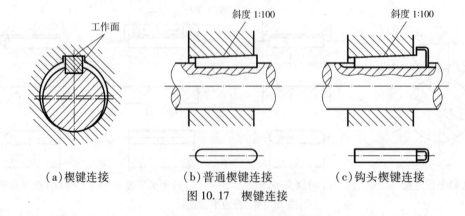

(a)楔键连接　　　　　(b)普通楔键连接　　　　　(c)钩头楔键连接

图10.17　楔键连接

楔键分为普通楔键(见图10.17(b))和钩头楔键(见图10.17(c))两种。楔键不仅能传递转矩,还能传递单方向的轴向力。楔键连接使轴上零件与轴产生偏心,故主要用于对中性要求不高,且速度较低的场合。钩头楔键装拆方便,但钩头外露容易伤人,必须注意安全防护。

如图10.18所示,切向键由一对斜度为1:100的楔键组成,被连接的轴和轮毂都制有相应的键槽。装配时,两个楔键分别从轴的两端打入,沿斜面拼合,楔紧后两键沿轴的切线方向合成为切向键。切向键的工作面是拼合后上下两相互平行的窄面,其中一个面必须在通过轴心线的平面内。切向键能传递很大的单向转矩,当传递双向转矩时,应使用两对切向键,并且两键相隔120°~130°安装(见图10.18(c)),如果安装有困难也可成180°安装。切向键可传递较大的载荷,但由于存在径向分力,采用切向键将破坏轮毂与轴的对中性,定心精度不高。切向键对轴的削弱较大,因此常用在直径大于100 mm的轴上,如大型带轮、飞轮、矿山用大型绞车的卷筒等与轴的连接。

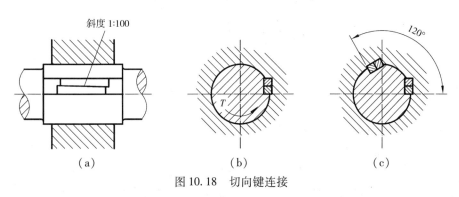

斜度 1:100

（a）　　　　　　（b）　　　　　　（c）

图 10.18　切向键连接

10.2.2　普通平键连接的强度计算

如图10.14所示,平键按形状不同分为圆头(A型)、平头(B型)和单圆头(C型)3种类型。表10.5摘录了部分普通平键的尺寸,供参考。

表 10.5　普通平键尺寸/mm

轴径 d	17~22	22~30	30~38	38~44	44~50	50~58	58~65	65~75	75~85	85~95	95~110
b	6	8	10	12	14	16	18	20	22	25	28
h	6	7	8	8	9	10	11	12	14	14	16
L	14~70	18~90	22~110	28~140	36~160	45~180	50~200	56~220	63~250	70~280	80~320

注:L系列:14,16,18,20,22,25,28,32,36,40,45,50,56,63,70,80,90,100,110,125,140,160,180,200,220,250,280,320。

设计键连接时,先根据工作要求选择键的类型;然后根据轴的直径从键的标准中查得键的剖面尺寸,即键的宽度 b 和高度 h;再根据轮毂长度与结构情况,按标准选出键的长度,一般键长 L 比轮毂长度短 5~10 mm,而后进行强度校核。下面介绍普通平键连接的强度计算。

如图10.19所示为工作时平键连接的受力情况,在圆周力 F_t 的作用下,其两侧面受挤压,键的 A—A 断面受剪切。其中,挤压破坏是键连接的主要破坏形式,因此,一般仅进行挤压强度的验算。

假设切向力沿键长均匀分布,则键连接的许用挤压强度条件为

$$\sigma_p = \frac{F_t}{A} = \frac{2\ 000T/d}{lh/2} = \frac{4\ 000T}{dhl} \leqslant [\sigma_p] \qquad \text{MPa} \qquad (10.32)$$

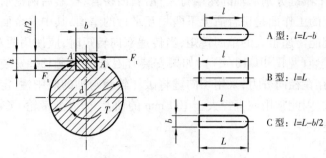

图 10.19 平键连接受力情况

式中 F_t——圆周力，N；

   T——轴传递的转矩，N·mm；

   d——轴径，mm；

   A——受挤压面积，mm²，$A = lh/2$；

   h——键高，mm，见表 10.5；

   l——键的计算长度，mm，不同类型的平键计算长度如图 10.19 所示；

   $[\sigma_p]$——键连接的许用挤压应力，MPa，按键、轴和轮毂中强度最低的材料取值，相关材
    料的许用挤压应力见表 10.6。

  若强度不够时，可采用两个键按 180° 布置，考虑到载荷分布的不均匀性，在强度校核中可
按 1.5 个键进行计算。

表 10.6 键连接的许用挤压应力 $[\sigma_p]$/MPa

连接特性	材　料	载荷性质		
		静载荷	轻微冲击载荷	冲击载荷
固定连接	钢	125 ~ 150	100	50
	铸铁	70 ~ 80	53	27
导向连接	钢	50	40	30

注：导向连接中，如轮毂表面经过淬火，$[\sigma_p]$ 可提高 2 ~ 3 倍。

例 10.2 某一铸铁直齿圆柱齿轮通过键与一钢轴相连接。装齿轮处的轴径 $d = 60$ mm，轮毂
长 100 mm，键连接传递的转矩 $T = 550$ N·m，工作中稍有冲击。试选择此键连接。

解 1）选择键的材料、类型，确定键的尺寸

  键的材料选用 45 号钢。键的类型选用普通平键（A 型）。根据轴径 $d = 60$ mm，齿轮轮毂
长度 100 mm，查表 10.5 确定键的尺寸为 $b = 18$ mm，$h = 11$ mm，$L = 90$ mm。

  键的工作长度为 $l = L - b = 90 - 18 = 72$ mm。

  2）验算键连接的挤压强度

  键和轴的材料为钢制，轮毂材料为铸铁，铸铁机械性能较弱，故按铸铁校核键连接的挤压
强度。由表 10.6 查得许用挤压应力 $[\sigma_p] = 53$ MPa，则

$$\sigma_{\mathrm{p}} = \frac{4\,000T}{dhl} = \frac{4\,000 \times 550}{60 \times 11 \times 72} = 46.3\ \mathrm{MPa} < [\sigma_{\mathrm{p}}]，满足强度要求。$$

所选键的型号为:普通平键　18×90　GB/T 1096—2003。

10.2.3　花键连接

如图 10.20 所示,轴和轮毂周向均匀分布的多个键齿所构成的连接称为花键连接。轴上的花键称为外花键,轮毂上的花键称为内花键。由于是多齿传递载荷,因此花键连接具有承载能力高、对轴的强度削弱程度小(齿浅、应力集中小)、定心和导向性能好等优点。它适用于对定心性能要求高、载荷大或经常滑移的连接。外花键可用成形铣刀或滚刀制出,内花键可拉制或插制。有时,为了增加花键连接表面的硬度以减少磨损,外花键及内花键还要经过热处理及磨削。花键连接按齿剖面形状的不同,主要分为矩形花键和渐开线花键两种。矩形花键(见图 10.20(a))用小径 d 定心,制造方便,应用很广。渐开线花键(见图 10.20(b))加工工艺与齿轮相同,易获得较高的精度,它的齿根较厚,因此强度较高。在连接中用齿廓定心,具有自动定心的作用。因此,渐开线花键用于载荷较大、对中性好及尺寸较大的连接中。

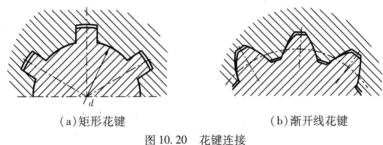

(a)矩形花键　　　　　　　　　　(b)渐开线花键

图 10.20　花键连接

花键的尺寸也是按轴径由标准选定。它的工作表面是花键的侧面,其工作情况与平键相似,键的侧面受到挤压,根部受到剪切及弯曲。由于剪切应力和弯曲应力较小,因此,花键连接一般只进行挤压强度的验算。

思考题与习题

1. 螺纹的线数和旋向如何判定? 常用的螺纹是哪一种旋向? 线数为多少?

2. 螺旋副的效率和自锁各与什么因素有关? 为什么三角形螺纹用于连接? 矩形、梯形、锯齿形螺纹用于传动?

3. 螺纹连接的类型有哪些? 各用在什么场合?

4. 螺纹连接预紧的目的是什么? 如何控制预紧力?

5. 连接螺纹能满足自锁条件,为什么在设计螺纹连接时还须考虑防松问题? 防松分为哪几类?

6. 在如图 10.10(a)所示的螺栓连接中,螺栓个数 $z = 2$,螺栓直径 $d = 20$ mm,螺栓材料为碳素钢,力学性能等级为 3.6 级,试求该螺栓连接可传递的最大静载荷 F_{H}。

7. 平键连接的工作原理是什么? 主要失效形式是什么? 平键的剖面尺寸 $b \times h$ 和长度 L

如何确定?

8. 圆头(A 型)、平头(B 型)、单圆头(C 型)普通平键各有何优缺点? 它们各用于什么场合? 轴上的键槽如何加工?

9. 导向平键连接和滑键连接有什么不同? 各适用于什么场合?

10. 花键连接与平键连接相比有什么优缺点?

第11章　联轴器与离合器

联轴器和离合器是机械中常用的部件,用于两部件之间轴与轴或轴与其他回转零件的连接,传递运动和转矩。用联轴器连接的两轴在运转时不能分离,只有当机器停车并将连接拆开后,两轴才能分离;而离合器能在机器工作时随时使两轴接合或分离。

联轴器和离合器大都已经标准化和系列化,机械设计人员的主要任务是如何根据工作要求和使用条件合理地选用它们。联轴器和离合器的种类很多,下面介绍常用的几种类型。

11.1　联轴器

根据被连接两轴的相对位置关系,联轴器可分为固定式和可移式两种。固定式联轴器用在两轴能严格对中,并在工作时不发生相对位移的场合;可移式联轴器用在两轴有偏斜或工作中有相对位移的场合。

由于机器的制造和安装误差、温度变化、零件的变形、基础下沉及轴承磨损等原因,都可能使被连接的两轴相对位置发生变化。如图11.1所示为被连接两轴可能发生相对位移或偏斜的情况,X 为轴向位移,Y 为径向位移,α 为角位移,图11.1(d)为综合位移。如果上述情况得不到补偿,将会在轴、轴承、联轴器及它零件间引进附加载荷,使机器的工作情况恶化。因此,在不能避免两轴相对位移的情况下,应采用可移式联轴器来补偿被连接两轴的位移和偏斜。

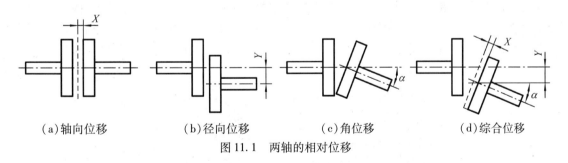

（a）轴向位移　　　　（b）径向位移　　　　（c）角位移　　　　（d）综合位移

图11.1　两轴的相对位移

按照补偿方法的不同,可移式联轴器分为两类:利用联轴器工作零件之间的间隙和连接的活动度来补偿,称为刚性可移式联轴器;利用联轴器中弹性元件的变形来补偿,称为弹性可移式联轴器。采用可移式联轴器时,仍须注意制造和安装精度,应使轴线位移和偏斜在允许范围以内;否则,也将会产生较大的附加动载荷,以致影响机器的正常工作。

11.1.1 固定式联轴器

(1)凸缘联轴器

如图 11.2 所示,凸缘联轴器是由两个带凸缘的半联轴器组成,可分别用键与两轴连接,并用螺栓将两个半联轴器联成一体,按对中方法不同有两种类型:GYS 型用凸肩和凹槽对中,装拆时需移动轴。GY 型用铰制孔螺栓对中,装拆时不需移动轴,但要铰孔,加工麻烦。选用时,当需经常拆卸时用 GY 型,其他情况用 GYS 型。GYS 型采用一般的螺栓连接,螺栓与孔间有间隙,联轴器靠两圆盘接触面间的摩擦力传递转矩;GY 型采用铰制孔用螺栓,螺栓与孔为略带过盈的紧密配合,联轴器靠螺栓传递转矩。

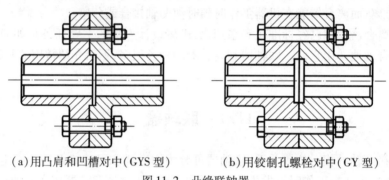

(a)用凸肩和凹槽对中(GYS 型)　　　(b)用铰制孔螺栓对中(GY 型)

图 11.2　凸缘联轴器

凸缘联轴器结构简单,使用方便,能传递较大的转矩。但要求被连接两轴必须严格对中。凸缘联轴器适用于工作平稳、刚性好和速度低的连接中,其尺寸可按标准 GB/T 5843—2003 选用。

(2)夹壳联轴器

如图 11.3 所示,夹壳联轴器是由两个半圆筒形的夹壳及连接它们的螺栓所组成的。在两个夹壳的凸缘之间留有适当的间隙,这样当拧紧螺栓时可使两个夹壳紧压在轴上,从而靠接触面的摩擦力来传递转矩,为了可靠起见可增加一个平键。由于这种联轴器是剖分的,装拆时不需要作轴向移动,故装拆方便。它主要用于速度低、工作平稳以及空间尺寸受限制的场合。

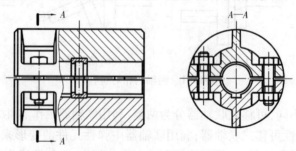

图 11.3　夹壳联轴器

11.1.2　刚性可移式联轴器

（1）十字滑块联轴器

如图 11.4 所示,十字滑块联轴器是由两个端面带槽的半联轴器 1 和 3 以及一个两面具有凸榫的浮动盘 2 所组成。两凸榫互相垂直并分别嵌在两半联轴器的凹槽中。浮动盘的凸榫可在半联轴器的凹槽中滑动,故可允许一定的径向位移(不大于 $0.04d$,d 为轴径)和角位移($\alpha < 30'$)。

十字滑块联轴器结构简单、价格低廉,缺点是旋转时会产生较大的离心力和容易磨损。因此,一般适用于两轴有较大的径向位移、工作平稳、传递转矩较大而速度不高的场合。

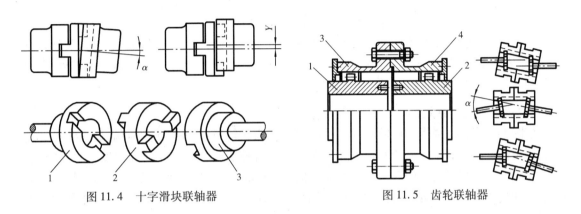

图 11.4　十字滑块联轴器　　　　　　　　　图 11.5　齿轮联轴器

（2）齿轮联轴器

如图 11.5 所示,齿轮联轴器是由两个具有外齿的半联轴器 1,2,两个具有内齿的外壳 3,4 所组成,两个外壳用螺栓连接起来。为了减少齿面的磨损,应注入润滑油,并在半联轴器和外壳间装有密封圈。

由齿轮联轴器的结构可知,两半联轴器端面间有间隙,允许少量的轴向位移;外齿的齿顶做成球面(球面中心在轴线上),并且啮合轮齿之间留有较大的齿侧间隙,故齿轮联轴器允许两轴有综合位移,一般允许角位移 $\alpha \leqslant 30'$,径向位移 $Y \leqslant 0.3 \sim 0.4$ mm。

齿轮联轴器由于有较多的齿同时工作,能传递较大的转矩,外廓尺寸紧凑,工作可靠,但制造成本高。广泛用于启动频繁、正反转多变的大功率传动中。

齿轮联轴器已标准化,其结构尺寸可按 JB/T 5514—2007 选择。

（3）链式联轴器

如图 11.6 所示,链式联轴器是由两个类似链轮形状的半联轴器 1,2 和与之相啮合的双列链条 3 组成。链条是挠性件,故允许两轴之间有综合位移,一般允许角位移 $\alpha \leqslant 1°$,径向位移 $Y \leqslant 0.5 \sim 1.2$ mm。

链式联轴器与齿轮联轴器同样有多个齿同时工作,故能传递较大转矩,而且比齿轮联轴器结构简单,装拆方便,体积小,是很常用的一种联轴器。

链式联轴器已经标准化,其结构尺寸可按 GB/T 6069—2001 选择。

11.1.3　弹性可移式联轴器

弹性可移式联轴器中装有弹性元件,不仅可补偿两轴的位移和偏斜,而且具有缓冲和减振

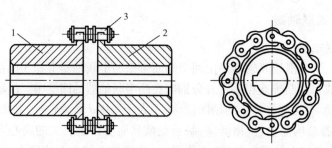

图 11.6　链式联轴器

的能力,故适用于频繁启动、经常正反转、变载荷及高速运转的场合。

制造弹性元件的材料有非金属和金属两种。非金属材料有橡胶、尼龙和塑料等,其特点是质量轻,价格便宜,有良好的弹性滞后性能,因而减振能力强。金属材料制造的弹性元件,主要是各种弹簧,其优点是强度高,尺寸小,寿命长。

(1)弹性套柱销联轴器

如图 11.7 所示,弹性套柱销联轴器的结构与凸缘联轴器比较近似,不同的是用装有弹性套的柱销代替凸缘联轴器中的螺栓。弹性套的变形可补偿两轴线的径向和角度位移,并且有缓冲和吸振的作用,但弹性套易损坏,寿命较低。这种联轴器适用于经常正反转、启动频繁、载荷平稳和高速运转的传动中。使用温度范围为 −20 ～ +50 ℃,并应避免油质对弹性套的侵害。

弹性套柱销联轴器已标准化,其结构尺寸可按 GB/T 4323—2002 选择。

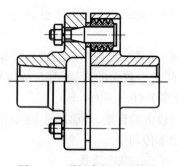
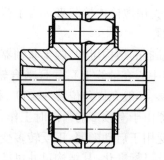

图 11.7　弹性套柱销联轴器　　　　图 11.8　弹性柱销联轴器

(2)弹性柱销联轴器

如图 11.8 所示,弹性柱销联轴器是用弹性柱销将两个半联轴器连接起来。为防止柱销滑出,两侧用挡环封闭。弹性柱销联轴器结构简单,两个半联轴器可以互换,加工容易,维修和安装方便。其应用场合与弹性套柱销联轴器相似,并能适应较大的轴向位移,传递较大的转矩,寿命较长。其缺点是弹性柱销对温度影响较敏感,工作温度为 −20 ～ +70 ℃。

弹性柱销联轴器已标准化,其结构尺寸可按 GB/T 5014—2003 选择。

11.1.4　联轴器的选择

联轴器的选择包括类型选择和尺寸选择两个方面。

在选择联轴器类型时,主要考虑的因素有被连接两轴的对中性、载荷大小和特性、工作转速及工作温度。当两轴能保证严格对中时,可选用固定式联轴器;若两轴有偏斜或工作中可能发生各种偏移时,则应选用可移式联轴器。当载荷较平稳或变动不大时,可选用刚性可移联轴器;若经常启动、制动或载荷变化较大时,最好选用弹性联轴器。工作转速应不大于联轴器的许用转速。当工作环境温度较高(>40 ~50 ℃)时,一般不宜选用具有橡胶或尼龙等弹性元件的联轴器。此外,还应考虑安装尺寸的限制、装拆维修方便的要求,有时还要考虑到绝缘性能等因素。综合以上因素进行分析比较后选定其类型。

在选定联轴器类型之后,就可进行联轴器的尺寸选择。对已标准化的联轴器,可根据被连接轴的直径、计算转矩和轴的转速从相关手册中选择合适的型号尺寸,要求所选定的联轴器的孔径和轴径相配,其允许最大转矩和允许最大转速分别大于或等于计算转矩和转速。在重要场合下,对其中个别关键性零件还应作必要的验算。对非标准联轴器则需要通过计算及类比等方法确定其结构尺寸。

考虑机械在启动和制动时的惯性力及工作过程中过载等因素的影响,在选择和校核联轴器时,应以计算转矩 T_c 为依据,其值为

$$T_c = K_A T \qquad N \cdot m \tag{11.1}$$

式中　T——联轴器所传递的名义转矩,$N \cdot m$;

　　　K_A——工作情况系数,其值根据原动机和工作机的性质、联轴器的类型从表 11.1 中选取。

表 11.1　工作情况系数 K_A

工作情况及工作机举例	原动机			
	电动机汽轮机	四缸及四缸以上内燃机	双缸内燃机	单缸内燃机
转矩变化很小,如发电机、小型通风机、小型离心泵等	1.3	1.5	1.8	2.2
转矩变化小,如透平压缩机、木工机床、运输机等	1.5	1.7	2.0	2.4
转矩变化中等,如搅拌机、增压泵,以及有飞轮的压缩机、冲床等	1.7	1.9	2.2	2.6
转矩变化和冲击载荷中等,如织布机、水泥搅拌机、拖拉机等	1.9	2.1	2.4	2.8
转矩变化和冲击载荷大,如造纸机、挖掘机、起重机、碎石机等	2.3	2.5	2.8	3.2
转矩变化大和并有极强烈的冲击载荷,如压延机、无飞轮的活塞泵、重型初轧机等	3.1	3.3	3.6	4.0

注:此表也适用于离合器的选择。

11.2 离合器

离合器也是一种常用的轴系部件。它的主要功能是用来操纵机器传动系统的断续,以便进行变速、换向或使工作机暂停工作。

根据工作原理的不同,离合器可分为牙嵌式和摩擦式两种类型。它们分别利用牙(或齿)的啮合、工作表面间的摩擦力来传递转矩。离合器应满足便于接合和分离、迅速可靠、操纵灵活、容易调整和维修、外廓尺寸小、质量轻等要求。

11.2.1 牙嵌式离合器

牙嵌式离合器是由两个端面带有牙的套筒所组成,如图 11.9 所示。其中,套筒 1 固定在一根轴上,套筒 2 则用导向键(或花键)与另一根轴连接,并通过操纵机构使其沿导向键作轴向移动。两根轴靠两个套筒端面上牙的嵌合来连接。为了避免操纵装置的过度磨损,可动套筒应装在从动轴上,为了使两端对中,在与主动轴连接的套筒上固定有对中环 3,而从动轴可在对中环内自由地转动。

离合器的操纵可通过杠杆、液压、气动或电磁吸力等方式来进行。

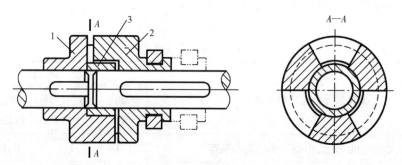

图 11.9　牙嵌式离合器

牙嵌式离合器常用的牙型有矩形、梯形和锯齿形。矩形牙不便于接合,且由于啮合牙间没有轴向分力,故分离也较困难,因此,矩形牙仅用于静止状态下手动接合。梯形牙的侧面制成 $\alpha = 2° \sim 8°$ 的斜角,故牙根强度较高,能传递较大转矩,并且可补偿啮合牙间因磨损而产生的齿侧间隙,接合和分离也比较容易。因此,梯形牙应用较广。矩形牙和梯形牙都可以双向工作,而锯齿形牙只能单向工作,但锯齿形牙的牙根强度很高,传递转矩能力最大,而且接合容易,故多在重载情况下应用。

牙嵌式离合器的牙数可为 3 ~ 60。牙数越多,各牙分担的载荷则越不均匀,故牙数一般为 5 ~ 11。

牙嵌离合器的优点是结构比较简单,外廓尺寸小,连接两轴间不会发生相对转动,适用于要求精确传动的传动机构。其最大缺点是接合时必须使主动轴慢速转动(圆周速度不大于 0.7 ~ 0.8 m/s)或停车,否则牙容易损坏。

11.2.2 摩擦离合器

最简单的摩擦离合器如图 11.10 所示,摩擦盘 1 固定在主动轴上,另一摩擦盘 2 用导向键与从动轴连接,它可沿轴向滑动。为了增大摩擦系数,摩擦盘的表面装有摩擦片 3。工作时,利用操纵机构在可移动的摩擦盘 2 上施加轴向压力 F_x,使两盘紧压,产生摩擦力传递转矩。

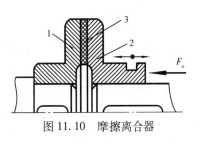

图 11.10 摩擦离合器

在传递大转矩的情况下,由于需要较大的圆盘直径,因而单片式摩擦离合器受外形尺寸的限制而不宜应用。这时,多采用多片式摩擦离合器,用增加接合面数量的办法增大传递的转矩。

如图 11.11 所示为多片式摩擦离合器。其中,主动轴 1 与外壳 2 相连接,从动轴 3 与套筒 4 相连接。外壳通过花键与一组外摩擦片 5 连接在一起;套筒也通过花键与另一组内摩擦片 6 连接在一起。工作时,向左移动滑环 7,通过杠杆 8、压板 9 使两组摩擦片压紧,使离合器处于接合状态。若向右移动滑环时,摩擦片被松开,离合器即分开。多片式摩擦离合器传递转矩的大小随接合面数量的增加而成比例的增加,但是接合面数量太多,则影响离合器的灵活性,故常限制接合面数量不大于 $25 \sim 30$。

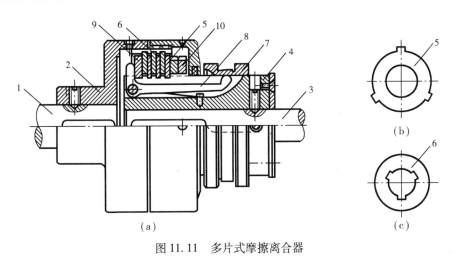

图 11.11 多片式摩擦离合器

接合面的摩擦材料对摩擦离合器的正常工作有直接影响。不仅要求它们有较大的摩擦系数,而且要耐磨损,耐高温。在油中工作的摩擦离合器的常用摩擦材料为淬火钢与淬火钢、淬火钢与青铜。在要求避免磨落金属粉末的地方,也允许用钢与夹布胶木,这时的工作温度必须低于 120 ℃。在得不到良好润滑的摩擦离合器中,可采用铸铁与铸铁、铸铁与钢。在干摩擦下工作的摩擦离合器,最好采用铸铁与混有塑料的石棉制品。

与牙嵌式离合器比较,摩擦式离合器的优点是两轴能在任何不同角速度下进行接合;改变摩擦面间的压力就能调节从动轴的加速时间,从而使得接合和分离过程比较平稳;过载时将发生打滑,避免使其他元件受到损坏。由于上述优点,故摩擦式离合器应用较广。其缺点是结构较复杂,成本较高,当产生滑动时不能保证被连接两轴的精确同步转动。

思考题与习题

1. 联轴器和离合器的主要功用是什么？它们的功用有何异同？
2. 什么联轴器允许轴有较大的安装误差？什么联轴器只允许轴有小的安装误差？
3. 凸缘联轴器如何对中？
4. 在选择联轴器时,应考虑哪些主要因素？
5. 牙嵌式离合器的工作原理是怎样的？为什么牙型多用梯形？
6. 多片式摩擦离合器的工作原理是怎样的？有些什么特点？

第12章 极限与配合、几何公差及表面粗糙度

12.1 互换性和公差的概念

在机械和仪器制造业中,零部件的互换性是指在同一规格的一批零件或部件中,任取其一,不需任何挑选或修配就能装在机器上,并达到规定的功能要求,这样的一批零部件就称为具有互换性的零部件。零件的互换性既是现代大规模协作生产的要求,又是机械设计、制造、使用和维修方便的保证。零部件的互换性包括几何量、机械性能和理化性能等方面的互换性,本课程主要介绍几何量的互换性。

几何量是指由尺寸、几何形状和位置构成的,能确切、完整地表示出零件几何状态的特征量。所有的机械零件都是由各种几何要素,按不同尺寸、形状和位置有机地组合为一体所构成的。如图 12.1 所示的阶梯轴是由若干个直径不同的圆柱体,按一定排列顺序和方位,沿同一轴线组合在一起构成的,为了安装平键,在不同轴段上还加工有键槽。这些几何要素都是根据零件的功能要求确定的。

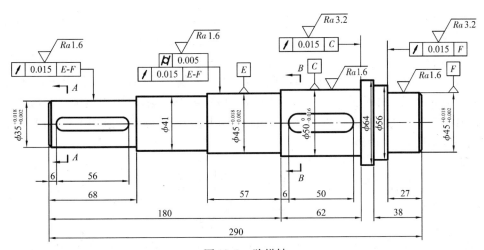

图 12.1　阶梯轴

几何量公差简称公差,就是对构成零件各要素的尺寸、形状和相对位置给出的精度要求。在零件的制造过程中,零件的尺寸不可能制造得绝对准确,总存在一定的误差,为保证零件的互换性,就必须使零件的尺寸在满足设计要求的条件下,规定一个尺寸的允许变动范围。零件尺寸允许的变动量称为尺寸公差。同理,零件加工后,其表面、轴线、中心对称平面等的实际形

状和位置相对于所要求的理想形状和位置,也不可避免地存在着误差,其允许的变动量则称为几何公差。另外,机械加工后的零件表面,微观上总会存在较小间距的峰谷痕迹,这些峰谷高低程度和间距状况的微观几何形状称为表面粗糙度。由此可知,在设计时必须要规定零部件的公差,在制造时只要控制零部件的误差在公差范围内,就能保证零部具有互换性。因此,公差是保证互换性得以实现的基本条件。

12.2 极限与配合

极限与配合制是为了满足零件的互换性要求,对零件的实际加工尺寸误差进行控制所给出的加工精度要求,以标准形式作出的统一规定。

12.2.1 尺寸公差

(1)基本术语与定义

如图 12.2 所示,尺寸公差的基本术语如下:

1)基本尺寸

根据零件的结构、工艺等要求,设计时所确定的零件尺寸称为基本尺寸。零件图和装配图中标注的尺寸(不计公差),都是基本尺寸。

2)实际尺寸

零件加工后,测量所得的尺寸称为实际尺寸。在实际零件的同一表面上,其不同位置的实际尺寸往往是不同的,测量时常以最高峰尺寸作为实际尺寸。

3)极限尺寸

允许零件实际尺寸变动的两个界限尺寸称为极限尺寸。两个界限尺寸中较大的那个尺寸称为最大极限尺寸;两个界限尺寸中较小的那个尺寸称为最小极限尺寸。

4)尺寸偏差

某一极限尺寸减去基本尺寸所得的代数差称为尺寸偏差,简称偏差。偏差可正、可负或为零。其中,最大极限尺寸减去基本尺寸所得的代数差,称为上偏差;最小极限尺寸减去基本尺寸所得的代数差,称为下偏差。国家标准规定,孔的上偏差、下偏差分别用 ES 和 EI;轴的上偏差、下偏差分别用 es 和 ei 表示。

5)零线

在公差带图中,确定偏差的基准直线,即零偏差线称为零线。常以零线表示基本尺寸,位于零线上方的偏差为正,位于零线下方的偏差为负。

6)尺寸公差

零件尺寸允许的变动量称为尺寸公差,简称公差;最大极限尺寸与最小极限尺寸的差等于公差;上偏差与下偏差的代数差的绝对值也等于公差。

7)尺寸公差带

由上下偏差的两条直线所限定的区域称为尺寸公差带,简称公差带。

(2)标准公差和基本偏差

国家标准规定,零件加工的尺寸允许范围由公差带来表示,即合格零件的实际尺寸必须在

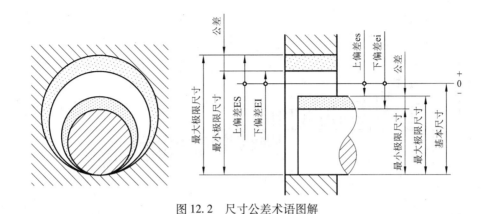

图 12.2　尺寸公差术语图解

公差带所规定的区域内。公差带由标准公差和基本偏差组成,标准公差确定公差带的大小,基本偏差确定公差带的位置,如图 12.3 所示。

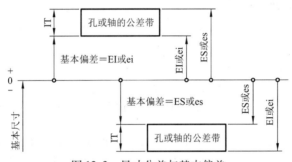

图 12.3　尺寸公差与基本偏差

标准公差是指国家标准所列的,用以确定公差带大小的一系列公差值。按照国家标准 GB/T 1800.1—2009 规定,标准公差代号由符号 IT 和数字组成,如 IT7。标准公差可分为 IT01,IT0,IT1,…,IT18 共 20 个等级。标准公差的数字越大则公差等级越低,加工的精度也越低。对于同一公差等级,随着基本尺寸的增大,其公差数值也增大。因此,标准公差数值的大小与公差等级和基本尺寸有关,各级公差的数值可过国家标准查得(见附表 4)。

在满足使用要求的前提下,尽可能选用较低的公差等级。由于孔比轴难加工,一般的配合在选用公差等级时,孔比轴低一级。在一般机械中,通常 IT12 以下用于配合尺寸,IT12 ~ IT18 用于非配合尺寸,非配合尺寸的公差带代号一般在图样中不必标注。

基本偏差是指标准所列的,用以确定公差带相对于零线位置的上偏差或下偏差,一般指靠近零线的偏差。如图 12.3 所示,当公差带在零线的上方时,基本偏差为下偏差;当公差带在零线的下方时,基本偏差为上偏差。如图 12.4 所示,按照国家标准 GB/T 1800.1—2009 规定,孔和轴基本偏差各有 28 个,用字母表示,大写字母 A,B,…,ZC 代表孔,小写字母 a,b,…,zc 代表轴。

轴的基本偏差从 a 到 h 为上偏差,且是负值,其绝对值依次减小,其中 h 的上偏差为 0;从 j 到 zc 为下偏差,其中 j 为负值,其他为正值,绝对值依次增大;js 的公差带对称分布于零线两边,其上下偏差分别为 $+\dfrac{IT}{2}$ 和 $-\dfrac{IT}{2}$。

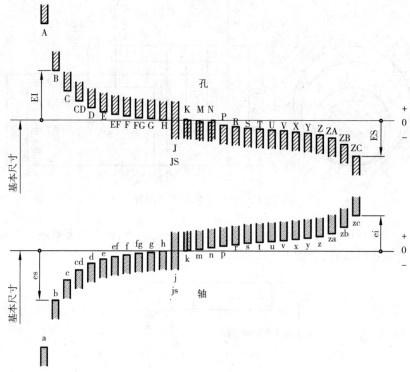

图 12.4　基本偏差系列

孔的基本偏差从 A 到 H 为下偏差,且是正值,其绝对值依次减小,其中 H 的下偏差为 0;从 J 到 ZC 为上偏差,其中 J 为正值,其他为负值,绝对值依次增大;JS 的公差带对称分布于零线两边,其上下偏差分别为 $+\dfrac{IT}{2}$ 和 $-\dfrac{IT}{2}$。

图 12.4 只表示了公差带靠近零线一端的位置,而开口一端的位置则决定于所选标准公差的大小。国家标准给出了轴和孔的基本偏差数值,如附表 5 和附表 6 所列。

公差带代号由基本偏差代号和标准公差等级代号共同组成。在组成公差带代号时,标准公差等级代号中的字母 IT 可以省略,如 h6,f7,k6,p7 等为轴的公差带代号,H7,F8,K8 等为孔的公差带代号。

12.2.2　配合

基本尺寸相同的、相互结合的孔与轴的公差带之间的关系,称为配合。配合是反映组成机器的各零件之间结合松紧状态的重要技术特性,是满足互换性要求,保证机器各零件间协调工作的必要条件。

(1)配合的种类

根据使用要求的不同,孔与轴之间配合的松紧程度也不一样。国家标准规定,孔与轴的配合分为间隙配合、过盈配合和过渡配合 3 种。孔的尺寸减去相结合的轴的尺寸所得的代数差为正时,称为间隙;孔的尺寸减去相结合的轴的尺寸所得的代数差为负时,则称为过盈。

1)间隙配合

间隙配合是指具有间隙(包括间隙为零)的配合。如图 12.5 所示,此时孔的实际尺寸大于轴的实际尺寸,孔的公差带在轴的公差带之上。若两零件间有相对运动,则应使用间隙配合,有时为装拆方便,也可使用间隙配合。

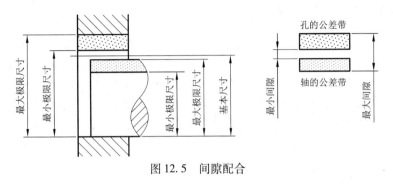

图 12.5　间隙配合

2)过盈配合

过盈配合是指具有过盈(包括过盈为零)的配合。如图 12.6 所示,此时轴的实际尺寸大于孔的实际尺寸,孔的公差带在轴的公差带之下。若无外加紧固件时,应选用过盈配合,通过配合面的过盈进行传动。

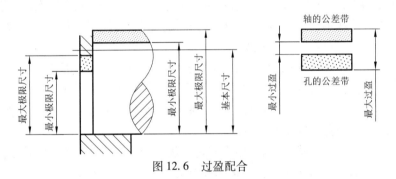

图 12.6　过盈配合

3)过渡配合

过渡配合是指可能有间隙或过盈的配合。如图 12.7 所示,此时孔的公差带与轴的公差带相互交叠。过渡配合具有的间隙量和过盈量都很小,使相互配合的孔与轴具有较好的同轴度。

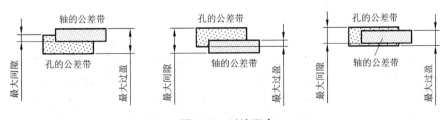

图 12.7　过渡配合

(2)**配合制度**

基本尺寸相同的孔和轴的公差带组合,可以得到不同的配合。为了便于设计和制造,国家标准规定了基孔制和基轴制两种配合制度。

　　基孔制是指基本偏差为一定的孔的公差带,与不同基本偏差的轴的公差带形成各种配合的一种制度,如图12.8(a)所示。基孔制的孔称为基准孔,孔的最小极限尺寸与基本尺寸相等,下偏差为零,其基本偏差代号为H。在基孔制配合中,轴的基本偏差从 a 到 h 用于间隙配合,从 j 到 zc 用于过渡配合和过盈配合。

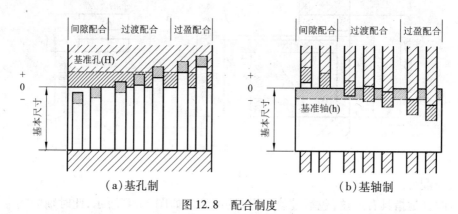

（a）基孔制　　　　　　　　　　　　（b）基轴制

图 12.8　配合制度

　　基轴制是指基本偏差为一定的轴的公差带,与不同基本偏差的孔的公差带形成各种配合的一种制度,如图12.8(b)所示。基轴制的轴称为基准轴,基准轴的最大极限尺寸与基本尺寸相等,上偏差为零,其基本偏差代号为h。在基轴制配合中,孔的基本偏差从 A 到 H 用于间隙配合,从 J 到 ZC 用于过渡配合和过盈配合。

　　由于加工相同公差等级的孔和轴时,孔的加工比轴要困难一些,因此,一般情况下优先选用基孔制配合。基轴制配合通常仅用于结构不适合采用基孔制配合的情况。与标准件配合时,则要按标准件的具体情况而定,例如与滚动轴承配合时,与轴承内孔配合的轴须用基孔制,而与轴承外径配合的座孔则应用基轴制。

　　考虑到各类产品的不同特征,国家标准制定了优先配合和常用配合,使用时应尽量选用优先配合。基孔制和基轴制的优先配合和常用配合见表12.1、表12.2。

表 12.1　基孔制优先、常用配合

基准孔	轴																					
	a	b	c	d	e	f	g	h	js	k	m	n	p	r	s	t	u	v	x	y	z
	间隙配合								过渡配合				过盈配合								
H6						$\frac{H6}{f5}$	$\frac{H6}{g5}$	$\frac{H6}{h5}$	$\frac{H6}{js5}$	$\frac{H6}{k5}$	$\frac{H6}{m5}$	$\frac{H6}{n5}$	$\frac{H6}{p5}$	$\frac{H6}{r5}$	$\frac{H6}{s5}$	$\frac{H6}{t5}$					
H7						$\frac{H7}{f6}$	$\frac{H7^{\otimes}}{g6}$	$\frac{H7^{\otimes}}{h6}$	$\frac{H7}{js6}$	$\frac{H7^{\otimes}}{k6}$	$\frac{H7}{m6}$	$\frac{H7^{\otimes}}{n6}$	$\frac{H7^{\otimes}}{p6}$	$\frac{H7}{r6}$	$\frac{H7^{\otimes}}{s6}$	$\frac{H7}{t6}$	$\frac{H7^{\otimes}}{u6}$	$\frac{H7}{v6}$	$\frac{H7}{x6}$	$\frac{H7}{y6}$	$\frac{H7}{z6}$
H8				$\frac{H8}{e7}$	$\frac{H8^{\otimes}}{f7}$	$\frac{H8}{g7}$	$\frac{H8^{\otimes}}{h7}$	$\frac{H8}{js7}$	$\frac{H8}{k7}$	$\frac{H8}{m7}$	$\frac{H8}{n7}$	$\frac{H8}{p7}$	$\frac{H8}{r7}$	$\frac{H8}{s7}$	$\frac{H8}{t7}$	$\frac{H8}{u7}$					
			$\frac{H8}{d8}$	$\frac{H8}{e8}$	$\frac{H8}{f8}$		$\frac{H8}{h8}$														

续表

基准孔	a	b	c	d	e	f	g	h	js	k	m	n	p	r	s	t	u	v	x	y	z
	间隙配合								过渡配合			过盈配合									
H9			$\frac{H9}{c9}$	$\frac{H9}{d9}$⊗	$\frac{H9}{e9}$	$\frac{H9}{f9}$		$\frac{H9}{h9}$⊗													
H10			$\frac{H10}{c10}$	$\frac{H10}{d10}$				$\frac{H10}{h10}$													
H11	$\frac{H11}{a11}$	$\frac{H11}{b11}$	$\frac{H11}{c11}$⊗	$\frac{H11}{d11}$				$\frac{H11}{h11}$⊗													
H12		$\frac{H12}{b12}$						$\frac{H12}{h12}$													

注:表中标注"⊗"的为优先配合。

表 12.2　基轴制优先、常用配合

基准轴	A	B	C	D	E	F	G	H	JS	K	M	N	P	R	S	T	U	V	X	Y	Z
	间隙配合								过渡配合			过盈配合									
h5						$\frac{F6}{h5}$	$\frac{G6}{h5}$	$\frac{H6}{h5}$	$\frac{JS6}{h5}$	$\frac{K6}{h5}$	$\frac{M6}{h5}$	$\frac{N6}{h5}$	$\frac{P6}{h5}$	$\frac{R6}{h5}$	$\frac{S6}{h5}$	$\frac{T6}{h5}$					
h6						$\frac{F7}{h6}$	$\frac{G7}{h6}$⊗	$\frac{H7}{h6}$⊗	$\frac{JS7}{h6}$	$\frac{K7}{h6}$⊗	$\frac{M7}{h6}$	$\frac{N7}{h6}$	$\frac{P7}{h6}$⊗	$\frac{R7}{h6}$	$\frac{S7}{h6}$	$\frac{T7}{h6}$	$\frac{U7}{h6}$⊗				
h7					$\frac{E8}{h7}$	$\frac{F8}{h7}$⊗		$\frac{H8}{h7}$⊗	$\frac{JS8}{h7}$	$\frac{K8}{h7}$	$\frac{M8}{h7}$	$\frac{N8}{h7}$									
h8				$\frac{D8}{h8}$	$\frac{E8}{h8}$	$\frac{F8}{h8}$		$\frac{H8}{h8}$													
h9				$\frac{D9}{h9}$⊗	$\frac{E9}{h9}$	$\frac{F9}{h9}$		$\frac{H9}{h9}$⊗													
h10				$\frac{D10}{h10}$				$\frac{H10}{h10}$													
h11	$\frac{A11}{h11}$	$\frac{B11}{h11}$	$\frac{C11}{h11}$⊗	$\frac{D11}{h11}$				$\frac{H11}{h11}$⊗													
h12		$\frac{B12}{h12}$						$\frac{H12}{h12}$													

注:表中标注"⊗"的为优先配合。

12.2.3　极限与配合的标注及查表方法

（1）在装配图上的标注

极限与配合在装配图上的标注采用组合式,如图 12.9 所示,极限与配合标注在基本尺寸的后面,用分式来表示,分子为孔的公差代号,分母为轴的公差代号。

（2）在零件图上的标注

如图 12.10 所示,公差在零件图上的标注有 3 种形式:只标注公差代号、只标注极限偏差

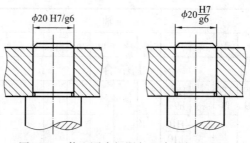

图 12.9　装配图中极限与配合的标注方法

数值、同时标出公差代号和极限偏差。

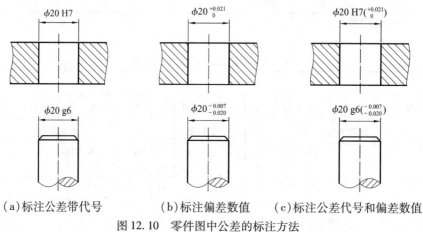

（a）标注公差带代号　　　（b）标注偏差数值　　（c）标注公差代号和偏差数值

图 12.10　零件图中公差的标注方法

（3）极限与配合的查表方法

相互配合的轴和孔，可根据基本尺寸和公差带代号通过查表获得其极限偏差数值。查表的步骤是：首先查出轴和孔的标准公差，然后查出轴和孔的基本偏差（配合件只列出一个偏差），最后根据配合件的标准公差与基本偏差的关系，算出另一个偏差。优先及常用配合的极限偏差可直接通过查表得出。

例 12.1　查表写出 $\phi16\dfrac{H8}{f7}$ 的极限偏差值，并说明其配合种类和配合制度。

解　1）由孔的基本偏差等级为 H 可知，配合制度为基孔制。

2）$\phi16$ H8 基准孔的极限偏差值。

由附表 4 的标准公差数值可以查得，基本尺寸 10～18 mm，公差等级 IT8 的公差值为 27 μm。再由附表 6 孔的基本偏差数值可以查得，基本偏差等级 H 的基本偏差为下偏差，下偏差值为 0。根据上偏差、下偏差和标准公差之间的关系，可得 $\phi16$ H8 的下偏差为 0，上偏差为 0.027 mm，表示为：$\phi16_{0}^{+0.027}$。该孔的最大极限尺寸为 16.027 mm，最小极限尺寸为 16 mm。

3）$\phi16f7$ 配合轴的极限偏差值。

由附表 4 的标准公差数值可查得，基本尺寸 10～18 mm，公差等级 IT7 的公差值为 18 μm。再由附表 5 轴的基本偏差数值可查得，基本偏差等级 f 的基本偏差为上偏差，由基本尺寸 14～

18 mm 查得 f 的上偏差值为 $-16\ \mu m$。根据上偏差、下偏差和标准公差之间的关系,可得 $\phi16f7$ 的上偏差为 $-0.016\ mm$,下偏差为 $-0.034\ mm$,表示为:$\phi16_{-0.034}^{-0.016}$。该轴的最大极限尺寸为 15.984 mm,最小极限尺寸为 15.966 mm。

4) 由轴的最大极限尺寸 15.984 mm 小于孔的最小极限尺寸 16 mm 可知,孔与轴的配合种类为间隙配合。

12.3　几何公差

12.3.1　几何公差的概念

零件经过加工后,除尺寸要产生误差外,其形状、方向和位置等也会产生误差。为满足零件的使用性能和装备要求,不仅要保证零件的尺寸公差,还要保证其形状、方向和位置的准确性。对一般的零件,它的形状和位置公差,可由其尺寸公差、加工机床的精度等加以保证;对要求较高的零件,则根据设计要求,还需在零件图上标注出相关的几何公差。几何公差是零件上各几何要素的实际形状、方向和位置等相对于理想状态偏离程度的控制要求。几何公差可分为形状公差、方向公差、位置公差及跳动公差 4 类,见表 12.3。

表 12.3　几何公差的类型

公差类型	几何特征	符号	有无基准要求	公差类型	几何特征	符号	有无基准要求
形状公差	直线度	—	无	位置公差	位置度	⊕	有或无
	平面度	▱	无		同心度	◎	有
	圆度	○	无		同轴度	◎	有
	圆柱度	⌀	无		对称度	=	有
	线轮廓度	⌒	无		线轮廓度	⌒	有
	面轮廓度	⌓	无		面轮廓度	⌓	有
方向公差	平行度	//	有	跳动公差	圆跳动	↗	有
	垂直度	⊥	有				
	倾斜度	∠	有		全跳动	↗↗	有
	线轮廓度	⌒	有				
	面轮廓度	⌓	有				

由于工件上几何要素的误差除了有大小之外,还有一定的变动范围(即形状)、变动的方向及变动的位置,故与尺寸公差带相比,几何公差带的内涵更丰富、更复杂。大小、形状、方向及位置是几何公差带的 4 个基本特征。

(1)几何公差带的大小

公差带的大小是设计时约定的公差数值,用 t 表示,它是允许零件实际要素变动的全量。

公差带的大小表明对几何要素精度要求的高低,是确定零件几何精度的主要指标。该数值可以是指公差带形状的宽度或直径,这取决于被测要素本身的形状及设计的要求,设计时可在公差值前加符号 ϕ 或 $S\phi$ 来予以区别,ϕ 表示圆或圆柱的直径,$S\phi$ 表示圆球的直径。

(2)几何公差带的形状

公差带的形状是指允许被测要素变动的区域。其主要形状如图 12.11 所示。

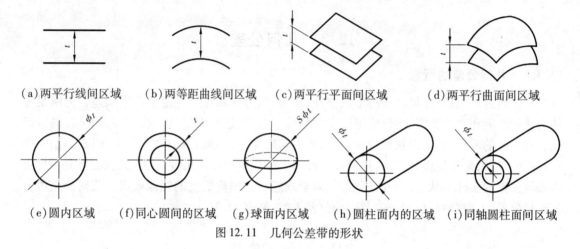

| (a)两平行线间区域 | (b)两等距曲线间区域 | (c)两平行平面间区域 | (d)两平行曲面间区域 |

(e)圆内区域　　(f)同心圆间的区域　　(g)球面内区域　　(h)圆柱面内的区域　　(i)同轴圆柱面间区域

图 12.11　几何公差带的形状

几何公差带呈何种形状取决于被测要素的形状特征、公差项目和设计要求(标注方式)等。某些情况下,被测要素本身决定了公差带的形状,如平面的公差带只能是两平行面间的区域;有时几何公差项目本身决定了公差带的形状,如同轴度的公差带,由于孔或轴的轴线是空间直线,同轴要求必是指任意方向的,因此,公差带只能是圆柱面内的区域。此外,圆度公差带只能是同心圆,圆柱度公差带也只能是两同轴圆柱面之间的区域。

(3)几何公差带的方向

几何公差带的方向是指允许被测要素形位误差的变动方向,评定被测要素的误差方向应与公差带的方向一致。对于形状公差带,其方向由实际要素决定;对于方向公差带和位置公差带,其方向由基准要素决定。如图 12.12 所示,被测表面同时有平行度和平面度的要求,两平行平面 Ⅰ—Ⅱ 表示的是上表面相对于底面的平行度公差带的方向;而两平行平面 Ⅰ′—Ⅱ′ 表示的是上表面平面度公差带的方向。可知,两组平行平面的方向是不同的,平行度公差限定的是被测要素相对于基准在方向上的变动,故平行度公差带与基准保持相同的方向。

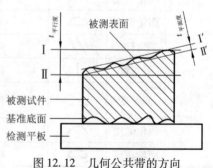

图 12.12　几何公共带的方向

(4)几何公差带的位置

几何公差带的位置是指具有一定形状的公差带是固定在某一确定位置上,还是在一定范围内浮动。

形状公差限定被测要素实际形状的变动范围,其公差带的位置可随着被测要素在尺寸公差范围内浮动。如图 12.12 所示上表面的平面度公差带的方向和位置都随实际表面在一定范围内浮动。

方向公差限定实际要素相对于基准在方向上的变动范围,其公差带的位置也是浮动的,浮动范围与被测要素相对于基准的尺寸公差有关。如图 12.12 所示上表面的平行度公差限定的是上表面相对于底面的平行关系,至于上表面与底面的距离则与尺寸有关,上表面只要在其尺寸公差的范围内,且不超过给定的平行度公差即为合格。因此,方向公差带可在尺寸公差带内浮动。

位置公差限定被测实际要素位置的变动范围,是相对于基准和理论正确尺寸所确定的理想位置的变化(其中包含方向),其公差带位置一定是固定的。

12.3.2　几何公差的框格标注

框格标注法是国际统一的准确表达设计者对被控要素的几何公差要求的标注方法。如图 12.13(a)所示,公差框格为一矩形框格,其内划分成两格或多格。各格按从左至右的顺序标注以下内容:第一格为几何公差的特征项目符号(见表 12.3),用以标注公差的类型;第二格为公差带形状和公差值,公差值为以线性尺寸表示的量值,单位为 mm;第三格及以后各格为基准,用一个字母表示单个基准,用几个字母表示基准体系或公共基准。框格用细实线水平或垂直地绘制,框格中的字母和数字高度应与图样中尺寸数字的高度相同,框格高度为字体高度的两倍,长度可根据需要加长。指引线引自框格的任意一侧,终端为一箭头,指向被测要素。基准要素则通过规定的基准符号进行标注(见图 12.13(b)),基准符号为一四方形与空三角形(或实心三角形)相连,并用大写字母表示基准的名称。

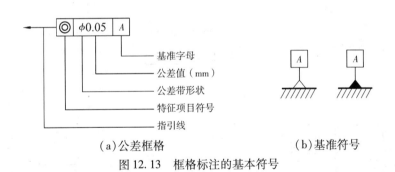

（a）公差框格　　　　　　　　（b）基准符号

图 12.13　框格标注的基本符号

（1）被测要素的标注

标注被测要素时,带箭头的指引线将框格与被测要素相连。标注时,应遵循以下规则:

① 当被测要素为轮廓要素时,应将箭头置于被测要素的轮廓线或轮廓面上,也可置于其延长线上,但必须与尺寸线错开,如图 12.14(a)所示。

② 当被测要素为轴线、中心平面或由带尺寸要素确定的点时,则带箭头的指引线应与尺寸线的延长线重合,如图 12.14(b)所示;当指引线箭头与尺寸线箭头重叠时,可用指引线箭头代替尺寸线箭头,如图 12.14(c)所示。

③ 当同一被测要素有多项公差要求时,可在一条指引线上画出多个公差框格,如图 12.14

(d)所示。

④ 受图形限制,需表示图样中某要素的公差要求时,可在该要素的投影面上画出一小黑点,由黑点处引出参考线,箭头指向参考线,如图12.14(e)所示。

⑤ 仅对被测要素的局部提出公差要求时,可用粗点画线画出其范围,并标注尺寸,指引线箭头指向点画线,如图12.14(f)所示。

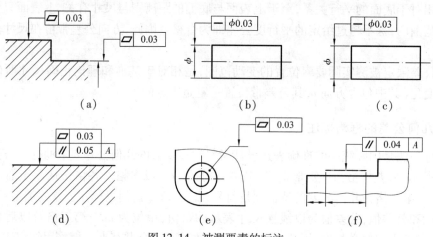

图 12.14　被测要素的标注

(2)基准要素的标注

① 当基准要素是轮廓要素时,基准符号的三角形应置于基准要素的轮廓线或轮廓面上,也可置于其延长线上,但必须与尺寸线错开,如图12.15(a)所示。

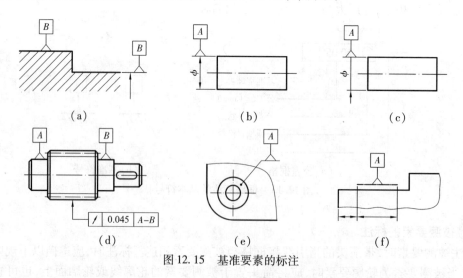

图 12.15　基准要素的标注

② 当基准要素是轴线、中心平面或由带尺寸的要素确定的点时,则基准符号的三角形应对准尺寸线,如图12.15(b)所示;当基准符号的三角形与尺寸线箭头重叠时,则该尺寸线箭头可省去,如图12.15(c)所示。

③ 由两个或两个以上的要素组成的基准称为组合基准,如公共轴线、公共中心平面等。组合基准的字母间用横线相连,如图12.15(d)所示。

④ 受图形限制,需表示某要素为基准要素时,可在该要素的投影面上画出一小黑点,由黑点处引出参考线,基准符号置于参考线上,如图 12.15(e)所示。

⑤ 仅用要素的局部作为基准时,可用粗点画线画出其范围,并标注尺寸,基准符号置于点画线上,如图 12.15(f)所示。

(3)几何公差标注示例

如图 12.16 所示为轴套的形位公差标注示例。对该轴套的形位公差的要求共有 6 处,意义分别如下:

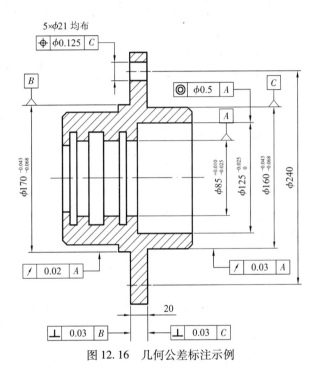

图 12.16　几何公差标注示例

① φ160 圆柱面对 φ85 孔的轴线的圆跳动公差为 0.03 mm,即 φ160 圆柱面上的任意一点绕 φ85 孔的轴线旋转一周时的径向变动量小于 0.03 mm。

② φ125 孔的轴线对 φ85 孔的轴线的同轴度公差带为直径 0.5 mm 的圆柱面内的区域,圆柱面的轴线为 φ85 孔的轴线。

③ φ170 圆柱面对 φ85 孔轴线的圆跳动公差为 0.02 mm。

④ 凸缘(厚 20 mm)左端面对 φ170 圆柱面的轴线的垂直度公差带为与 φ170 圆柱面的轴线垂直的两平行平面间的区域,两平行平面的间距为 0.03 mm。

⑤ 凸缘右端面对 φ160 圆柱面的轴线的垂直度公差带为与 φ160 圆柱面的轴线垂直的两平行平面间的区域,两平行平面的间距为 0.03 mm。

⑥ φ21 孔的轴线的位置度公差带为直径 0.125 mm 的圆柱面内的区域,圆柱面的轴线均布在以 φ160 圆柱面的轴线为圆心的 φ240 的圆所确定的理想位置上。

12.4 表面粗糙度

12.4.1 表面粗糙度概念及其评定参数

零件的各个表面不论加工的多么光滑,如果放在放大镜或显微镜下观察,都可看到零件表面高低不平呈峰谷的状况,如图 12.17 所示。把零件表面上具有较小间距和微小峰谷所组成的微观几何形状特征,称为表面粗糙度。由于高低不平的峰谷用肉眼难以分辨,故表面粗糙度属于微观几何形状误差。

表面粗糙度是衡量零件质量的标志之一,其大小与材料特性、加工方法等因素有关。表面粗糙度的大小对零件的配合、使用寿命和外观等都有很大的影响。零件表面的功能不同,所要求的表面粗糙程度也不一样。零件表面粗糙度要求越高,其加工成本也越高,因此在满足机器或部件对零件使用要求的前提下,应尽量降低对零件表面粗糙度的要求。

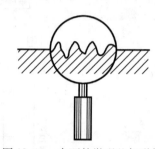

图 12.17　表面的微观几何形状

国家标准 GB/T 1031—2009 规定的评定表面粗糙度大小的特征参数有高度特征参数、间距特征参数和形状特征参数等。其中,比较常用的评定参数有高度特征参数轮廓算术平均偏差 Ra 和轮廓最大高度 Rz、间距特征参数轮廓单元平均宽度 Rsm。

(1)轮廓算术平均偏差

如图 12.18 所示,在取样长度内,轮廓偏距绝对值的算术平均值称为轮廓算术平均偏差,用符号 Ra 表示,其计算公式为

$$Ra = \frac{1}{L}\int_0^L |y(x)|\,\mathrm{d}x \tag{12.1}$$

或近似表示为

$$Ra = \frac{1}{n}\sum_{i=1}^{n} |y_i| \tag{12.2}$$

式中　y——轮廓偏距,是轮廓线上的点到基准线之间的距离,μm;

L——取样长度,mm,是用于判别具有表面粗糙度特征的一段基准线长度。

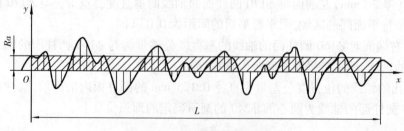

图 12.18　轮廓算术平均偏差

由于加工表面有着不同程度的不均匀性,为了充分合理地反映某一表面的粗糙度特性,规定在评定时的评定长度 L_n 应包括几个取样长度,在评定长度内,根据取样长度进行测量,取其平均值作为表面粗糙度的测量值。评定长度一般按照 5 倍取样长度来确定,即 $L_n = 5L$。测得的 Ra 值越大,则表面越粗糙。Ra 能客观地反映表面微观几何形状的特征,但受到计量器具功能的限制,不宜用作过于粗糙或太光滑的表面的评定参数。

（2）轮廓最大高度

如图 12.19 所示,在取样长度内,轮廓峰顶线与轮廓谷底线之间的距离称为轮廓最大高度,用符号 Rz 表示。测得的 Rz 值越大,也说明表面越粗糙。但 Rz 对表面粗糙程度的反映不如 Ra 客观和全面。

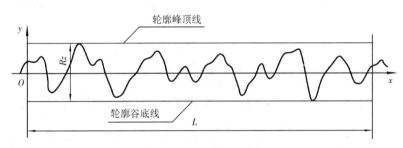

图 12.19　轮廓最大高度

（3）轮廓单元平均宽度

如图 12.20 所示,在取样长度内,轮廓单元宽度的平均值称为轮廓单元平均宽度,用符号 Rsm 表示,其计算公式为

$$Rsm = \frac{1}{n}\sum_{i=1}^{n} x_{si} \tag{12.3}$$

式中　x_{si}——轮廓单元(轮廓峰和相邻轮廓谷的组合)的宽度,μm。

测量 Rsm 需要同时辨别高度和间距,若未另外规定,省略标注的高度分辨力为 Rz 的 10%,间距分辨力为取样长度的 10%。

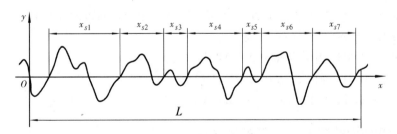

图 12.20　轮廓单元平均宽度

Ra,Rz 和 Rsm 都已标准化,其取样长度的推荐值见表 12.4,数值系列见表 12.5。

12.4.2　表面粗糙度的选用

零件表面粗糙度数值的选取,直接影响到产品的质量。因此,具体选用时既要满足零件的

表 12.4　Ra 与 Rz 的取样长度 L 推荐值

Ra/μm	≥0.008 ~ 0.02	>0.02 ~ 0.10	>0.10 ~ 2.0	>2.0 ~ 10.0	>10.0 ~ 80.0
Rz/μm	≥0.025 ~ 0.10	>0.10 ~ 0.50	>0.50 ~ 10.0	>10.0 ~ 50.0	>50.0 ~ 320.0
L/mm	0.08	0.25	0.8	2.5	8.0

表 12.5　Ra, Rz 和 Rsm 的数值系列

Ra/μm	0.012,0.025,0.05,0.1,0.2,0.4,0.8,1.6,3.2,6.3,12.5,25,50,100
Rz/μm	0.025,0.05,0.1,0.2,0.4,0.8,1.6,3.2,6.3,12.5,25,50,100,200,400,800,1 600
Rsm/μm	0.006,0.012 5,0.025,0.05,0.1,0.2,0.4,0.8,1.6,3.2,6.3,12.5

功能要求,又要考虑经济合理性。可从下列不同因素考虑:

① 一般情况下,零件的工作面的表面粗糙度参数值应小于非工作面的表面粗糙度参数值,接触面的表面粗糙度参数值应小于非接触面的表面粗糙度参数值。

② 摩擦表面的粗糙度参数值应小于非摩擦表面的粗糙度参数值,滚动摩擦表面的粗糙度参数值应小于滑动摩擦表面的粗糙度参数值。

③ 相对运动速度高,单位压力大的摩擦表面应选取较小的表面粗糙度参数值。

④ 间隙配合的间隙越小,表面粗糙度参数值应越小;对于过盈配合,为保证牢固可靠,载荷越大,表面粗糙度参数值应越小。

⑤ 配合性质相同时或同一公差等级时,小尺寸零件和轴的表面粗糙度参数值应小于大尺寸零件和孔的表面粗糙度参数值。

⑥ 受循环载荷的表面及容易引起应力集中的表面(如圆角、沟槽),应选取较小的表面粗糙度参数值。

⑦ 要求密封、耐腐蚀或具有装饰的表面应选取较小的表面粗糙度参数值。

⑧ 在机械加工中,零件表面的尺寸公差、几何公差要求较高时,表面粗糙度的要求也高,它们之间有一定的对应关系。设几何公差值为 t,尺寸公差值为 IT,表面粗糙度 Ra 的取值可参照以下对应关系:

若只考虑尺寸公差时,取 $Ra \leqslant 0.025$IT,过盈配合的零件表面可取 0.05IT。

若同时考虑尺寸公差和几何公差时:

普通精度:$t \approx 0.6$IT,则可取 $Ra \leqslant 0.05$IT 或 $Rz \leqslant 0.2$IT。

较高精度:$t \approx 0.4$IT,则可取 $Ra \leqslant 0.025$IT 或 $Rz \leqslant 0.1$IT。

高精度:$t \approx 0.25$IT,则可取 $Ra \leqslant 0.012$IT 或 $Rz \leqslant 0.05$IT。

12.4.3　表面粗糙度的符号、代号及标注方法

表面粗糙度用代号标注在图样上。代号由粗糙度符号、选定的粗糙度参数值及说明文字等附加要求组成。国家标准 GB/T 1031—2009 规定了零件表面粗糙度符号、代号及其在图样上的标注方法。

(1)表面粗糙度符号和代号

在图样上表示表面粗糙度的图形符号有 5 种,见表 12.6。

表 12.6　表面粗糙度符号

符 号	意义及说明
✓	基本符号,表示指定表面可用任何工艺获得。当不加注表面粗糙度参数值或有关说明(如表面热处理、局部热处理状况等)时,仅适用于简化代号标注,没有补充说明时不能单独使用
✓	基本符号加一短划,表示指定表面是用去除材料的方法获得,如车、铣、钻、磨、剪切、抛光、腐蚀、电火花加工、气割等
✓	基本符号加一小圆,表示指定表面是用不去除材料的方法获得,如铸、锻、冲压变形、热轧、冷轧、粉末冶金等或者是用于保持原供应状况的表面(包括保持上道工序的状况)
✓ ✓ ✓	完整符号,在上述 3 个符号的长边上可加一横线,用于标注有关参数和说明
✓ ✓ ✓	当图样的某个视图上构成封闭轮廓的各表面具有相同的表面粗糙度要求时,可在上述 3 个符号上可加一个小圆,标注在封闭轮廓上,表示所有表面具有相同的表面粗糙度要求。如果标注会引起歧义时,各表面应分别标注

在图样中,除了标注表面粗糙度的参数和数值外,根据零件表面的要求,有时还需要标注有关的附加要求,如表面的纹理方向、加工余量、取样长度、加工工艺等。这些信息的标注位置见表 12.7。

表 12.7　表面粗糙度代号

代 号	含 义
$\frac{c}{\genfrac{}{}{0pt}{}{a}{b}}$ e $\diagdown$ d	a—标注表面粗糙度的参数代号、极限值和传输带或取样长度。在参数代号和极限值之间应用空格隔开,传输带或取样长度后应有一斜线"/",之后是表面粗糙度的参数代号和数值
	b—用于标注第二个或多个表面粗糙度的要求
	c—标注表面的加工方法,如表面处理、涂镀层、车、磨、铣等
	d—标注表面纹理和纹理方向
	e—标注加工余量,单位为 mm

国家标准规定,图样中注写参数代号及其数值的同时,还应明确其检验规范,相关检验规范包括评定长度、滤波器和传输带、极限值判断规则等。

① 默认的评定长度为 5 个取样长度,此时可省略标注,否则需标注其个数,如 $Ra3$ 表示要求评定长度内包含 3 个取样长度。

② 传输带是指两个长、短波滤波器之间的波长范围,即评定时的波长范围。传输带被一个截止短波滤波器和另一个截止长波滤波器所限制。滤波器由截止波长值表示,而长波滤波

器的截止波长值即为取样长度。

传输带的单位为 mm,注写传输带时,短波滤波器在前,长波滤波器在后,并用连字号"-"隔开。如果只标注一个滤波器,应保留连字号"-",以区分是短波滤波器还是长波滤波器。例如:"0.08-"表示短波滤波器,"-0.25"表示长波滤波器(或取样长度)。此时,另一截止波长应解读为默认值。

③ 极限值是指图样上给定的表面粗糙度参数值(单向上限值、下限值、最大值或双向上限值和下限值)。极限值的判断规则是指在完工零件表面上测出实测值后,如何与给定值比较,以判断其是否合格的规则。

极限值的判断规则有两种:第一种规则为 16% 规则,当所表注的表面粗糙度参数为上限值时,用同一评定长度测得的全部实测值中,大于图样上规定值的个数不超过测得值总个数的 16% 时,则该表面是合格的;同理,对于给定表面粗糙度参数为下限值的场合,用同一评定长度测得的全部实测值中,小于图样上规定值的个数不超过测得值总个数的 16% 时,该表面也是合格的。第二种规则为最大规则,是指在被检测的整个表面上测得的所有参数值都不超过图样上的规定值时,该表面为合格的。为了指明参数的最大值,应在参数代号后面增加一个"max"的标记。16% 规则为表面粗糙度标注的默认规则,当参数代号后无"max"标记时均为 16% 规则(默认)。

当标注单向极限要求时,一般是指参数的上限值,此时不必加以说明;如果是指参数的下限值,则应在参数代号前加"L",如 L Ra 6.3。表示双向极限时应标注极限代号,上限值在上方,用"U"表示;下限值在下方,用"L"表示。如果同一参数具有双向极限要求,在不会引起歧义的情况下,可不加"U"和"L"。

表面粗糙度代号的标注示例见表 12.8。

表 12.8 表面粗糙度代号的标注示例

代　号	说明和解释
$\sqrt{Rz\ 0.4}$	表面通过不去除材料的方法获得,单向上限值,默认传输带,要求表面的轮廓最大高度 Rz 的最大值为 0.4 μm,评定长度包含 5 个取样长度(默认),极限值的判断规则为 16% 规则(默认)
$\sqrt{0.008\text{-}0.8/Ra\ max\ 3.2}$	表面通过不去除材料的方法获得,单向上限值,传输带 0.008-0.8 mm,要求表面的轮廓算术平均偏差 Ra 的最大值为 3.2 μm,评定长度包含 5 个取样长度(默认),极限值的判断规则为最大规则
$\sqrt{\begin{array}{l}U\ Ra\ max\ 3.2\\L\ Ra\ 0.8\end{array}}$	表面通过去除材料的方法获得,双向极限值,两极值均使用默认传输带,上限值:表面的轮廓算术平均偏差 Ra 为 3.2 μm,评定长度包含 5 个取样长度(默认),极限值的判断规则为最大规则;下限值:表面的轮廓算术平均偏差 Ra 为 0.8 μm,评定长度包含 5 个取样长度(默认),极限值的判断规则为 16% 规则(默认)
$\sqrt[铣]{-0.8/Ra3\ 3.2}\perp$	表面通过去除材料的方法获得,加工方式为铣制,纹理方向为垂直于标注代号视图所在的投影,单向上限值,取样长度为 0.8 mm(短波滤波器波长默认为 0.002 5 mm),要求表面的轮廓算术平均偏差 Ra 的最大值为 3.2 μm,评定长度包含 3 个取样长度,极限值的判断规则为 16% 规则(默认)

（2）表面粗糙度在图样上的标注方法

表面粗糙度在图样上标注时,应遵循以下规则:

① 表面粗糙度对每一表面一般只标注一次,并尽可能标在相应的尺寸及其公差的同一视图上,表面粗糙度的注写和读取方向与尺寸的注写和读取方向一致。除非另有说明,所标注的表面粗糙度要求是对完工零件的要求。

② 表面粗糙度标注在图样中工件的轮廓线上,其符号应从材料外部指向并接触轮廓表面;必要时,可标注在轮廓的延长线上;表面粗糙度也可用带箭头或黑点的指引线引出标注,如图 12.21（a）、（b）所示。

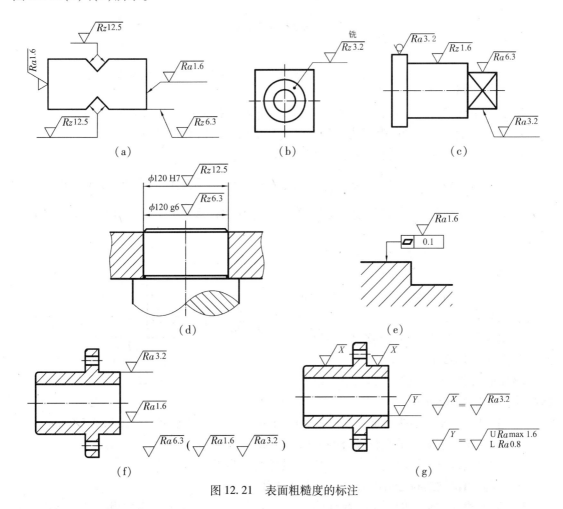

图 12.21 表面粗糙度的标注

③ 圆柱和棱柱表面的粗糙度只标注一次,如果每个棱柱表面有不同的粗糙度要求,则应分别单独标注,如图 12.21（c）所示。

④ 在不会引起误解时,表面粗糙度也可标注在给定的尺寸线上,如图 12.21（d）所示;必要时,也可将表面粗糙度标注在几何公差的框格上方,如图 12.21（e）所示。

⑤ 当工件多个表面具有相同的表面粗糙度要求时,可采用简化标注。

a. 如果工件的全部表面粗糙度要求都相同,可将其统一标注在图样的标题栏附近。

b. 如果工件的多数表面有相同的表面粗糙度要求时,可将其统一标注在图样的标题栏附近,并在其后面的圆括号内给出不同的表面粗糙度要求,这些不同的表面粗糙度要求应直接标注在图样中,如图 12.21(f) 所示。

c. 当工件多个表面具有相同的粗糙度要求或空间有限时,可用带字母的完整符号进行标注,同时在标题栏附近用等号形式给出详细的表面粗糙度要求,如图 12.21(g) 所示;在不会引起误解时,也可仅标出表面粗糙度符号,同时在标题栏附近用等号形式给出详细的表面粗糙度要求。

思考题与习题

1. 叙述术语基本尺寸、实际尺寸、最大极限尺寸、最小极限尺寸、上偏差、下偏差、零线、尺寸公差、公差带的定义,并图示它们的关系。

2. 什么是标准公差? 什么是基本偏差? 公差带和公差带代号分别由哪些要素组成?

3. 什么叫配合? 配合分哪几类? 配合制度分哪几种? 如何选用?

4. 极限与配合在零件图和装配图上是如何标注的?

5. 查表写出 $\phi18\,\dfrac{H8}{f7}$,$\phi8\,\dfrac{R7}{h6}$,$\phi25\,\dfrac{H6}{k5}$ 的极限偏差数值,说明它们的配合种类和配合制度。

6. 什么是几何公差? 几何公差有哪些类型? 分别用什么符号表示? 几何公差在图样上如何标注?

7. 几何公差带有哪几种形式?

8. 请将下列要求标注在图 12.22 中。

(1) 两个 ϕd_1 的轴线对其公共轴线的同轴度要求为 0.01 mm。

(2) ϕd_2 对两个 ϕd_1 的公共轴线的径向圆跳动公差为 0.02 mm。

(3) ϕd_3 对两个 ϕd_1 的公共轴线的径向圆跳动公差为 0.015 mm。

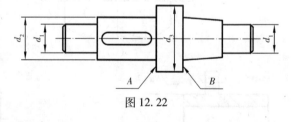

图 12.22

(4) 端面 A 对 ϕd_3 轴线的垂直度公差为 0.01 mm,端面 A 的平面度公差为 0.01 mm。

(5) 端面 B 对端面 A 的平行度公差为 0.02 mm。

9. 什么是表面粗糙度? 它对零件的使用性能有何影响?

10. 表面粗糙度的符号有哪几种? 分别代表什么意义?

11. 表面粗糙度常用的评定参数有哪几种? 分别是如何定义的? 表面粗糙度的标注有哪些主要规定?

12. 说明下列表面粗糙度代号的含义。

第13章 金属材料及热处理

13.1 金属材料的性能

金属材料是目前应用最广泛的材料。它之所以被广泛使用,主要原因是其具有优良的使用性能和工艺性能。所谓金属的使用性能,是指金属材料制成零件或构件后为保证其正常工作及具有一定的使用寿命所应具备的性能,包括金属的力学性能、物理性能和化学性能。所谓工艺性能,是指金属在加工成零件或构件的过程中应具备的适应加工的性能,包括铸造性能、塑性加工性能、机械加工性能、焊接性能及热处理工艺性能等。

13.1.1 力学性能

力学性能是指材料在受力时所表现出来的特性,又称机械性能。描述力学性能的指标主要包括刚度、强度、硬度、塑性、韧性及疲劳强度等。

(1)弹性和刚度

如图 13.1 所示为低碳钢和铸铁拉伸时的工程应力-应变曲线。以低碳钢为例(见图 13.1(a)),在拉伸的初始阶段(Oa 段),试样的伸长与载荷的增加呈线性关系,即符合胡克定律。直线部分的最高点 a 对应的应力 σ_p 称为比例极限。载荷超过比例极限后,从 a 点到 b 点 σ 与 ε 之间不再是线性关系,但解除拉力后变形仍可完全消失,这种变形称为弹性变形,b 点所对应的应力 σ_e 称为弹性极限。在 σ-ε 曲线上 a,b 两点非常接近,因此,工程上对弹性极限和比例极限并不作严格区分。

当应力大于弹性极限后,如再卸除载荷,则试样变形的一部分随之消失,这就是上面提到的弹性变形,但还有一部分变形不能恢复,这种变形称为塑性变形或残余变形。

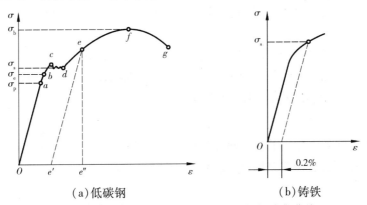

(a)低碳钢　　　　　　　(b)铸铁

图 13.1　低碳钢和铸铁拉伸时的工程应力-应变曲线

材料在弹性范围内，应力与应变的比值 σ/ε 称为弹性模量，也称为杨氏模量，用符号 E 表示，单位为 GPa。

弹性模量 E 标志材料抵抗弹性变形的能力，用以表示材料的刚度。弹性模量 E 的大小主要取决于各种材料的本性，金属的弹性模量随温度的升高逐渐降低。一些处理方法，如热处理、冷热加工、合金化等对弹性模量的影响很小。提高零件刚度的办法是增加横截面积或改变截面形状。

（2）强度

强度是金属材料在外力作用下抵抗塑性变形和破坏的能力。根据外力的作用方式，有多种强度指标，如抗拉强度、抗压强度、抗弯强度、抗剪强度等。其中，以拉伸试验所得的强度指标应用最为广泛。

1）屈服强度

如图 13.1(a) 所示，当试验应力超过图中的 b 点增加到某一数值时，应变有非常明显的增加，而应力先下降，然后作微小的波动，在 σ-ε 曲线上出现接近水平的小锯齿形线段。这种应力基本保持不变，应变显著增加的现象称为屈服或流动。材料发生屈服现象时的应力，称为屈服强度，又称为屈服极限，用符号 σ_s 表示，单位为 MPa。

对于没有明显屈服现象的塑性材料（如高碳钢、铸铁等）则规定以产生 0.2% 的塑性应变时的应力值作为屈服强度，如图 13.1(b) 所示。脆性材料无屈服强度。

屈服强度是零件（特别是不允许产生明显塑性变形的零件）设计的主要依据，也是材料强度的重要指标。

2）抗拉强度

经过屈服阶段后，材料又恢复了抵抗变形的能力，要使它继续变形必须增加拉力。这种现象称为材料的强化。如图 13.1(a) 所示，强化阶段最高点 f 所对应的应力是材料在拉断之前所能承受的最大应力，称为抗拉强度或强度极限，用符号 σ_b 表示，单位为 MPa。

抗拉强度是金属由均匀塑性变形向局部集中塑性变形过渡的临界值，也是金属在静拉伸条件下的最大承载能力。对于塑性材料，它表征材料最大均匀塑性变形的抗力，拉伸试样在承受最大拉应力之前，变形是均匀一致的，但超出之后，金属开始出现缩颈现象，即产生集中变形。由于缩颈部分横截面面积迅速缩小，使得试样继续伸长所需要的拉力也相应减少，直至到达图中的 g 点而被拉断。对于没有（或很小）均匀塑性变形的脆性材料，抗拉强度则反映了材料的断裂抗力。

工程上用的金属材料，还要求其有一定的屈强比 σ_s/σ_b，屈强比越小，结构零件的可靠性越高，万一材料过载，也能由于塑性变形，不致使材料立刻断裂。碳钢的屈强比一般约为 0.6，低合金钢为 0.65～0.75，合金结构钢约为 0.85。

（3）塑性

塑性是指材料在外力作用下发生塑性变形而不被破坏的能力。其衡量指标有延伸率和断面收缩率。延伸率和断面收缩率越大，表明塑性越好。

1）延伸率

试样拉伸断裂后的总伸长量与原始长度比值的百分数，称为延伸率，用符号 δ 表示。其计算式为

$$\delta = \frac{L_1 - L_0}{L_0} \times 100\% \tag{13.1}$$

式中　L_0——试样原始标距长度,mm;

　　　L_1——试样拉断后的标距长度,mm。

2)断面收缩率

试样拉断后,断面面积缩减量与原始横断面积比值的百分数,称为断面收缩率,用符号 ψ 表示。其计算式为

$$\psi = \frac{A_0 - A_1}{A_0} \times 100\% \tag{13.2}$$

式中　A_0——试样原始截面积,mm^2;

　　　A_1——试样拉断后断口处的截面积,mm^2。

(4)硬度

硬度是材料抵抗更硬物体压入其表面的能力或材料表面一定体积内抵抗局部塑性变形的能力,是比较各种材料软硬的指标。

由于规定了不同的测试方法,因此有不同的硬度标准,各种硬度标准的力学含义不同,相互不能直接换算,但可通过试验加以对比。主要的硬度定义方式包括刻划硬度、压入硬度和回弹硬度。在工程中常用的是压入硬度,它通过在被测材料上以一定的压力加载一个特定形状的压头,然后测量其产生的形变量来反映材料的硬度。根据压头和压力的不同,压入硬度有多种测量方法。其中,常用的压入硬度指标有布氏硬度(HB)和洛氏硬度(HR)。

1)布氏硬度

将直径为 D(一般 $D = 10\ mm$)的钢球以压力 P 压入被测材料的表面,保持一定时间,然后卸去载荷,测量试样表面的压痕直径 d,用压力除以压痕的球形表面积,即为布氏硬度值。其计算式为

$$HB = \frac{2P}{\pi D(D - \sqrt{D^2 - d^2})} \tag{13.3}$$

式中　P——压力,kgf;

　　　D——钢球直径,mm;

　　　d——压痕直径,mm。

对于较软的材料,一般使用淬火钢球压头,测量得到的布氏硬度用 HBS 表示;如果材料很硬,则以碳化钨球压头代替钢压头,测量得到的布氏硬度用 HBW 表示。

2)洛氏硬度

将标准压头以一定的载荷压入被测材料表面,用测量的压痕深度来反映材料的硬度。其具体的测试方法为:以初载荷 F_0 将压头垂直压入试样表面,测量其压入深度 $h_1(mm)$,然后施加总载荷 $F_0 + F_1$,总载荷保持一定时间后,在卸除载荷 F_1,保留初载荷 F_0 的情况下测量压入深度 $h_2(mm)$,以残余压入深度 $h_2 - h_1$ 来表征材料硬度的高低。其计算式为

$$HR = \frac{h_2 - h_1}{0.002} \tag{13.4}$$

洛氏硬度的数值可直接从洛氏硬度计上读出,适用于测量硬度较高的材料(如淬火钢、渗碳(氮)钢等)或较小的试样。洛氏硬度根据所用的压头及压力的不同组合,可分为不同的洛

氏硬度标尺。其中,常用的硬度标尺如下:

① HRA——顶角为120°的金刚石圆锥体压头,试验总载荷60 kgf。

② HRB——直径为1/16英寸的淬火钢球压头,试验总载荷100 kgf。

③ HRC——顶角为120°的金刚石圆锥体压头,试验总载荷150 kgf。

(5)韧性

韧性是表示材料在断裂前吸收能量和进行塑性变形的能力,韧性越好,则发生脆性断裂的可能性越小,常用冲击韧性和断裂韧性来衡量。

1)冲击韧性

材料抵抗冲击载荷而不被破坏的能力,用冲击韧性值 α_k 表示,α_k 值越大,冲击韧性越好。其计算式为

$$\alpha_k = \frac{A_k}{A} \qquad \text{J/cm}^2 \tag{13.5}$$

式中　A_k——冲断试样所消耗的冲击功,J;

　　　A——试样缺口处的横截面面积,cm^2。

2)断裂韧性

材料抵抗因裂纹扩展而断裂的能力称为断裂韧性。有的传动零件、容器、桥梁等,常在低于 σ_s 的工作应力下发生突然断裂,这种破坏与零件材料本身存在的裂纹和裂纹的扩展有关。实际使用的金属材料在其制备过程中,不可避免地存在气孔、夹杂物等缺陷,这些缺陷破坏了材料的连续性,是材料内部的裂纹源。在零件工作时,裂纹扩展的结果会使零件在低于 σ_s 的工作应力下发生突然断裂。金属材料抵抗裂纹扩展和脆断的能力,可用断裂韧性表示为

$$K_I = Y\sigma\sqrt{a} \qquad \text{MN} \cdot \text{m}^{-3/2} \tag{13.6}$$

式中　K_I——应力场强度因子,$\text{MN} \cdot \text{m}^{-3/2}$;

　　　Y——裂纹形状系数,其大小与裂纹形状、加载方式、试样尺寸等因素有关;

　　　σ——外加应力,MPa;

　　　a——裂纹半长,mm。

当应力或裂纹尺寸单独或同时增大时,K_I 和裂纹尖端的各应力分量也随之增大,当其增大到某一临界值时,裂纹便失稳扩展而导致材料的断裂,这个临界值 K_{IC} 即称为断裂韧性,用以表示材料抵抗裂纹扩展而断裂的能力。

(6)疲劳强度

许多机械零件,如曲轴、齿轮、轴承、叶片及弹簧等,在工作中承受的应力随时间作周期性的变化,这种随时间作周期性变化的应力称为交变应力。在交变应力作用下,零件所承受的应力虽然低于其屈服强度,但经过较长时间的工作会产生裂纹或突然断裂,这种现象称为材料的疲劳。据统计,在机械零件失效中有80%以上的是属于疲劳破坏。

机械零件之所以产生疲劳破坏,是由于材料表面或内部有缺陷(夹杂、划痕、尖角等)。这些地方的局部应力大于屈服强度,从而产生局部塑性变形而开裂。这些微裂纹随应力

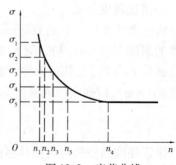

图13.2　疲劳曲线

循环次数的增加而逐渐扩展,最终导致材料的断裂。

如图 13.2 所示为交变应力与应力循环次数之间的关系,称为疲劳曲线。曲线表明,材料承受的交变应力越大,则断裂时应力循环次数 n 越小;反之,则 n 越大。由图 13.2 还可知,当应力低于一定值时,试样可经受无限次应力循环而不被破坏,此应力值称为材料的疲劳强度,用 σ_r 表示。对于对称应力循环的疲劳强度用 σ_{-1} 表示。实际上,材料不可能作无限次交变应力试验,对于黑色金属,一般规定应力循环 10^7 次而不断裂的最大应力称为疲劳极限,有色金属、不锈钢等取 10^8 次。

13.1.2　物理性能

材料的物理性能包括密度、熔点、导电性、导热性、热膨胀性及磁性等。根据机械零件的用途不同,其对材料要求的物理性能也不同。例如,飞机上使用的金属材料要求其密度小、强度高;电气设备中使用的一些零件则要求有好的导电性或导磁性,等等。

13.1.3　化学性能

对于金属材料,化学性能主要指耐腐蚀性和高温抗氧化性。

耐腐蚀性是指材料抵抗介质侵蚀的能力,材料的耐腐蚀性常用每年腐蚀深度 K_a（mm/y）表示。金属材料的腐蚀形式主要有化学腐蚀和电化学腐蚀两种。化学腐蚀是金属直接与周围介质发生纯化学反应,如钢的氧化;电化学腐蚀是金属在酸、碱、盐等电解质溶液中因原电池反应而引起的腐蚀。

高温抗氧化性是指材料在迅速氧化后,能在表面形成一层连续致密并与母体结合牢固的膜,阻止进一步氧化的特性。高温下使用的零件如汽轮机叶片、加热炉构件等,要求其具有好的高温抗氧化性。

13.1.4　工艺性能

工艺性能是指金属材料在加工过程中所表现出的难易程度,从原料到成品机械零件一般要经过毛坯制备（铸造、锻造、焊接等）、切削加工等工序。工艺性能主要包括铸造性能、热处理工艺性能、焊接性能、塑性加工性能及机械加工性能等。

（1）铸造性能

材料的铸造性能是材料在铸造生产中所表现出的工艺性能,是流动性、收缩性、偏析性和吸气性等性能的综合体现。铸造性能好的材料应具有（液态）流动性好,收缩应力小,偏析轻,易于形成集中缩孔等特点。一般熔点低、结晶范围小（液相线和固相线间距离小）、成分接近共晶点的合金具有较好的铸造性能。铸造性能较好的金属材料主要是各种铸钢、铸铁、铸造铝合金和铜合金等,铸造铝合金和铜合金的铸造性能优于铸铁和铸钢,而铸铁又优于铸钢。

（2）塑性加工性能

塑性加工性能是指材料接受冷热压力加工的能力。它主要包括锻造性能与冲压性能两个方面。

1）锻造性能

锻造性能是指材料接受热压力加工时的塑性变形能力。一般塑性高,成形性好,较小的开裂倾向与脱碳倾向,较大的加工温度范围是锻造性好的标志。低碳钢比高碳钢锻造性能好,碳钢比合金钢锻造性能好,高合金钢的锻造性能较差。一般在冲击负荷作用下的高强度零件用锻造成形,如各种轴、齿轮、连杆、活塞销及球头销等。

2)冲压性能

冲压性能是指材料在接受冷压力加工时的塑性变形能力。一般塑性高,成形性好,不易产生裂纹以及有良好的加工表面是冲压性能好的标志。含碳量越低的钢其冲压性能越好,因此,冲压件应选用低碳、低硫、低磷的细晶粒钢。冲压性能是选用薄壁零件材料时所应考虑的主要工艺性能。

(3)焊接性能

焊接性能是指金属接受焊接的能力,是以焊缝区不产生裂纹和焊缝区的强度不低于基体金属强度为评定指标。一般认为碳当量超过 0.44% 时,焊接性能大大恶化,合金钢比碳钢焊接性差,高合金钢焊接性更差。

(4)机械加工性能

机械加工主要是切削及磨削加工。影响切削加工性能的因素很多,不仅与材料本身的化学成分、金相组织和机械性能有关,而且与刀具的情况和切削条件有关。铝及其合金的加工性能较好,单相奥氏体不锈钢和高速钢加工性能较差。钢中加入硫、磷、铅等易切削元素后,机械加工性能可得到很大的改善。

(5)热处理工艺性能

热处理工艺性是指钢在热处理的加热、保温、冷却过程中所表现出来的行为。例如,过热敏感性(反映晶粒长大倾向)、脱碳敏感性、淬透性、淬火变形和开裂倾向、淬硬性及回火脆性等。热处理工艺性反映钢接受热处理的能力。

13.2 金属及合金的结构

13.2.1 金属的概念和特性

在已发现的化学元素中,金属元素约占 80%。常温下,除汞为液体外,其余金属都是晶态固体。在固态下,金属有许多与非金属不同的特性,主要表现为:有金属光泽、不透明、可锻;金属具有良好的导电性和导热性,其电阻会随温度的升高而增大;金属具有正离子特性,在化学反应中容易失去最外层电子而变成正离子。

研究表明,金属的特性是由金属的原子结构特点和原子结合方式决定的。金属和非金属都是由原子组成的。根据现代物理学观点,各种元素的原子都是由带正电的原子核和绕核运动的带负电的电子构成,而且每个电子都位于原子核外一定的"轨道"上,形成不同的电子层。金属原子结构的特点是其最外电子层的电子数目较少,一般只有 1~2 个,少数为 3~4 个。这些最外层电子和原子核的结合力较弱,称为价电子。价电子很容易脱离原子核的束缚变成自由电子,此时金属原子会因失去外层电子而成为正离子。正是由于金属原子结构的这一特点,决定了金属原子在化学反应中的行为和金属原子间的结合方式。

由于金属原子结构有上述特点,当大量金属原子聚合在一起构成金属晶体时,绝大部分金属原子都将失去其价电子而成为正离子,正离子按一定几何形式有规律地排列起来,且分别以一定的平衡位置为中心,做高频的热振动。而脱离金属原子核束缚的价电子为所有金属离子所共有,在各离子之间自由地运动,形成所谓"电子气"(又称为"电子云")。但自由电子在瞬间也可能和某些正离子结合成为中性原子。

金属晶体就是依靠各正离子与"电子气"间的相互引力牢固地结合起来的,而离子与离子间及电子与电子间的斥力与这种引力相平衡,使金属处于稳定的晶体状态。这种金属原子依靠其正离子与电子气之间相互作用而结合的方式,称为金属键。除铋、锑、锗、镓等金属为共价键外,其余的金属都是靠金属键结合。

金属键的理论能较好地解释金属的特性:

① 金属晶体中的自由电子能吸收可见光的能量,故金属具有不透明性;吸收能量后跳到较高能级的电子重新跳回到原来低能级时,就把所吸收的能量以电磁波的形式辐射出来,在客观上就表现为金属的光泽。

② 金属中存在大量的自由电子,在外电场作用下会沿着电场的方向作定向运动,形成电流,从而显示出良好的导电性。金属中正离子是以某一固定位置为中心作热振动,随着温度的升高,正离子振动的振幅增加,对自由电子运动的阻碍也随之加大,因而金属的电阻随温度的升高而增大。

③ 各种固体是靠其原子(分子或离子)的振动来传递热能的,而固态金属除了正离子振动传递热能外,其自由电子的运动也能传递热能,故其导热性比非金属好。

④ 由于金属键没有所谓的方向性(金属晶体中正离子的周围充满着自由电子,各方向的结合力相同)和饱和性(金属原子相互结合时不受价电子数目的限制),因此,金属在外力作用下发生塑性变形(即晶体中原子发生了相对位移)后,正离子之间始终能保持金属键的结合。因此,金属虽然发生了塑性变形但仍不致断裂,显示出良好的塑性。

13.2.2　金属的晶体结构

固态物质按其原子或分子的排列特征,可分为晶体和非晶体两大类。所谓晶体,是指原子(或分子)在其内部的三维空间呈有规则的周期性排列的一类物质,如食盐、宝石、冰块及绝大多数金属与合金等。非晶体中的原子则呈无规则排列,至多有局部区域呈短程规则排列,如玻璃、松香等。

在固态下金属材料一般都是晶体状态。金属的晶体结构是指晶体内部原子规则排列的方式,晶体结构不同,其性能往往相差很大。为了便于分析研究金属晶体中原子的排列情况,通常把原子抽象为几何点,并用许多假想的直线连接起来,这样得到的三维空间几何构架称为晶格,晶格中各连线的交点称为结点。组成晶格的最小几何单元称为晶胞,晶胞各边的尺寸 a,b,c 称为晶格常数,其大小通常以 Å 为计量单位($1Å = 1 \times 10^{-10}$ m),晶胞各边之间的夹角分别以 α,β,γ 表示。如图 13.3 所示的晶胞为简单立方晶胞,其晶格常数 $a = b = c$,而 $\alpha = \beta = \gamma = 90°$。由于晶体中原子重复排列的规律性,因此,晶胞可表示晶格中原子排列的特征。

在金属元素中,除少数具有复杂的晶体结构外,90% 以上的金属晶体属于体心立方(B.C.C.)、面心立方(F.C.C.)和密排六方(H.C.P.)这 3 种晶格类型。

体心立方晶胞如图 13.4 所示。它的形状是一个立方体,原子位于立方体的 8 个顶角和立方体的中心。其晶格常数 $a = b = c,\alpha = \beta = \gamma = 90°$。属于这类晶格的金属有 α-Fe,Cr,V,W,Mo,Nb 等。

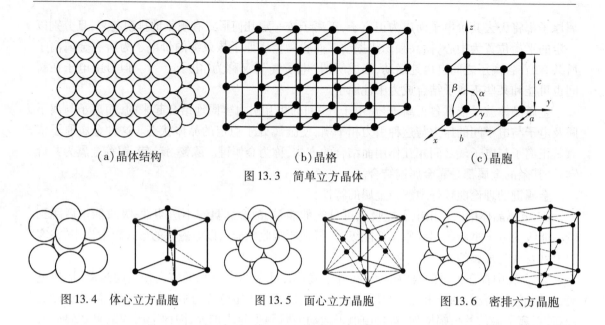

（a）晶体结构　　　　　　　　（b）晶格　　　　　　　　（c）晶胞

图 13.3　简单立方晶体

图 13.4　体心立方晶胞　　　　　图 13.5　面心立方晶胞　　　　　图 13.6　密排六方晶胞

面心立方晶胞如图 13.5 所示。它的形状也是一个立方体,原子位于立方体的 8 个顶角和 6 个面的中心。属于这类晶格的金属有 γ-Fe,Al,Cu,Ni,Au,Ag,Pb 等。

密排六方晶胞如图 13.6 所示。它是一个正六面柱体,在晶胞的 12 个角上各有一个原子,上底面和下底面的中心各有一个原子,上下底面的中间有 3 个原子。属于这类晶格的金属有 Mg,Zn,Be,Cd 等。

13.2.3　实际金属的晶体结构

（1）单晶体和多晶体

以上所述的晶体是由晶胞在三维空间重复排列堆砌而成的理想晶体,它内部的晶格方位完全一致,称为单晶体。实际金属的结构与理想状态有很大的差异。

通常使用的实际金属都是由很多小晶体组成的,这些小晶体内部的晶格位向是均匀一致的,而它们之间的晶格位向却彼此不同。这些外形不规则的颗粒状小晶体,称为晶粒。每一个晶粒相当于一个单晶体。晶粒与晶粒之间的界面,称为晶界。这种由许多晶粒组成的晶体,称为多晶体,如图 13.7 所示。

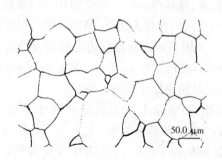

图 13.7　工业纯铁的显微组织

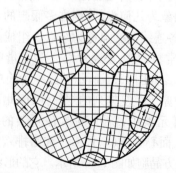

图 13.8　多晶体中晶粒位向示意图

多晶体的性能在各个方向基本上是一致的,这是由于多晶体中,虽然每个晶粒都是各向异性的,但它们的晶格位向彼此不同(见图 13.8),晶体的性能在各个方向相互补充和抵消,再加上晶界的作用,因而表现出各向同性。

晶粒的尺寸很小,如钢铁材料一般为 $10^{-3} \sim 10^{-1}$ mm,必须在显微镜下才能看见。在显微镜下观察到的金属中晶粒的种类、大小、形态及分布,称为显微组织,简称组织。

(2)晶体缺陷

实际金属晶体内部,由于铸造、变形等一系列原因,其局部区域原子的规则排列往往受到干扰和破坏,不像理想晶体那样规则和完整。实际金属晶体中原子排列的这种不完整性,称为晶体缺陷。晶体缺陷有点缺陷、线缺陷和面缺陷 3 类。

1)点缺陷

点缺陷(见图 13.9)是指沿三维空间尺寸都很小的缺陷。晶格中某个原子脱离了平衡位置,形成空结点,称为空位;某个晶格间隙挤进了原子,称为间隙原子;有些杂质元素的原子,也可能取代原来原子的位置,称为置换原子;空位、间隙原子和置换原子是 3 种典型的点缺陷。

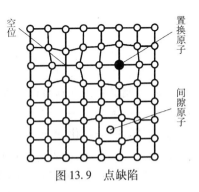

图 13.9　点缺陷

由图 13.9 可知,空位、间隙原子和置换原子的存在使其周围原子间的相互作用失去平衡,偏离其平衡位置,造成了涉及几个原子间距范围的晶格扭曲,称为晶格畸变。晶格畸变导致能量升高,使金属的强度和硬度增大、电阻增大、体积膨胀。此外,点缺陷的存在将加速金属中的扩散过程,因而凡是与扩散有关的相变、化学热处理、高温下的塑性变形和断裂等,都与空位和间隙原子的存在和运动有着密切的关系。

2)线缺陷

晶体中的线缺陷是各种类型的位错。在晶体中某处有一列或若干列原子发生了有规律的错排现象,称为位错。位错的特点是原子发生错排的范围,在一个方向上尺寸较大,而在另外两个方向上尺寸较小,是一个直径为 3 ~ 5 个原子间距,长几百到几万个原子间距的管状原子畸变区。因此,位错是一种线型不完整结构。位错的种类很多,但其中最基本的是刃型位错和螺型位错。

如图 13.10(a)所示为简单立方晶格刃型位错的模型示意图。在 ABCD 晶面以上,多出一个垂直方向的原子面 EFGH,它中断于 ABCD 面上的 EF 处,由于这个原子面像刀刃一样地切入晶体,使晶体中位于 ABCD 面的上下两部分晶体间产生了错排现象,因而称为刃型位错,EF 线称为刃型位错线。

如图 13.10(b)所示为简单立方晶格螺型位错的模型示意图。可设想在晶体的右端施加一切应力,使右端滑移面上下两部分晶体发生一个原子间距的相对切变,于是在已滑移区与未滑移区的交界处,AB 线与 ab 线之间上下两层相邻原子发生了错排现象,依次连接错排区域的原子,就会形成一条螺旋线,每旋转一周,原子面就沿滑移方向前进一个原子间距,因而称为螺型位错。螺型位错的中心线,称为位错线。

理想晶体的强度很高,位错的出现可使其强度降低,但当位错大量产生后,则由于位错之间的相互作用和制约,使其强度反而又会提高。由于实际晶体一般不是理想晶体,因此,生产

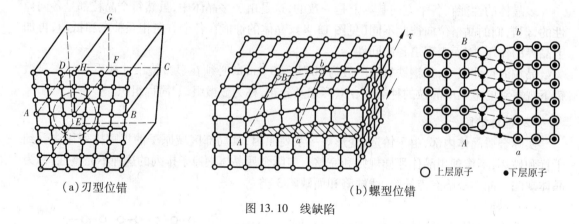

（a）刃型位错 　　　　　　（b）螺型位错

○ 上层原子　● 下层原子

图 13.10　线缺陷

中一般依靠增加位错密度来提高金属强度,但位错密度增加将使金属塑性降低。

3)面缺陷

实际金属晶体内存在着许多界面,如晶界、亚晶界、孪晶界、相界、层错界及胞壁等。界面处原子排列不规则,是一种"面型"的不完整结构,属于面缺陷。面缺陷对塑性变形与断裂,固态相变,材料的物理、化学和力学性能都有显著影响。下面主要讨论晶界和亚晶界。

如图 13.11 所示,晶界是晶粒与晶粒之间的界面,由于晶界原子需要同时适应相邻两个晶粒的位向,就必须从一种晶粒位向逐步过渡到另一种晶粒位向,成为不同晶粒之间的过渡层,因而晶界上的原子多处于无规则状态或两种晶粒位向的折中位置。晶界的厚度取决于相邻晶粒之间的位向差以及金属的纯度。位向差越小,纯度越高,晶界层越薄;反之则越厚。纯金属的晶界厚度一般只有几个原子,若金属含有杂质,由于杂质常富集于晶界处,则晶界层将加厚。

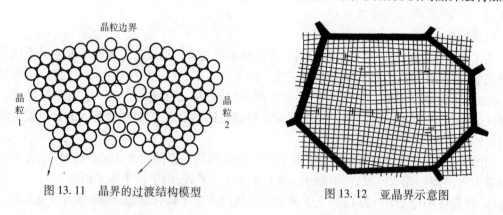

图 13.11　晶界的过渡结构模型　　　　图 13.12　亚晶界示意图

如图 13.12 所示,同一晶粒内部的晶格位向也不是完全一致的,而是由位向差很小的小晶块(其尺寸为 $10^{-5} \sim 10^{-3}$ mm)所组成,称为亚晶(或称为嵌镶块、亚结构),两相邻亚晶的边界称为亚晶界。面缺陷能提高金属材料的强度和塑性,细化晶粒是改善金属力学性能的有效手段。

综上所述,金属的实际晶体结构并不是理想的,而是存在着点、线、面等各种缺陷。这些处于不断运动和变化着的缺陷,对于金属在固态下的相变、热处理和金属的性能都有着极其重要的影响。

13.2.4　金属的同素异构转变

同一金属元素在固态下随温度的变化由一种晶格转变为另一种晶格的现象称为同素异构转变。同素异构转变是一种固态相变,由于转变时晶格致密度的改变,将引起转变后体积和密度的变化。

如图 13.13 所示,在常压下,铁在固态下会发生同素异构转变,液态铁冷却到 1 538 ℃后结晶出的固态铁是体心立方晶格,称为 δ-Fe;继续冷却到 1 394 ℃时转变为面心立方晶格,称为 γ-Fe;冷却到 912 ℃时又要转变为体心立方晶格,称为 α-Fe。同素异构转变是可逆的,常温常压下的固态 α-Fe 加热到上述几个温度点,则要分别发生相反的异构转变。除铁外,其他金属如钛、锡、钴、锰等也存在同素异构转变。

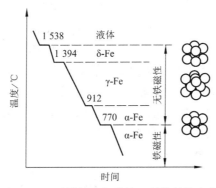

图 13.13　纯铁的冷却曲线和晶体结构变化

13.2.5　合金的相结构

(1)合金的概念

合金是指两种或两种以上的金属元素,或金属元素与非金属元素组成的具有金属特性的物质。合金具有比纯金属高得多的强度、硬度、耐磨性等力学性能和一些独特的物化性能,可以更好地满足各种机器零件对不同性能的要求,因此,合金是工程上使用最多的金属材料。如机器中常用的碳钢是铁和碳的合金;黄铜是铜和锌的合金;焊锡是锡和铅的合金。

组成合金最基本的、独立的物质称为组元。通常,合金的组元就是组成合金的各种元素,但某些稳定的化合物也可以看成是组元。由两个组元组成的合金称为二元合金,由 3 个或 3 个以上组元组成的合金称为多元合金。

组成合金的元素相互作用会形成各种不同的相。相是指合金中具有同一化学成分、同一结构和原子聚集状态,并以界面互相分开的、均匀的组成部分。固态合金的相,可分成两大类:若相的晶体结构与某一组成元素的晶体结构相同,这种固相称为固溶体;若相的晶体结构与组成合金元素的晶体结构均不相同,这种固相称为金属化合物。纯金属一般是一个相,而合金则可能是几个相,相是合金中最基本的组织构造。根据合金组元间的相互作用特点及原子分布特点构成了各种各样的相结构,相结构的不同种类、数量、形状、大小配置又形成了千姿百态的合金组织。

（2）**固态合金中的相结构**

1）**固溶体**

组成合金的元素互相溶解，形成一种与某一元素的晶体结构相同，并包含有其他元素的合金固相，称为固溶体。其中，与合金晶体结构相同的元素称为溶剂，其他元素称为溶质。按溶质原子在溶剂晶格中的位置，固溶体可分为置换固溶体和间隙固溶体；按溶质原子溶入固溶体中的数量（溶解度），固溶体可分为有限固溶体和无限固溶体。由于溶质原子的尺寸、性能等与溶剂原子不同，其晶格都会产生畸变，使滑移变形难以进行，因此固溶体的强度和硬度提高，塑性和韧性则有所下降。这种通过溶入某种溶质元素来形成固溶体而使金属的强度、硬度提高的现象称为固溶强化。

溶质原子占据溶剂晶格中某些结点的位置而形成的固溶体称为置换固溶体，如图13.14（a）所示。一般当溶剂与溶质原子尺寸相近，直径差别较小时，容易形成置换固溶体，当直径差别大于15%时，就很难形成置换固溶体了。置换固溶体中原子的分布通常是任意的，称为无序固溶体。在某些条件下，原子成为有规则的排列，称为有序固溶体。两者之间的转变称为固溶体的有序化。这时，合金的某些物理性能将发生很大的变化。

溶质原子进入溶剂晶格的间隙中而形成的固溶体称为间隙固溶体，如图13.14（b）所示，其中的溶质原子不占据晶格的正常位置。一般只有溶质原子与溶剂原子的直径之比小于0.59时，才会形成间隙固溶体。通常，间隙固溶体都是由原子直径很小的碳、氮、氢、硼、氧等非金属元素溶入过渡族金属元素的晶格间隙中而形成的。

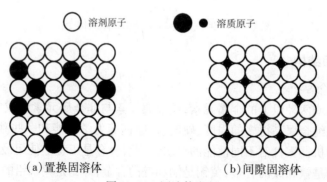

图13.14　固溶体类型

溶质原子溶入固溶体中的数量称为固溶体的浓度，在一定条件下的极限浓度称为溶解度。影响溶解度的因素有原子尺寸、晶格类型、电化学性质以及电子浓度等。如果固溶体的溶解度有一定的限度，则称为有限固溶体。当置换固溶体的溶质原子与溶剂原子直径差别很小，且晶体结构相同，在周期表中的位置又靠得较近时，则它们就有可能以任何成分比例形成固溶体，这种固溶体称为无限固溶体。

2）**金属化合物**

金属化合物是合金组元间相互作用所形成的一种晶格类型及性能均不同于任一组元的固相。一般可用分子式大致表示其组成。金属化合物一般有较高的熔点和硬度以及较大的脆性。金属化合物也可以溶入其他元素的原子，形成以金属化合物为基的固溶体。合金中出现化合物时，可提高强度、硬度和耐磨性，但会使塑性降低。根据金属化合物的形成规律及结构特点,常见的金属化合物可分为正常价化合物、电子化合物和间隙化合物 3 类。

周期表上相距较远、电化学性质相差较大的两元素容易形成正常价化合物。其特点是符合一般化合物的原子价规律,成分固定,并可用化学式表示。例如,Mg_2Pb,Mg_2Sn,Mg_2Si,MnS 等。正常价化合物具有高的硬度和脆性,当其在合金中弥散分布于固溶体基体中时,将起到强化相的作用,使合金强化。

电子化合物是由第 I 族或过渡族元素与第 II 至第 V 族元素结合而成的。它们不遵循原子价规律,而服从一定的电子浓度规则。电子浓度是指合金中化合物的价电子数目与原子数目的比值。电子化合物具有高的熔点和硬度,塑性较低,但若能与固溶体基体配合,能使合金特别是有色金属合金获得较好的强化效果。

间隙化合物是由过渡族金属元素与碳、氮、氢、硼等原子半径较小的非金属元素形成的金属化合物,其构成不遵守原子价规律,而是受原子尺寸因素所控制。根据组成元素原子半径比值和晶体结构特征,间隙化合物又可分为间隙相和间隙化合物两类。当非金属原子半径与金属原子半径比值小于 0.59 时,形成具有简单晶格的间隙化合物,称为间隙相,如 TiC,TiN,ZrC,VC,NbC,Fe_2N 等。间隙相具有极高的熔点、硬度和脆性,而且十分稳定。当非金属原子半径与金属原子半径的比值大于 0.59 时,形成的化合物具有复杂的晶体结构,称为间隙化合物。间隙化合物也具有很高的熔点、硬度和脆性,但比间隙相要稍低一些,加热时也易于分解,如钢中的 Fe_3C,$Cr_{23}C_6$,Fe_4W_2C,Cr_7C_3,Mn_3C 等,其中 Fe_3C 常称为渗碳体,它具有复杂的斜方晶格。

13.3　铁碳合金相图

以铁和碳为基本组元的合金,称为铁碳合金。工业中应用范围最广的碳钢和铸铁都属于铁碳合金。在铁碳合金中,碳含量超过 Fe_3C 中的碳含量时,合金变得很脆,无实用价值,故作为铁碳合金,实际上是 Fe-Fe_3C 构成的合金,相图左侧的组元为 Fe,右侧的组元为 Fe_3C。

13.3.1　铁碳合金中的组元及基本相

铁碳合金的组元有两个,纯铁 Fe 和渗碳体 Fe_3C;合金中的相包括液相、铁素体、奥氏体及渗碳体。

(1)纯铁

铁属于过渡族元素。铁在一个大气压下,1 538 ℃熔化,2 738 ℃气化,20 ℃时密度为 7 870 kg/m^3。纯铁强度、硬度低,塑性高,一般不适合作结构材料。任何物质不可能绝对的纯。通常所说的纯铁,是指工业纯铁,其中常含有 0.1% ~ 0.5% 的杂质。如前所述,铁具有多晶型性,存在着同素异晶转变,即在固态下有不同的结构。不同结构的铁与碳可形成不同的固溶体,由于 α-Fe 和 γ-Fe 晶格中的间隙特点不同,因而两者的溶碳能力也不同。

(2)铁素体

碳溶解在体心立方晶格的 α-Fe 中形成的间隙固溶体称为铁素体,以符号"F"或"α"表示。其显微组织如图 13.15 所示,呈现为外形不规则的多边形晶粒。铁素体中溶解碳的能力很小,最大溶解度在 727 ℃时,为 0.0218%,随着温度的降低,其溶解度逐渐减小,室温时铁素体中碳的溶解度在 0.001% 以下。碳溶解于 δ-Fe 中形成的体心立方晶格间隙固溶体称为 δ 铁素体,也称高温铁素体,碳在 δ 铁素体中的最大溶解度在 1 495 ℃时,为 0.09%。

因为铁素体中溶解碳的数量很少,所以其力学性能以及物理、化学性能与纯铁相近,塑性、韧性好,强度、硬度低。

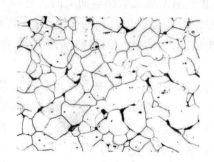 

图 13.15　铁素体的显微组织　　　　图 13.16　奥氏体的显微组织

(3)奥氏体

碳溶解在面心立方晶格的 γ-Fe 形成的间隙固溶体即为奥氏体,以符号"A"或"γ"表示。其显微组织与铁素体近似(见图 13.16),也是多边形晶粒,但晶界比较平直。奥氏体的溶碳能力比铁素体大,在 1 148 ℃时,碳在 γ-Fe 中的最大溶解为 2.11%,随着温度降低,其溶解度也减小,在 727 ℃时,为 0.77%。

奥氏体的强度、硬度低,塑性、韧性高。在铁碳合金平衡状态时,奥氏体为高温下存在的基本相。绝大多数铁碳合金在进行锻压、轧制等加工变形时,其组织都为奥氏体。

(4)渗碳体

渗碳体是具有复杂晶格的间隙化合物,每个晶胞中有 1 个碳原子和 3 个铁原子,含碳量为 6.69%。渗碳体一般以"Fe_3C"表示。渗碳体中部分铁原子也可被其他金属原子取代而形成合金渗碳体,如$(Fe,Cr)_3C$,$(Fe,Mn)_3C$ 等。在一定的条件下,渗碳体可分解形成石墨状态的自由碳。

渗碳体的硬度很高,为 800HB,能刻划玻璃;塑性、韧性很差,几乎等于零。

渗碳体在钢与铸铁中,一般呈片状、网状或球状存在。渗碳体是钢中重要的硬化相,它的数量、形状、大小和分布对钢的性能有很大的影响。

13.3.2　铁碳合金相图分析

(1)相图中的相区

如图 13.17 所示为 Fe-Fe_3C 相图。相图中有 5 个单相区和 7 个两相区。5 个单相区是:液相线 ABCD 以上的液相区 L,AHNA 包围的 δ 固溶体区(δ),NJESGN 包围的奥氏体区(A 或 γ),GPQG 包围的铁素体区(F 或 α),DFK 为渗碳体区(Fe_3C)。7 个两相区分别存在于相邻各个单相区之间,这些两相区分别是 $L+δ,L+A,L+Fe_3C,δ+A,A+F,F+Fe_3C,A+Fe_3C$。

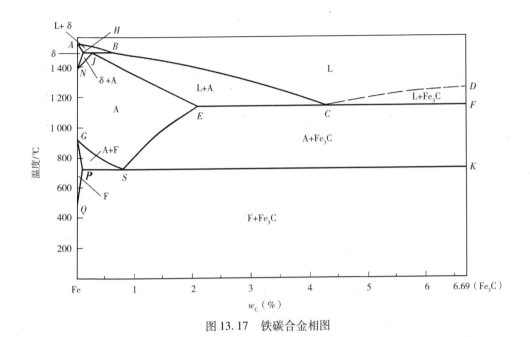

图 13.17　铁碳合金相图

（2）相图中的特性点

Fe-Fe$_3$C 相图中各特性点及其意义见表 13.1。

表 13.1　铁碳合金状态图中的特性点

符号	温度 /℃	w_C /%	说　明	符号	温度 /℃	w_C /%	说　明
A	1 538	0	纯铁的熔点	H	1 495	0.09	碳在 δ-Fe 中的最大溶解度
B	1 495	0.53	包晶转变时液体合金的成分	J	1 495	0.17	包晶点
C	1 148	4.03	共晶点	K	727	6.69	渗碳体的成分
D	1 227	6.69	渗碳体的熔点	N	1 394	0	γ-Fe 与 δ-Fe 的转变温度（A$_4$）
E	1 148	2.11	碳在 γ-Fe 中的最大溶解度	P	727	0.0218	碳在 γ-Fe 中的最大溶解度
F	1 148	6.69	渗碳体的成分	S	727	0.77	共析点（A$_1$）
G	912	0	α-Fe 与 γ-Fe 的转变温度（A$_3$）	Q	室温	0.0008	室温时碳在 α-Fe 中的溶解度

（3）相图中的特性线

相图中的 *ABCD* 线为液相线，*AHJECFD* 为固相线，从液相中直接析出的渗碳体称为一次渗碳体。

ES 线是碳在 γ-Fe 中的固溶度曲线，又称 A$_{cm}$线，碳在奥氏体中的溶解度随温度的变化而沿 A$_{cm}$线变化。随着温度的降低，碳在奥氏体中的固溶度减少，并以 Fe$_3$C 的形式析出，为了区别液相中直接结晶出的一次渗碳体，从奥氏体中析出的 Fe$_3$C 称为二次渗碳体。

PQ 线是碳在 α-Fe 中的固溶度曲线。随着温度的降低,碳在铁素体中的固溶度减少,也以 Fe_3C 的形式析出,碳在铁素体中的最大溶解度随温度的变化而沿 PQ 线变化,从铁素体中析出的渗碳体称为三次渗碳体。

GS 线是冷却过程中,奥氏体中析出铁素体的开始线,或加热时,铁素体溶入奥氏体的终止线,GS 线又称 A_3 线。

HJB 线为包晶转变线,J 点为包晶点。包晶转变是在 1 495 ℃条件下,碳含量 0.09% 的 δ 相与碳含量 0.53% 的液相发生反应,生成碳含量 0.17% 的奥氏体,其反应式为

$$L_{0.53} + \delta_{0.09} \xrightleftharpoons{1\ 495\ ℃} A_{0.17} \tag{13.7}$$

进行包晶转变时,奥氏体沿 δ 相与液相的界面生核,并同时向 δ 相和液相两个方向长大。包晶转变终了时,δ 相与液相同时耗尽,变为单相奥氏体。

含碳量 0.09% ~0.17% 的合金,由于 δ 铁素体的量较多,当包晶转变结束后,液相耗尽,仍残留部分 δ 铁素体。这部分 δ 相在随后的冷却过程中,通过同素异构转变而生成奥氏体。含碳量 0.17% ~0.53% 的合金,转变前的 δ 相较少,液相较多,因此在包晶转变结束后,仍残留一定量的液相,这部分液相在随后冷却过程中结晶成奥氏体。含碳量小于 0.09% 的合金,在转变为 δ 相之后,继续冷却时将在 NH 与 NJ 线之间发生固溶体的同素异构转变,转变为单相奥氏体。含碳量 0.53% ~2.11% 的合金,按匀晶转变凝固后,其组织也是单相奥氏体。总之,含碳量低于 2.11% 的合金在冷却过程中,都可在一定的温度区间内得到单相的奥氏体组织。

ECF 线为共晶转变线,C 点称为共晶点。共晶转变是 1 148 ℃条件下,从含碳量 4.3% 的铁水中同时结晶出由含碳量 2.11% 的奥氏体和含碳量 6.69% 的渗碳体所组成的共晶混合物。其反应式为

$$L_{4.3} \xrightleftharpoons{1\ 148\ ℃} (A_{2.11} + Fe_3C) \tag{13.8}$$

共晶转变的产物($A_{2.11} + Fe_3C$),称为莱氏体,用符号 L_d 表示;莱氏体中的渗碳体,称为共晶渗碳体。含碳量 2.11% ~6.69% 范围内的合金都要进行共晶转变。

PSK 线为共析线,又称为 A_1 线,S 点称为共析点。共析转变是 727 ℃条件下,由含碳量 0.77% 的奥氏体转变为含碳量 0.0218% 的铁素体和含碳量 6.69% 的渗碳体所组成的混合物。其反应式为

$$A_{0.77} \xrightleftharpoons{727\ ℃} (F_{0.021\ 8} + Fe_3C) \tag{13.9}$$

共析转变的产物为铁素体与渗碳体的混合物,称为珠光体,用符号 P 表示;珠光体中的渗碳体,称为共析渗碳体。如图 13.18 所示,在珠光体中,铁素体相与渗碳体相一般呈间隔的层

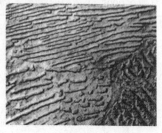

(a)1 000×　　　　　　　　　　(b)5 000×

图 13.18　珠光体的显微组织

片状排列,其中较厚的片为铁素体,较薄的片为渗碳体。碳含量大于 0.0218% 的铁碳合金都要发生共析转变。

13.3.3　铁碳合金的分类

根据铁碳合金的含碳量及组织特征,可将其分为工业纯铁、钢和白口铸铁 3 种类型:

(1)工业纯铁

工业纯铁含碳量小于 0.0218%,其室温平衡组织为铁素体和极少量的三次渗碳体,如图 13.19(a)所示。

(2)钢

钢的含碳量为 0.0218% ~ 2.11%,其高温固态组织为单相奥氏体,具有良好的塑性,因此能够进行热变形加工。根据室温平衡组织的不同,钢又可分为以下 3 种:

1)亚共析钢

含碳量为 0.0218% ~ 0.77%,其室温平衡组织是铁素体和珠光体,钢中含碳量越高,则珠光体含量越高。亚共析钢的显微组织如图 13.19(b)所示。其中,白色块状组织为铁素体,层片状为珠光体。

2)共析钢

含碳量为 0.77%;其室温平衡组织是珠光体,如图 13.19(c)所示。

3)过共析钢

含碳量为 0.77% ~ 2.11%。其室温平衡组织是珠光体和二次渗碳体。如图 13.19(d)所示。其中,层片状为珠光体,白色网状的二次渗碳体分布在珠光体团的边界。

(3)白口铸铁

白口铸铁的含碳量为 2.11% ~ 6.69%,因其宏观断口为亮白色,故此类铁碳合金称为白口铸铁。其特点是液态合金的流动性好,具有良好的铸造性能。白口铸铁液态结晶时,都会发生共晶转变,其产物为以渗碳体为基的莱氏体组织,随着温度的降低,碳在奥氏体中的溶解度下降,不断析出二次渗碳体,但由于它依附在共晶渗碳体上析出并长大,因此难以分辨。当温度降至 727 ℃时奥氏体的碳含量降至 0.77%,发生共析转变生成珠光体,室温组织为珠光体分布在共晶渗碳体基上,由于其组织保持了莱氏体的形态特征,因此称为低温莱氏体或变态莱氏体。白口铸铁可分为以下 3 种:

1)亚共晶白口铸铁

含碳量为 2.11% ~ 4.3%,其室温平衡组织是珠光体、二次渗碳体和低温莱氏体。如图 13.19(e)所示,其中,黑色树枝状组织为珠光体,包围珠光体的白色部分为二次渗碳体,其余为低温莱氏体。

2)共晶白口铸铁

含碳量为 4.3%,其室温平衡组织是低温莱氏体。如图 13.19(f)所示,其中,白色的基体为共晶渗碳体,黑色的颗粒为共晶奥氏体转变而来的珠光体。

3)过共晶白口铸铁

含碳量为 4.3% ~ 6.69%,其室温平衡组织是低温莱氏体和一次渗碳体。如图 13.19(g)所示,其中,白色条片为一次渗碳体,其余为低温莱氏体。

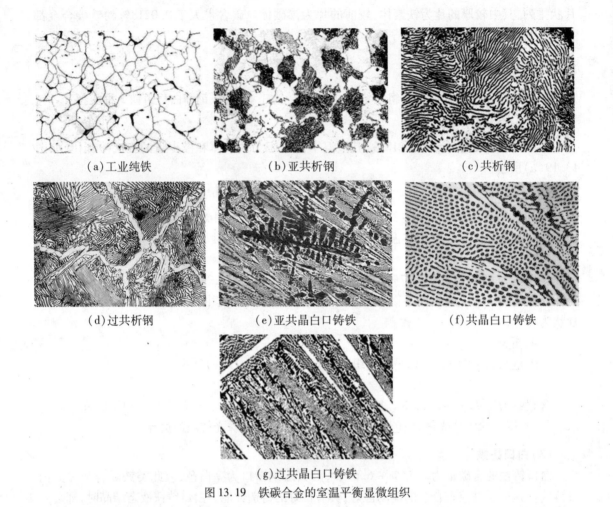

（a）工业纯铁　　　　　　　（b）亚共析钢　　　　　　　（c）共析钢

（d）过共析钢　　　　　（e）亚共晶白口铸铁　　　　（f）共晶白口铸铁

（g）过共晶白口铸铁

图 13.19　铁碳合金的室温平衡显微组织

13.3.4　碳含量对铁碳合金性能的影响

铁碳合金含碳量的多少直接决定着铁碳合金中铁素体相和渗碳体相的相对比例,含碳量越高,渗碳体的量越多。由于铁素体属于软韧相,而渗碳体是硬脆的强化相,因此渗碳体含量越多,分布越均匀,合金的硬度和强度越高,塑性和韧性越低;但当渗碳体分布在晶界或量太多而变为基体时,则合金的塑性和韧性大为下降,且强度也随之降低。因此,平衡状态的过共析钢和白口铸铁的脆性通常都很高。

对切削加工来说,一般认为中碳钢的塑性比较适中,硬度在 200HBS 左右,切削加工性能最好。含碳量过高或过低,都会降低其切削加工性能。

由于钢加热呈单相奥氏体状态时,塑性好、强度低,便于塑性变形,因此,一般锻造都是在奥氏体状态下进行。就可锻性而言,一般低碳钢比高碳钢好。

对铸造来说,铸铁的流动性比钢好,易于铸造,特别是靠近共晶成分的铸铁,其结晶温度低,流动性也好,更具有良好的铸造性能。从相图的角度来讲,凝固温度区间越大,越容易形成分散缩孔和偏析,铸造性能越差。

一般来说,含碳量越低,钢的焊接性能越好,故低碳钢比高碳钢更容易焊接。

13.4　钢的热处理

13.4.1　热处理的基本概念

(1)热处理的基本要素

热处理是改善金属材料的使用性能和加工性能的一种重要工艺方法。在机械行业中,绝大多数的机件都必须经过热处理。

热处理的理论基础是金属内部组织的转变规律,即金属材料内部组织发生变化,其性能也随之发生改变。热处理通常指的是将材料或工件在一定的介质中加热、保温和冷却,以改变其整体或表面组织,从而获得所需性能的一种工艺过程。热处理工艺中有 3 个基本要素:加热、保温、冷却。这 3 个基本要素决定了材料热处理后的组织和性能。

加热是热处理的第一道工序。不同的材料,其加热工艺也不相同。加热分为两种:一种是在临界温度 A_1 以下的加热,此时不发生组织变化;另一种是在 A_1 以上的加热,目的是为了获得奥氏体组织,这一过程称为奥氏体化。

保温的目的是为了保证工件的表面与心部等各部位温度均匀一致。保温时间与工件的尺寸、工件的材质、介质的种类等有关。一般工件越大,导热性越差,保温时间就越长。

冷却是热处理的最终工序,也是热处理的最重要的工序。钢在不同冷却速度下可以转变为不同的组织。

(2)热处理的基本类型

根据加热、冷却方式及组织性能变化特点,热处理通常分为以下 3 类:

1)普通热处理

一般是指退火、正火、淬火和回火。

2)表面热处理和化学热处理

表面热处理包括感应加热表面淬火、火焰加热表面淬火和电接触加热表面淬火;化学热处理包括渗碳、渗氮、碳氮共渗、渗硼及渗金属等。

3)其他热处理

包括可控气氛热处理、真空热处理和形变热处理等。

按照热处理在零件生产过程中的位置和作用不同,热处理工艺还可分为预备热处理和最终热处理。预备热处理是零件加工过程中的一道中间工序(也称为中间热处理),其目的是改善锻、铸毛坯件的组织,消除内应力,为后续的机加工或进一步的热处理作准备。最终热处理是零件加工的最终工序,其目的是在零件经过成形工艺而得到最终的形状和尺寸后,通过热处理使其达到所需要的使用性能。

(3)钢的临界转变温度

根据铁碳相图,共析钢加热到 A_1 温度以上时,全部转变为奥氏体;亚共析钢和过共析钢则必须分别加热到 A_3 和 A_{cm} 以上时才能获得单相奥氏体。在实际热处理条件下,加热和冷却不可能做到无限缓慢,因而相应的相变温度与相图中所表示的相变温度有偏离,加热或冷却速度

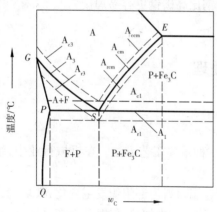

图 13.20　钢的临界转变温度

越大,相应的偏离程度也越大。通常实际加热条件下的相变温度比铁碳相图所表示的相变温度要高,为了区别,通常把实际加热时的临界温度(相变温度)标以字母"c",如 A_{c1},A_{c3},A_{ccm};实际冷却条件下的相变温度比铁碳相图所表示的相变温度则要低,同样,把实际冷却时的临界温度(相变温度)标以字母"r",如 A_{r1},A_{r3},A_{rcm} 等。如图 13.20 所示为加热和冷却速度对碳钢临界温度的影响。

不是所有的金属及合金都能进行热处理,只有具有同素异构转变的合金或在加热冷却过程有固溶度变化的合金,才能通过热处理使其内部组织结构发生预期的变化,获得预期的使用性能。

13.4.2　钢在加热时的转变

(1)加热时奥氏体的形成过程

根据铁碳相图的分析,将钢加热到 A_1 温度以上时,珠光体转变为奥氏体。珠光体一般为铁素体相与渗碳体相间隔排列的层片状组织,由于铁素体、渗碳体及转变产物奥氏体的化学成分相差悬殊,晶格构造截然不同,使奥氏体转变过程必然伴随着碳原子的扩散再分配和铁原子晶格的重组。一般认为钢加热过程中奥氏体转变过程可分为奥氏体晶核的形成、奥氏体的长大、残余渗碳体的溶解及奥氏体成分的均匀化 4 个阶段。

(2)奥氏体晶粒大小控制

奥氏体晶粒的大小对钢冷却后所形成的组织及性能有着很大的影响。工程上一般希望得到细小而成分均匀的奥氏体晶粒。奥氏体晶粒大小受以下 4 个方面的因素影响。

1)加热温度和时间

奥氏体晶粒由小变大是一个自发过程,过长的保温时间会导致奥氏体晶粒的合并而使尺寸变大;加热时间相同,高的加热温度也会导致奥氏体晶粒尺寸的长大。因此在保证奥氏体成分均匀的情况下,应选择尽量低的奥氏体化温度。

2)加热速度

采用较高的加热速度,可提高奥氏体晶粒的形核率,并使晶粒来不及长大,从而得到细小的晶粒。

3)钢的化学成分

在一定的碳含量范围内,随着碳含量增加,碳的扩散速度的增大,奥氏体晶粒长大倾向增加;当碳含量超过一定量时,碳能以未溶渗碳体的形式存在,对奥氏体晶粒长大起阻碍作用,使奥氏体晶粒长大倾向降低。钛、钒、锆、铌等强碳化物形成元素,形成的碳化物可阻碍奥氏体晶粒长大,也使奥氏体晶粒长大倾向降低。钢中的铝可形成 AlN 质点在晶界析出,阻碍奥氏体晶界的迁移,从而细化晶粒。锰、磷等元素可提高铁原子的扩散能力,因而促进奥氏体晶粒长大。

4)钢的原始组织

奥氏体晶核主要在铁素体和渗碳体相界面处形成,故成分相同的钢,其原始组织越细,则相界面的面积越大,形成奥氏体晶核的几率越高,奥氏体化的速度就越快。因此,细片状珠光体比粗片状珠光体的奥氏体化速度要快;片状珠光体比粒状珠光体的奥氏体化速度要快。

（3）钢的加热缺陷

1）氧化

氧化是指钢在氧化性气氛(如空气、气氛中的 O_2,H_2O 等)中加热时,其表面形成 FeO,Fe_2O_3,Fe_3O_4 等氧化物的过程。氧化会导致钢的烧损加大,零件尺寸变小,表面粗糙,氧化一般随着加热温度升高、加热时间增长而加剧。

2）脱碳

脱碳是指钢中表层的碳被烧损而使钢表面含碳量降低的现象。脱碳要导致工件的疲劳强度、耐磨损性能等降低。脱碳与气氛有关,氧化性气氛和还原性气氛都可能发生脱碳,另外钢中含碳量越高,脱碳倾向也越大。

3）过热

过热是指加热温度比正常温度偏高。过热易使钢中的奥氏体晶粒变粗,还会导致钢的塑性、韧性、强度降低,甚至出现热处理裂纹,使工件报废。过热的工件一般可较低温度再加热,重新使奥氏体晶粒细化来予以补救。

4）过烧

过烧是指加热温度太高,部分晶界氧化甚至熔化的现象。工件过烧后很脆,一般只能报废。

13.4.3　钢在冷却时的转变

（1）过冷奥氏体的等温转变

经奥氏体化后的钢,冷却到 A_1 以下的不同温度,奥氏体将发生分解转变,但一般情况下并不会立即分解,而是暂时处于一种不稳定的状态。通常把这种不稳定的奥氏体,称为过冷奥氏体。在一定的等温条件下,过冷奥氏体的分解过程需要一段时间。将奥氏体快速冷却到临界点 A_1 以下,在各个不同温度保温(等温),测出过冷奥氏体开始转变的时间和转变终了的时间,将所有的开始转变的时间和转变终了的时间分别连接起来,作成时间-温度曲线,称为过冷奥氏体的等温转变曲线,因其形状像字母 C,常称为 C 曲线,或根据英文名称的首字母,称为 TTT 曲线。

如图 13.21 所示为共析钢过冷奥氏体的等温转变曲线。纵坐标表示转变温度,横坐标表示转变时间。它反映了奥氏体在快速冷却到临界点以下,在各个不同温度的保温过程中,温度、时间与转变组织的关系。图 13.21 中左边的一条曲线反映过冷

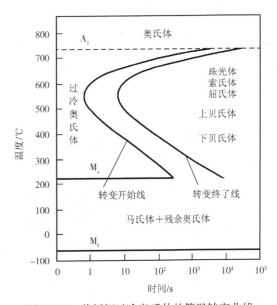

图 13.21　共析钢过冷奥氏体的等温转变曲线

奥氏体在一定温度下开始转变为其他组织的时间，称为转变开始线；右边的一条曲线反映了过冷奥氏体完全转变为其他组织的时间，称为转变终了线。M_s 为马氏体转变的开始线，M_f 为马氏体转变的终了线。在 $A_1 \sim M_s$ 及转变开始线以左的区域为过冷奥氏体区；转变终了线之右以及 M_f 以下的区域为转变产物区；转变开始线与转变终了线之间为转变过渡区。从纵轴到转变开始线之间的区域长度，表示不同过冷度下奥氏体存在的时间，称为孕育期。孕育期最短处，过冷奥氏体最不稳定，转变最快，此处称为 C 曲线的"鼻尖"。对于碳钢而言，"鼻尖"处温度一般为 550 ℃左右。

现以共析钢为例，分析过冷奥氏体的等温转变。

1)珠光体转变

在温度 A_1 以下至 550 ℃左右的温度范围内，过冷奥氏体转变产物是珠光体，即形成铁素体与渗碳体两相组成的相间排列的层片状的机械混合物组织，故这种类型的转变又称珠光体转变。珠光体转变是在较高的温度区间发生的，铁原子和碳原子均具有一定的扩散能力，因此珠光体转变属于扩散型转变。在珠光体转变中，由 A_1 以下温度依次降到鼻尖的 550 ℃左右，层片状组织的片间距离依次减小。根据片层的厚薄不同，这类组织又可细分为珠光体、索氏体和屈氏体 3 种。

2)贝氏体转变

过冷奥氏体在 550 ℃以下至 M_s 温度范围内的转变称为中温转变，其转变产物为贝氏体型，故也称贝氏体转变。贝氏体用符号 B 表示，它仍是由铁素体与渗碳体组成的机械混合物，但其形貌与珠光体不同，性能也与珠光体不一样。贝氏体转变时，由于温度较低，铁原子扩散困难，而碳原子则有一定的扩散能力，因此，贝氏体转变属于半扩散型相变。根据贝氏体的组织形态和形成温度区间的不同，又可将其划分为上贝氏体($B_上$)与下贝氏体($B_下$)。上贝氏体的形成温度为 550 ~ 350 ℃，如图 13.22(a)所示。上贝氏体的组织形态呈羽毛状，由许多平行排列的铁素体条和条间不连续的短杆状渗碳体组成。由于上贝氏体中的渗碳体比较粗大，因此其力学性能很差，脆性很大，强度和硬度很低，基本上没有实用价值。下贝氏体的形成温度为 350 ℃ ~ M_s，如图 13.22(b)所示。下贝氏体的组织形态呈针状，这些针状的铁素体是过饱和的固溶体，碳的固溶强化效果比较显著，此外，下贝氏体的晶粒细小，位错密度较高，因此下贝氏体具有较高的强度和硬度，同时还有良好的塑性和韧性，具有较优良的综合力学性能，是生产上常用的组织。

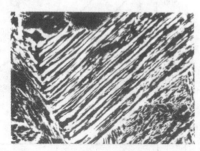 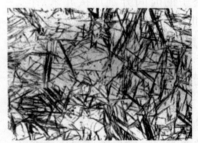

(a)上贝氏体　　　　　　　(b)下贝氏体

图 13.22　贝氏体的显微组织

3) 马氏体转变

过冷奥氏体在 M_s 温度开始发生马氏体转变,持续至马氏体形成终了温度 M_f。在 M_f 以下,过冷奥氏体停止转变。在马氏体形成的温度,碳原子和铁原子都难以扩散,因此马氏体转变属于无扩散型转变。马氏体与过冷奥氏体的含碳量相同,晶格为体心立方,与铁素体相同,马氏体实质是含过饱和的碳的固溶体。由于体心立方晶格的铁素体在室温时含碳只有0.008%左右,而钢的含碳量都大于此值,因此马氏体晶格内较高的碳将导致体心立方晶格畸变为体心正方晶格。

马氏体转变同样包含形核和长大两个过程。它的主要特点如下:

① 马氏体转变是在很大的过冷度下进行的,转变温度低,转变时没有铁原子和碳原子的扩散,只发生从 γ-Fe 到 α-Fe 的晶格改变,因而在马氏体转变过程中没有成分变化,马氏体和原奥氏体中固溶的碳量一致。

② 由于原子不能进行扩散,因而马氏体转变中晶格的转变以切变的方式进行。在切变过程中,由面心立方的奥氏体转变为体心立方的马氏体。切变不仅使晶格改变,还使切变部分的形状和体积发生变化,引起相邻奥氏体随之变形。因此,马氏体形成时,马氏体和奥氏体相界面上的原子是共有的,既属于马氏体,又属于奥氏体,这种关系称为共格关系。

③ 在通常情况下,过冷奥氏体向马氏体转变开始后,必须在不断降温条件下转变才能继续进行,温度停止降低,转变立即停止。

④ 马氏体形成速度极快,小于 10^{-7} s,瞬间形核,瞬间长大。

⑤ 即使温度降低到 M_f 以下,奥氏体也不能100%地转变为马氏体,总有部分奥氏体未转变而残留下来,这部分奥氏体称为残留奥氏体,用 A' 或 γ' 表示。

马氏体的常见形貌有板条状和片状两种。板条状马氏体是低、中碳钢和不锈钢中形成的一种典型的马氏体组织,也称为低碳马氏体。如图 13.23(a)所示,板条状马氏体的显微组织由许多成群的板条组成,一束束地排列在原奥氏体晶粒内。板条马氏体的板条内有密度很高的位错,故又称为位错马氏体。片状马氏体是在中、高碳钢及高镍的铁镍合金中形成的一种典型的马氏体组织。如图 13.23(b)所示,片状马氏体的空间形态呈凸透镜状,由于试样表面与其相截,因此在光学显微镜下呈针状或竹叶状,故又称为针状马氏体。

 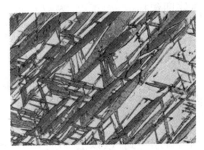

(a)板条状马氏体　　　　　　　　(b)片状马氏体

图 13.23　马氏体的显微组织

马氏体最重要的特点是具有高硬度和高强度,这是固溶强化、相变强化以及时效强化共同作用的结果。实验证明,马氏体的硬度决定于马氏体中的碳含量,而与马氏体中的合金元素含量的关系不大。马氏体的塑性和韧性主要依赖于马氏体的形貌,片状马氏体韧性差,板条马氏体韧性较好。

（2）过冷奥氏体的连续冷却转变

在实际生产中,过冷奥氏体一般都是在连续冷却过程中进行转变的。连续冷却转变曲线简称 CCT 曲线,更能反映实际状况。与测定过冷奥氏体等温转变曲线相仿,测定过冷奥氏体在不同冷却速度下连续冷却过程中的转变开始点和终了点,并把它们标注在温度-时间坐标系中,分别连接转变的开始点和终了点,就获得了过冷奥氏体连续冷却转变曲线。

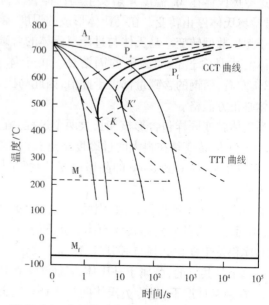

图 13.24 共析钢过冷奥氏体的连续冷却转变曲线

图 13.24 是共析钢的 CCT 曲线。其中,P_s 线为过冷奥氏体转变为珠光体的开始线,P_f 为转变终了线,两线之间为转变过渡区。KK' 为转变的终止线,当冷却曲线碰到此线时,过冷奥氏体就终止向珠光体组织转变,继续冷却一直到 M_s 点以下,剩余的奥氏体侧转变为马氏体。以不同的冷却速度连续冷却时,过冷奥氏体将会转变为不同的组织。通过连续转变冷却曲线可了解冷却速度与过冷奥氏体转变组织的关系。根据 CCT 曲线与 TTT 曲线交点的位置,可判断连续冷却转变的产物。v_K 称为上临界冷却速度,它是获得全部马氏体组织(实际还含有一小部分残留奥氏体)的最小冷却速度;v'_K 称为下临界冷却速度,它是获得全部珠光体组织的最大冷却速度;冷却速度大于 v'_K 而小于 v_K 时,连续冷却转变将得到珠光体与马氏体的混合组织。

13.4.4 钢的普通热处理

钢普通热处理包括退火、正火、淬火及回火。

（1）退火

退火是将钢加热到相变温度 A_{c1} 以上或以下,较长时间保温并缓慢冷却(一般随炉冷却)的一种热处理工艺。由于钢的化学成分和原始组织状态不同,以及退火的目的和要求不同,退火时的加热温度差异很大,退火的种类也较多。

1）完全退火

将钢件或钢材加热到 A_{c3} 以上 20 ~ 30 ℃,经充分保温使钢完全奥氏体化后,随炉缓慢冷却,以获得近于平衡组织的热处理工艺。完全退火主要用于亚共析钢,它的主要目的是清除铸造、轧制、锻造、焊接等造成的异常组织,均匀化学成分,消除内应力,细化组织,降低硬度和改善切削加工性。对于过共析钢不适宜用完全退火,因为过共析钢采用退火时会产生网状的渗碳体组织。

2）球化退火

将钢加热到 A_{c1} 以上，A_{ccm} 以下的两相区，较长时间保温，并缓慢冷却的热处理工艺。球化退火主要用于共析钢和过共析钢，目的是消除网状的二次渗碳体，让钢中的碳化物球化（粒化），故称为球化退火。球化退火时，钢被加热到由奥氏体及碳化物两相组成的两相区，在保温过程中其中的碳化物球化；在保温后的冷却过程中，自奥氏体析出的碳化物也将球化。因此球化退火的钢由铁素体及均匀分布的球状碳化物组成，钢的硬度降低，韧性提高，与此同时存在于钢内部的内应力也得以消除，因此具有良好的切削加工性能。

3）去应力退火

为了消除由于变形加工以及铸造，焊接等过程产生的残余内应力而进行的退火称为去应力退火。钢的去应力退火加热温度在 A_{c1} 以下，一般为 500～650 ℃。去应力退火的目的是消除残余应力，防止工件变形和开裂。

4）扩散退火

将工件加热到略低于固相线的温度，长时间（一般大于 10 h）保温，然后随炉缓慢冷却到室温。扩散退火的主要目的是均匀钢内部的化学成分，主要适用于铸造后的高合金钢。

（2）正火

正火是将钢加热到 A_{c3} 或 A_{ccm} 以上保温，再在空气中冷却的热处理工艺。一般亚共析钢的正火加热温度为 A_{c3} 以上 30～50 ℃，过共析钢的正火加热温度则为 A_{ccm} 以上 30～50 ℃。

正火与退火的主要区别在于冷却速度不同，正火冷却速度较大，得到的珠光体组织很细，因而强度和硬度也较高，钢经正火后的力学性能要高于退火钢。正火主要应用于以下 3 个方面：

① 用于过共析钢，消除网状二次渗碳体，一般网状二次渗碳体对钢的性能是不利的，钢通过正火，可消除网状二次渗碳体。因为钢在空气中从 A_{ccm} + 30～50 ℃ 的温度冷却下来时，二次渗碳体不会沿晶界析出形成网状，而是呈断续的链状。

② 对于力学性能要求不高的结构钢零件，经正火后所获得的性能即可满足使用要求，可用正火作为最终热处理。

③ 对于低碳钢（<0.3%）或低碳合金钢，由于完全退火后硬度太低，切削加工性能不好；而用正火，则可提高其硬度，从而改善切削加工性能。因此，对于低碳钢和低碳合金钢，通常采用正火来代替完全退火，作为预备热处理。

（3）淬火

将亚共析钢加热到 A_{c3} 以上，共析钢与过共析钢加热到 A_{c1} 以上（低于 A_{ccm}）的温度，保温后以大于 v_K 的速度快速冷却，使奥氏体转变为马氏体的热处理工艺称为淬火。淬火的目的就是为了获得马氏体，以提高钢的力学性能。

1）淬火温度的确定

淬火温度是淬火的主要工艺参数之一，可利用铁碳相图来确定。选择淬火温度的原则是获得均匀细小的奥氏体晶粒，故一般淬火温度选择在临界温度点以上 30～50 ℃。

碳钢的淬火温度范围如图 13.25 所示，亚共析钢的淬火温度一般为 A_{c3} 以上 30～50 ℃。如果温度过高，会因为奥氏体晶粒粗大而得到粗大的马氏体组织，使钢的力学性能降低；如果淬火温度低于 A_{c3}，淬火组织中会出现铁素体，使钢的强度、硬度下降。过共析钢的淬火温度

为 A_{c1} 以上 30 ~ 50 ℃，这个加热温度限制了奥氏体的含碳量，减少了淬火组织中的残留奥氏体数量，淬火后获得均匀细小的马氏体和粒状二次渗碳体组织；如果将过共析钢加热到 A_{ccm} 以上，则由于奥氏体晶粒粗大，含碳量提高，使淬火后的马氏体也会比较粗大，且残留奥氏体量增加，这不仅降低钢的机械性能，还会增大工件变形和开裂的倾向。

对于合金钢，由于其导热性较差，而且合金元素有阻碍奥氏体晶粒长大的作用，因此淬火温度可适当提高到临界温度以上 50 ~ 100 ℃。

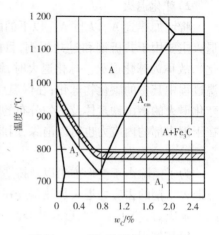

图 13.25 碳钢的淬火温度范围

2）加热时间的确定

加热时间由升温时间和保温时间组成。由零件入炉温度升至淬火温度所需的时间为升温时间，并以此作为保温时间的开始。保温时间是指零件温度内外均匀一致及完成奥氏体化过程所需要的时间。加热时间通常根据经验公式估算或通过实验确定。

3）淬火介质的确定

淬火冷却速度必须大于上临界冷却速度 v_K，以保证得到马氏体组织，同时又要保证淬火内应力尽量小，使工件不开裂且变形尽量小。理想的淬火介质是在 C 曲线的"鼻尖"温度附近快冷，以躲开"鼻尖"，保证不产生非马氏体相变，在 M_s 点附近又可以缓冷，以减轻马氏体转变时的相变应力。

淬火冷却速度主要取决于淬火介质。生产中常用的淬火介质有水、盐或碱的水溶液和各种矿物油、植物油等。水是冷却能力较强的淬火介质。但水在 650 ~ 550 ℃（"鼻尖"附近）范围内的冷却能力不够强，而在 300 ~ 200 ℃（M_s 点）附近范围内又不够缓慢。水作为淬火介质一般适用于尺寸不大、形状简单的碳钢工件淬火。在水中加入适量的盐或碱等物质，可明显提高水在高温区的冷却能力，但在 300 ~ 200 ℃ 附近的温度范围内冷却仍不够缓慢，对减少工件变形不利。因此，这类淬火介质主要用于形状简单、截面尺寸较大、变形要求不严格的碳钢工件的淬火。目前工业上主要采用矿物油作淬火介质，用量最广的是 20 号机油。油的冷却能力比水小得多，可以降低淬火工件的内应力，减小工件变形和开裂倾向。油一般作为合金钢工件的淬火介质。

4）淬火方法

① 单液淬火

经奥氏体化的工件放入一种淬火介质中一直冷却到室温的淬火方法（见图 13.26 的曲线 1）。这种方法操作简单，容易实现机械化，适用于形状简单的碳钢和合金钢工件。

② 双液淬火

先将奥氏体状态的工件在冷却能力强的淬火介质中冷却至接近 M_s 温度时，再立即转入冷却能力较弱的淬火介质中冷却，直至完成马氏体转变（见图 13.26 的曲线 2）。一般用水作为快冷淬火介质，用油作为慢冷淬火介质。有时也采用水淬、空冷的方法。这种方法利用了两种介质的优点，获得了较理想的冷却条件。其缺点是操作复杂，在第一种介质中停留时间难以掌握，需要有很强的实践经验。它主要用于形状复杂的高碳钢工件及大型合金钢工件。

③ 分级淬火

将奥氏体状态的工件首先放入略高于钢的 M_s 温度的盐浴或碱浴炉中保温,当工件内外温度均匀后,再从浴炉中取出空冷至室温,完成马氏体转变(见图 13.26 的曲线 3)。这种淬火方法由于工件内外温度均匀并在缓慢冷却条件下完成马氏体转变,减小了淬火热应力(比双液淬火小),显著降低组织应力,可有效地减小或防止了工件变形和开裂。同时还克服了双液淬火工艺难以控制的缺点。分级淬火只适用于尺寸较小的工件,如刀具、量具和要求变形很小的精密工件。

④ 等温淬火

将奥氏体化后的工件在稍高于 M_s 温度的盐浴或碱浴中冷却并保温足够时间,从而获得下贝氏体组织的淬火方法(见图 13.26 的曲线 4)。等温淬火实际上是分级淬火的进一步发展。所不同的是等温淬火获得下贝氏体组织。经这种方法处理的零件具有良好的综合力学性能,淬火应力小,变形小。等温淬火多用于形状复杂和要求较高的小零件。

⑤ 冷处理

把淬火冷却到室温的钢件继续冷却到零下 70 ~ 80 ℃,并保持一段时间,使残余奥氏体在继续冷却过程中转变为马氏体,称为冷处理。冷处理可提高钢件的硬度和耐磨性,稳定钢件的尺寸。

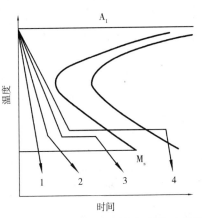

图 13.26　各种淬火方法冷却曲线示意图

5)钢的淬透性

淬透性是选材和制订热处理工艺的重要依据之一。淬火时,工件截面上各处的冷却速度是不同的,淬火冷却时其表面冷却速度最快,越到中心冷却速度越慢,如果零件心部的冷却速度大于钢的上临界冷却速度 v_K,则零件淬火后从表面到心部整个截面上都得到单一的马氏体组织,整个工件被淬透了。如果只是从表面到一定深度处的冷却速度大于上临界冷却速度 v_K,则淬火后只能在表面至一定深度内得到单一的马氏体组织,而心部将得到马氏体和屈氏体或珠光体和铁素体混合组织,此时零件就没有被淬透。

钢的淬透性是指奥氏体化后的钢在淬火时获得淬硬层(也称为淬透层)深度的能力,其大小用钢在一定条件下淬火获得的有效淬硬深度来表示。淬硬层越深,表明其淬透性越好,一般规定由工件表面到半马氏体区(即马氏体和珠光体组织各占 50% 的区域)的深度作为有效淬硬深度。

(4)回火

回火是指淬火后再将工件加热到 A_1 温度以下的某一温度,保温后再冷却到室温的一种热处理工艺。淬火后的工件必须进行回火才能使用。因为:淬火后的工件处于高内应力状态,工件容易出现开裂的危险;淬火后工件很脆,不能满足工件使用要求的强度、塑性、韧性等;淬火后工件的组织为马氏体和残留奥氏体,这两种组织在室温下都不稳定,要发生转变,引起工件尺寸的变化。

1)钢在回火时的转变

钢在淬火后,得到的马氏体和残留奥氏体组织存在着向稳定组织转变的自发倾向,回火加

热可加速这种自发转变过程。根据转变发生的过程和形成的组织,回火可分为以下 4 个阶段:

第一阶段(200 ℃以下):马氏体分解。淬火钢在 100 ~ 200 ℃加热时,马氏体中的碳以 ε 碳化物(Fe_xC)的形式析出,使马氏体中碳的过饱和度减小,正方度降低。析出的碳化物以极细小的片状分布在马氏体基体上,这种组织称为回火马氏体,在显微镜下观察,回火马氏体为黑色,而残留奥氏体为白色。

第二阶段(200 ~ 300 ℃):残留奥氏体分解。马氏体不断分解为回火马氏体,正方度下降,体积缩小,降低了对残留奥氏体的压力,促使残留奥氏体分解为下贝氏体。

第三阶段(250 ~ 400 ℃):碳化物的转变。马氏体和残留奥氏体分解完成后,再继续提高温度,亚稳定的 ε 碳化物溶入 α 相中,同时从 α 相中析出渗碳体。到 350 ℃左右,马氏体中的含碳量已基本上降到铁素体的平衡成分,内应力也大量消除。此时组织转变为屈氏体。

第四阶段(400 ℃以上):渗碳体的聚集长大。温度继续升高到 400 ℃时,渗碳体通过聚集长大形成较大颗粒的渗碳体。在 450 ℃以上,铁素体开始发生再结晶,由针片状转变为多边形。这种由多边形铁素体和粒状渗碳体的混合物称为回火索氏体,表 13.2 是不同回火组织的性能特点。

表 13.2　回火组织及其特点

回火组织	形成温度/℃	组织特征	性能特征
回火马氏体	150 ~ 350	极细的 ε 碳化物分布在马氏体基体上	强度、硬度高,耐磨性好。硬度一般为 58 ~ 64 HRC
回火屈氏体	350 ~ 500	细粒状渗碳体分布在针状铁素体基体上	弹性极限、屈服强度高,具有一定的韧性。硬度一般为 35 ~ 45 HRC
回火索氏体	500 ~ 650	粒状渗碳体分布在多边形铁素体基体上	综合力学性能好,强度、塑性和韧性好。硬度一般为 25 ~ 35 HRC

2)回火工艺

按照回火温度和工件所要求的性能,一般将回火分为以下 3 类:

① 低温回火(150 ~ 250 ℃)

主要用于工模具、滚动轴承和渗碳工件等。处理后的组织主要为回火马氏体组织。经这种热处理后,淬火中产生的内应力很大一部分被消除,同时又保持了淬火零件的高硬度和耐磨性,并提高了韧性。

② 中温回火(350 ~ 500 ℃)

淬火钢经中温回火后,获得回火屈氏体组织,钢的硬度为 38 ~ 50 HRC,具有高的弹性、屈服强度、屈强比和足够的韧性,适用于弹簧钢的热处理。

③ 高温回火(500 ~ 650 ℃)

淬火加高温回火的工艺在工程上称为调质处理。调质处理用于 $w_C = 0.3\% ~ 0.5\%$ 的中碳钢及中碳合金钢,处理后的组织为回火索氏体,具有韧性、强度配合良好的综合力学性能。常需调质处理的零件如轴类、连杆、齿轮等。需要渗氮处理的零件一般需要先进行调质处理。

3)回火脆性

在 250 ~ 350 ℃和 500 ~ 650 ℃回火时,钢的冲击韧性明显下降,这种脆化现象称为回火脆性。

淬火钢在 250～350 ℃回火时出现的脆性,称为第一类回火脆性。几乎所有的钢都存在这类脆性,目前,尚无有效办法完全消除这类回火脆性,故又称不可逆回火脆性。因此,一般都不在这个温度范围内回火。

淬火钢在 500～650 ℃回火时出现的脆性,称为第二类回火脆性。这种脆性主要发生在含铬、铌、硅、锰等合金元素的结构钢中。此类脆性可通过重新加热至 600 ℃以上快冷予以消除,是可逆的,故又称可逆回火脆性。

13.4.5　钢的表面热处理

(1)表面热处理的概念

机器中的许多零件(如齿轮、凸轮、曲轴、活塞销等)是在弯曲、扭转等循环载荷、冲击载荷以及摩擦条件下工作的。零件的表层承受着比心部高得多的应力,而且表面不断地受到磨损。因此,它们的表层或轴颈部分应具有高的强度、硬度、耐磨性和疲劳极限,而心部则应保持足够的塑性和韧性。对于某些在特殊环境(如在腐蚀介质或高温)中工作的机器零件,则要求其表面应具有特殊性能。在这种情况下,若单从钢材的选择和采用前述的普通热处理方法是很难满足其要求的,这时应采用表面热处理方法来解决。目前表面热处理的种类很多,通常可概括为两大类,即表面淬火及化学热处理。

表面淬火是通过对钢的表面进行加热、冷却来改变钢表层组织,而不改变其成分的淬火工艺称为表面淬火。根据加热方法不同,表面淬火可分为感应加热、火焰加热、电接触加热及电解加热表面淬火等。最常用的是前两种。化学热处理是将钢件置于一定温度的活性介质中保温,使一种或几种元素渗入其表面,改变钢件表面的化学成分和组织,达到改进表面性能、满足技术要求的热处理方法。常用的化学热处理有渗碳、渗氮、碳氮共渗、渗硫、渗硼、渗铝、渗钒、渗铬等。最常用的是渗碳和渗氮。

(2)感应加热表面淬火

如图 13.27 所示,感应线圈通以交流电时,线圈内外会产生交变磁场。若把工件置于交变磁场中,则工件内将产生感应电流,由于工件电阻的作用产生焦耳热,使工件加热。由于产生的感应电流是交流电,存在集肤效应,即感应电流在工件表层密度最大,而心部几乎为零。感应电流透入工件表层的深度主要与电流频率有关,电流频率越高,感应电流透入深度越浅,加热层也越薄。因此,通过频率的选用可控制工件被加热的深度,从而控制淬火层的深度。感应加热表面淬火所用的电源频率可以是高频(200～300 kHz)、中频(2 500～800 Hz)和工频(50 Hz)。一般高频的淬火层的深度为0.5～2.0 mm,中频的淬火层的深度为 2～10 mm,工频的淬火层的深度为10～15 mm。感应器通入电流,工件表面在几

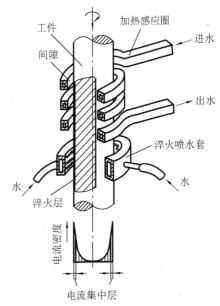

图 13.27　感应加热表面淬火装置示意图

秒钟之内迅速加热到高于 A_{c3} 以上的温度,接着迅速冷却工件(如喷水冷却)表面,在零件表面就可获得一定深度的淬火组织。

感应加热表面淬火后,一般进行低温回火,回火温度低于 200 ℃,目的是降低淬火应力,保持高硬度和高耐磨性。在生产中,也可采用自回火,即当工件冷却到 200 ℃ 左右时停止喷水,利用工件的余热实现回火。感应加热表面淬火主要用于中碳钢、中碳低合金钢和铸铁,如 45,40Cr,40MnB 等。

(3)渗碳

渗碳就是将低碳钢放入高碳介质中加热、保温,以获得高碳表层的化学热处理工艺。渗碳的主要目的是提高表层硬度和耐磨性,同时保持心部良好的韧性。与表面淬火相比,渗碳主要用于那些对表面有较高耐磨性要求,并承受较大冲击载荷的零件。钢渗碳以后还必须进行淬火加回火处理,才能获得所需的使用性能。

渗碳用钢为低碳钢及低碳合金钢,如 20,20Cr,20CrMnTi,20CrMnMo,18Cr2Ni4W 等。根据渗碳介质的不同,渗碳可分为气体渗碳、固体渗碳和液体渗碳 3 种。目前,常用的是前两种。

气体渗碳是将工件置于密封的气体渗碳炉内,加热到 900 ℃ 以上(一般为 900~950 ℃),使钢奥氏体化,向炉内滴入易分解的有机液体(如煤油、苯、甲醇、醋酸乙酯等)或直接通入渗碳气体,通过在钢的表面上发生化学反应形成活性炭原子,活性炭原子溶入高温奥氏体中,然后向工件内部扩散从而实现渗碳。

固体渗碳是将工件埋入固体渗碳剂和催渗剂的渗碳箱中,用盖子和耐火泥密封好,然后放在炉中加热至 900~950 ℃,保温足够长时间,得到一定厚度的渗碳层。固体渗碳剂通常是一定粒度的木炭,催渗剂为碳酸盐如 $BaCO_3$,Na_2CO_3 等,催渗剂的量占 15%~20%。

渗碳处理的工艺参数主要是渗碳温度和渗碳时间。由于奥氏体的溶碳能力较大,因此渗碳温度必须高于 A_{c3} 温度。加热温度越高,则渗碳速度越快,渗碳层越厚。但为了避免奥氏体晶粒过分长大,故渗碳温度不能太高,通常为 900~950 ℃。在温度一定的情况下,渗碳时间越长,渗碳层越厚。

(4)渗氮

渗氮又称氮化,它的主要目的是提高零件表层含氮量以增强表面硬度和耐磨性,提高疲劳强度和耐蚀性。渗氮前零件需经过调质处理,调质处理的目的是改善零件的机加工性能和获得均匀的回火索氏体组织,保证较高的强度和韧性。渗氮方法有气体渗氮和离子渗氮两种。

气体渗氮工艺是将零件置于含氮的气氛(一般用氨气)中,加热到 500 ℃ 左右,经长时间保温(一般 30 h 左右,有的 50 h 以上),然后在含氮气氛中冷却至 200 ℃ 温度以下,转置空气中冷却。

离子渗氮是把工件放入渗氮炉内,工件作为阴极,炉体或另制金属环(网)为阳极。当炉内真空度达到 5×10^{-1} Torr 时充入少量氨气,使炉内气压保持在 1 Torr 左右,并在阴极和阳极之间加高压直流电源。此时,炉内的稀薄气体发生电离,在工件表面产生辉光放电,被电离的氮和氢离子在高压电场作用下快速冲击阴极(工件),离子的动能转化为热能,使工件迅速加热到渗氮温度。待辉光稳定后,加大氨气量,使炉内保持 1~10 Torr 的压力,并提高电压,使轰击表面的离子在夺取电子后直接渗入工件。

钢经渗氮后表层为氮化物(如 Fe_4N,$Fe_{2-3}N$),次表层到一定深度为过饱和氮的固溶体,适合渗氮的钢种主要有 38CrMoAl,35CrMo,42CrMo 等。一些要求处理精度高、冲击载荷小、耐磨损能力强的零件,如精密零件、精密齿轮都可用渗氮工艺处理。

13.4.6　机械零件热处理工艺的应用

(1)性能要求不高的一般零件

对性能要求不高的一般零件的加工工艺路线为:毛坯→正火或退火→机械加工→成品零件。

这类零件由于性能要求不高,一般用比较普通的材料,例如铸铁、碳钢(15,20,40,45 钢),其加工工艺性能较好,这时的退火或正火处理不单是为了改善毛坯的加工性能和消除铸造、锻造的组织缺陷,还赋予零件必需的机械性能,因而也是最终热处理。

(2)性能要求较高的一般零件

对性能要求较高的一般零件的加工工艺路线为:毛坯→预备热处理(正火、退火)→粗加工→最终热处理(淬火、回火、固溶时效或渗碳处理等)→精加工。

正火(低、中碳钢)或退火(中、高碳钢)的主要作用是消除组织缺陷和改善机加工性能,并为最终热处理作好组织准备。大部分性能要求较高的金属零件,如合金钢、高强度铝合金制造的轴、齿轮等,均采用这种工艺路线。

如载重汽车变速箱齿轮常用 20CrMnTi 等材料,它的工艺路线为:剪切下料→锻造→正火→切削加工(拉内孔和键槽、车外圆和端面、铣齿与剃齿)→渗碳、淬火、低温回火→磨内孔→研齿→装配。

(3)要求较高的精密零件

这类零件除了要求有较高的使用性能外,还要求有相当高的尺寸精度及表面光洁度,在半精加工后进行一次或多次精加工及尺寸的稳定化处理。要求高耐磨性的零件还需要进行氮化处理。由于加工路线复杂,性能与尺寸精度要求很高,应充分保证零件所用材料的工艺性能。这类零件有精密丝杠、镗床和磨床的主轴等。

如 6 级以上的淬硬丝杠,由合金工具钢或轴承钢(9Mn2V,CrWMn,GCr15)制造。其工艺路线为:锻造→球化退火→机械加工→除应力处理→精加工→淬火及回火→粗磨→稳定化处理→精磨→稳定化热处理→精研磨至规定尺寸。

13.5　工业用钢和铸铁

13.5.1　钢的分类及编号

生产上使用的钢材种类繁多,为了便于生产、选用和研究,可从不同的角度出发,按钢所具备的共同特点,对钢进行分类与编号。

(1)钢的分类

钢按化学成分,可分为碳素钢和合金钢两大类。碳素钢按含碳量多少,又可分为低碳钢($w_C < 0.25\%$)、中碳钢($w_C = 0.25\% \sim 0.60\%$)和高碳钢($w_C > 0.60\%$)3 类;合金钢按合金元素的含量,又可分为低合金钢($w_{Me} < 5\%$)、中合金钢($w_{Me} = 5\% \sim 10\%$)和高合金钢($w_{Me} >$

10%)3 类。合金钢按合金元素的种类,还可分为锰钢、铬钢、硼钢、铬镍钢、硅锰钢等。

按钢中所含有害杂质硫、磷的多少,可分为普通钢($w_S \leq 0.055\%$,$w_P \leq 0.045\%$)、优质钢($w_S \leq 0.040\%$,$w_P \leq 0.040\%$)和高级优质钢($w_S \leq 0.030\%$,$w_P \leq 0.035\%$)3 类。

按钢的用途可分为结构钢、工具钢、特殊钢 3 大类。结构钢又分为工程构件用钢和机器零件用钢两部分。工程构件用钢包括建筑工程用钢、桥梁工程用钢、船舶工程用钢、车辆工程用钢。机器零件用钢包括调质钢、弹簧钢、滚动轴承钢、渗碳和渗氮钢、耐磨钢等。这类钢一般属于低、中碳钢和低、中合金钢。工具钢分为刃具钢、量具钢和模具钢。主要用于制造各种刃具、模具和量具,这类钢一般属于高碳、高合金钢。特殊性能钢为具有某种特殊物理化学性能的钢种,主要用于各种特殊要求的场合,如化学工业用的不锈耐酸钢、核电站用的耐热钢和电气工业用的电工钢等。

按钢的平衡态或退火态的金相组织,可分为亚共析钢、共析钢、过共析钢及莱氏体钢。按钢正火态的金相组织,可分为珠光体钢、贝氏体钢、马氏体钢、奥氏体钢四种。

在给钢的产品命名时,往往把成分、质量和用途几种分类方法结合起来。例如,碳素结构钢、碳素工具钢、合金结构钢、合金工具钢及高速工具钢等。

(2)钢的编号

世界各国钢的编号方法各不相同。我国的钢材编号是采用国际化学元素符号、汉语拼音字母和阿拉伯数字并用的原则。

① 普通碳素结构钢的牌号以"Q + 数字 + 字母"表示。其中,"Q"字是钢材的屈服强度中"屈"字的汉语拼音首字首,紧跟后面的数字是屈服强度值,再其后的字母是质量等级符号。牌号中规定了 A,B,C,D 4 种质量等级,A 级质量最差,D 级质量最好。例如,Q235A 即表示屈服强度值为 235 MPa 的 A 级钢。

② 优质碳素结构钢和合金结构的钢号都是以"两位数字 + 元素 + 数字 + …"的方法表示。钢号的前两位数字表示碳含量(万分数);合金元素以化学元素符号表示,合金元素后面的数字则表示该元素的含量(百分数),当合金元素含量小于 1.5% 时,钢号中一般只标明元素符号而不标明其含量,如果合金元素的含量 $\geq 1.5\%$,$\geq 2.5\%$,$\geq 3.5\%$,…时,则相应地在元素符号后面标以 2,3,4,…。如为高级优质钢,则在其钢号后加"高"或"A"。钢中的 V,Ti,Al,B,RE(稀土元素统称)等合金元素,虽然其含量很低,但在钢中能起相当重要的作用,一般也在钢号中标出。45 钢表示碳含量为 0.45% 的优质碳素结构钢;20CrMnTi 表示碳含量为 0.20%、主要合金元素 Cr,Mn 均低于 1.5% 并含有微量 Ti 的合金结构钢;60Si2Mn 表示碳含量为 0.60%,Mn 含量 <1.5%,Si 含量为 1.5% ~2.5% 的合金结构钢。

③ 碳素工具钢的牌号以"T + 数字 + 字母"表示。钢号前面的"碳"或"T"表示碳素工具钢,其后的数字表示以千分数表示的碳含量。如碳含量为 0.80% 的碳素工具钢,其钢号为碳 8 或 T8。含锰量较高者,在钢号后标以"锰"或"Mn",如碳 8 锰或 T8Mn。如为高级优质碳素工具钢,则在其钢号后加"高"或"A",如碳 10 高或 T10A。

④ 合金工具钢的牌号以"一位数字(或没有数字)+ 元素 + 数字 + …"的方法表示。其编号方法与合金结构钢大体相同,区别在于含碳量的表示方法,当含碳量 $\geq 1.0\%$ 时不予标出,当含碳量 <1.0% 时,则在钢号前以千分数表示其碳含量。例如,9CrSi 钢表示碳含量为 0.90%,合金元素铬、硅的含量都 <1.5%。又如,Cr12MoV 钢表示碳含量为 1.45% ~1.70%(大于 1.0%)、合金元素 Cr 含量为 11.5% ~12.5%、Mo 含量为 0.40% ~0.60%、V 含量为 0.15% ~

0.30%。而对于含铬量低的钢,铬的质量分数以千分数表示,并在数字前加"0",以示区别。例如,$w_{Cr}=0.6\%$的低铬工具钢的钢号为Cr06。

在高速钢的钢号中,一般不标出含碳量,只标出合金元素的百分含量,如W18Cr4V,W6Mo5Cr4V2等。

特殊性能钢的牌号和合金工具钢的表示方法相同,如不锈钢2Cr13表示含碳量为0.20%,Cr含量为12.5%~13.5%。但也有少数例外,例如耐热钢20Cr3W3NbN其编号方法和结构钢相同。

⑤ 专用钢是指某些用于专门用途的钢种。它是以其用途名称的汉语拼音的首字母表明该钢的类型,以数字表明其含碳量;化学元素符号表明钢中含有的合金元素,其后的数字标明合金元素的大致含量。

滚珠轴承钢在编号前标以"G"字,其后为铬(Cr)+数字,数字为以千分数表示的铬含量,其他元素的质量分数仍按百分数表示。例如,GCr15铬元素后面的数字是表示铬含量为1.5%左右;又如,GCr15SiMn表示铬含量为1.5%左右,Si和Mn的含量<1.5%的滚动轴承钢。易切钢前标以"Y"字,如Y40Mn表示碳含量为0.4%,Mn含量<1.5%的易切钢。20g表示碳含量为0.20%的锅炉用钢;16MnR表示碳含量为1.6%,Mn含量<1.5%的容器用钢。

13.5.2 常见工业用钢

(1)工程构件用钢

工程构件用钢用于制作大型金属结构件,如桥梁、船舶、锅炉、屋架、容器及车辆等的构件。这些构件的工作特点是不作相对运动,承受长期的静载荷;有一定使用温度要求,如锅炉的使用温度在250 ℃以上;通常在野外(如桥梁)或海水中(如船舶)使用,承受大气和海水腐蚀。因此工程构件用钢性能要求为:高的弹性极限、刚度、焊接性和冷变形性,好的耐大气、水腐蚀性,低的屈强比以防脆断。

工程构件用钢一般采用普通碳素钢(碳含量<0.25%)和普通低合金钢。大部分构件用钢是在热轧空冷(正火)或正火、回火状态下使用。

普碳钢通常以热轧状态供应,一般不经热处理强化,只保证力学性能及工艺性能便可。其中,Q195,Q215有较高的伸长率,易于加工,常用作炉体部件、农业机械等。Q235,Q275具有较高的强度和硬度,常轧制成工字钢、槽钢、角钢等型材,大量用作建筑结构。Q235钢既有较高的塑性又有适中的强度,常用作较重要的建筑、车辆及桥梁等的构件。

船舶钢、桥梁钢、压力容器钢等一般属于专门用钢,除严格要求规定的化学成分和力学性能外,还规定某些特殊的性能检验和质量检验项目,如低温冲击韧性、时效敏感性、气体、夹杂和断口等。

低合金高强度钢是一种含有少量合金元素,具有较高强度的构件用钢,由于强度高,因此1 t低合金高强度钢可代替1.2~2.0 t普碳钢使用,从而可减轻构件质量,提高使用的可靠性,并节约钢材。这类钢主要用来制造各种要求强度较高的工程结构,如船舶、车辆、高压容器、输油输气管道及大型钢结构等。常用的低合金高强度钢按其屈服强度的高低分为6个级别(300 MPa,350 MPa,400 MPa,450 MPa,500 MPa,550~600 MPa)。表13.3为常用低合金高强度钢的性能与用途。

表13.3　常用低合金高强度钢的钢号、成分、性能与用途

钢号	化学成分				使用状态	力学性能(不小于)			用途举例
	C	Si	Mn	其他		σ_s/MPa	σ_b/MPa	δ/%	
09MnV	≤0.12	0.2~0.6	0.8~1.2	V0.04~0.12	热扎	300	440	22	螺旋焊管、冷型钢、建筑结构等
09MnNb	≤0.12	0.2~0.6	0.8~1.2	—	热扎	300	420	23	机车车辆、桥梁
16Mn	0.12~0.2	0.2~0.6	1.2~1.6	—	热扎	350	520	21	桥梁、船舶、车辆、容器、建筑等
16MnCu	0.12~0.2	0.2~0.6	1.25~1.5	Cu0.2~0.35	热扎	350	520	21	同上,耐蚀性较好
15MnV	0.12~0.18	0.2~0.6	1.2~1.6	V0.05~0.12	热扎	400	540	18	高中压容器、车辆、船舶、桥梁等
15MnTi	0.12~0.18	0.2~0.6	1.2~1.6	Ti0.12~0.2	正火	400	540	19	造船杂板、压力容器、电站设备等
15MnVN	0.12~0.2	0.2~0.5	1.2~1.6	V0.05~0.12 N0.102~0.02	正火	450	600	17	大型焊接结构、大型桥梁、车、船舶、液态罐等
14MnMoVBNb	0.1~0.16	0.17~0.37	1.1~1.6	V0.04~0.1 Mo0.3~0.6	正火+回火	500	650	16	石油装置、电站装置、高压容器等
14CrMnMoVB	0.1~0.16	0.17~0.4	1.1~1.6	V0.03~0.06 Mo0.32~0.42	正火+回火	650	750	15	中温锅炉、高压容器等

(2)机器零件用钢

机器零件用钢是指用于制造各种机器零件,如轴类零件、齿轮、弹簧及轴承等所用的钢种,也称为机器制造用钢。

机器零件用钢对力学性能的要求是多方面的,不但要求钢材具有高的强度、塑性和韧性,而且要求钢材具有良好的疲劳强度和耐磨性。机器零件用钢一般都经过热处理后使用。此外,机器零件用钢还要求具有良好的工艺性能,主要是指切削加工性能和热处理工艺性能。机器零件用钢包括优质碳素结构钢和合金结构钢。按用途不同,机器零件用钢又可分为渗碳钢、调质钢、弹簧钢及轴承钢等。

渗碳钢常用在受冲击和磨损条件下工作的一些机械零件,如齿轮、凸轮和活塞销等,要求表面硬度高、耐磨性好,而零件心部则要求有较高的韧性和强度以承受冲击,一般尺寸小、受力小的零件,采用低碳钢;而尺寸大、受力大的则采用低碳合金钢。渗碳钢的热处理一般是渗碳后进行直接淬火(一次淬火或二次淬火),然后低温回火。表13.4为常用渗碳钢的性能与用途。

调质处理后使用的优质碳素钢和合金结构钢,统称为调质钢。调质钢综合力学性能好,常用于受力较复杂的重要结构零件,如汽车后桥半轴、连杆、螺栓以及各种轴类零件。对于截面尺寸大的零件,一般采用合金调质钢。表 13.5 为常用调质钢的性能与用途。

弹簧钢是指用于制造各种弹簧的钢种。弹簧是利用弹性变形吸收能量以缓和振动与冲击,或依靠弹性储存能量来起驱动作用。因此,弹簧钢要求具有高的弹性极限、高的疲劳极限与足够的塑性和韧性。碳素弹簧钢含碳量一般为 0.60% ~ 0.90%。合金弹簧钢含碳为 0.50% ~ 0.70%,并含有硅、锰、铬、钒、钨等合金元素。其中,硅、锰元素的作用主要是提高淬透性和屈强比;重要用途的弹簧钢含有铬、钒、钨等元素,使钢具有更高的淬透性、高温强度和韧性,而且不易脱碳和过热。表 13.6 为常用弹簧钢的性能与用途。

用于制造滚动轴承的钢,称为滚动轴承钢。滚动轴承是一种高速转动的零件,工作时接触面积很小,不仅有滚动摩擦,而且有滑动摩擦,承受很高的交变载荷,故常常是接触疲劳破坏。因此,要求滚动轴承钢具有高而均匀的硬度、高的弹性极限和接触疲劳强度、足够的韧性和淬透性、一定的耐腐蚀能力。滚动轴承钢是一种高碳低铬钢。高碳的作用是保证钢有高的淬硬性,同时可形成铬的碳化物强化相;铬的主要作用是增加钢的淬透性,使淬火、回火后整个截面上获得较均匀的组织。部分用于制造大尺寸轴承的轴承钢还加入硅、锰等元素,进一步提高淬透性。表 13.7 为常用滚动轴承钢的性能与用途。

表 13.4　常用渗碳钢的钢号、热处理工艺、力学性能及用途

钢号	热处理工艺/℃				力学性能			用途举例
	渗碳	预 备 热处理	淬火	回火	σ_b /MPa	σ_s /MPa	δ /%	
15	930	890 ± 10 空	770 ~ 800 水	200	≥500	≥300	15	活塞销、套筒等
20Mn2	930	850 ~ 870	770 ~ 800 油	200	820	600	10	小齿轮、小轴、活塞销
20Cr	930	880 水、油	800 水、油	200	850	550	10	齿轮、小轴、活塞销
20MnV	930	—	880 水、油	200	800	600	10	同上,也作锅炉、高压容器管道等
20CrMo	930		850 油	200	950	750	10	齿轮、轴、蜗杆、摩擦轮
20CrMnTi	930	830 油	860 油	200	1 100	850	10	汽车、拖拉机上的变速箱齿轮等
20MnTiB	930		860 油	200	1 150	950	10	代替 20CrMnTi
20SiMnVB	930	850 ~ 880 油	780 ~ 800 油	200	≥1 200	≥1 000	≥10	代替 20CrMnTi
18Cr2Ni4WA	930	950 空	850 空	200	1 200	850	10	大型渗碳齿轮和轴类零件
20Cr2Ni4A	930	880 油	780 油	200	1 200	1 100	10	同上
15CrMn2SiMn	930	880 ~ 920 空	860 油	200	1 200	900	10	大型渗碳齿轮、飞机齿轮

表 13.5　常用调质钢的钢号、热处理工艺、力学性能及用途

钢号	热处理工艺/℃		力学性能（不小于）				用途举例
	淬火	回火	σ_s /MPa	σ_b /MPa	δ /%	α_K /J·cm^{-2}	
45	840 水	600 水、油	355	600	16	50	主轴、曲轴、齿轮、柱塞等
45Mn2	840 油	550 水、油	750	900	10	60	直径＜60 mm 时，性能与40Cr相当，制造万向节头轴、蜗杆、连杆螺栓等
40Cr	850 油	500 水、油	800	1 000	9	60	重要调质件，如齿轮、轴、曲轴、连杆螺栓等
35SiMn	900 水	590 水、油	750	900	15	60	除要求低温（-20 ℃以下）韧性很高外，可全面代替40Cr制作调质件
42SiMn	880 水	590 水	750	900	15	60	与35SiMn相同，并可作表面淬火件
40MnB	850 油	500 水、油	800	1 000	10	60	代替40Cr
40CrMn	840 油	520 水、油	850	1 000	9	60	代替40CrNi，42CrMo制作高速高载荷而冲击不大的零件
40CrNi	820 油	500 水、油	800	1 000	10	70	汽车、拖拉机、机床、柴油机的轴、齿轮、连接机件螺栓、电动机轴
42CrMo	850 油	580 水、油	950	1 100	12	80	代含Ni较高的调质钢，也作重要大锻件用钢，机车牵引大齿轮
30CrMnSi	880 油	520 水、油	900	1 100	10	50	高强度钢，高速载荷砂轮轴、齿轮、轴、联轴器、离合器等重要调质件
35CrMo	850 油	550 水、油	850	1 000	12	80	代替40CrNi制作大截面齿轮与轴，汽轮发电机转子等
38CrMoAlA	940 水、油	640 水、油	850	1 000	15	90	镗床镗杆、蜗杆、高压阀门等
40CrNiMoA	850 油	600 水、油	850	1 000	12	100	受冲击载荷的高强度零件，如锻压机床的传动偏心轴，压力机曲轴等大截面而重要的零件
25Cr2Ni4WA	850 油	500 水、油	950	1 100	11	90	断面20 mm以下，完全淬透的重要零件，也与12Cr2Ni4相同，可制作高级渗碳件
40CrMnMo	850 油	600 水、油	800	1 000	10	80	代替40CrMnMo

表13.6 常用弹簧钢的钢号、热处理工艺、力学性能及用途

类别	钢号	热处理工艺/℃		力学性能(不小于)			用途举例
		淬火	回火	σ_s /MPa	σ_b /MPa	δ /%	
碳素弹簧钢	65	840 油	500	800	1 000	9	主要用于气门弹簧、弹簧圈、弹簧垫片、琴钢丝等
	85	820 油	480	1 000	1 150	6	截面不大、承载强度不太高的振动弹簧,如汽车、拖拉机及一般机械上的扁形弹簧、圆形螺旋弹簧等
	65Mn	830 油	540	800	1 000	8	较大尺寸的扁、圆形弹簧,汽车离合器弹簧、制动弹簧
合金弹簧钢	55Si2Mn	870 水、油	480	1 200	1 300	6	$\phi 20 \sim 25$ mm 的弹簧,工作温度低于 230 ℃
	60Si2Mn	870 油	480	1 200	1 300	5	$\phi 25 \sim 30$ mm 的弹簧,工作温度低于 300 ℃
	50CrVA	850 油	500	1 150	1 300	10	$\phi 30 \sim 50$ mm 的弹簧,工作温度低于 210 ℃ 的气阀弹簧
	60Si2CrVA	850 油	410	1 700	1 900	6	$\phi < 50$ mm 弹簧,工作温度低于 250 ℃
	55Si MnMoV	880 油	550	1 300	1 400	6	$\phi < 75$ mm 弹簧,重型汽车、越野汽车大截面板簧

表13.7 滚动轴承钢的钢号、热处理工艺、力学性能及用途

钢 号	热处理工艺/℃		回火后硬度 /HRC	用途举例
	淬火	回火		
GCr6	800 ~ 820 水、油	150 ~ 170	62 ~ 64	$\phi < 10$ mm 的滚珠、滚柱及滚针
GCr9	810 ~ 830 水、油	150 ~ 170	62 ~ 64	$\phi < 20$ mm 的滚珠、滚柱及滚针
GCr9SiMn	810 ~ 830 水、油	150 ~ 160	62 ~ 64	臂厚 < 12 mm、外径 > 250 mm 的套圈,$\phi > 50$ mm 的钢球,$\phi > 22$ mm 的滚子
GCr15	820 ~ 840 水、油	150 ~ 160	62 ~ 64	与 GCr9SiMn 相同
GCr15SiMn	820 ~ 840 水、油	150 ~ 170	62 ~ 64	臂厚 ≥12 mm、外径 > 250 mm 的套圈,$\phi > 50$ mm 的钢球,$\phi > 22$ mm 的滚子

(3)工具钢

工具钢是用来制造刀具、模具和量具的钢。按化学成分,可分为碳素工具钢、低合金工具钢、高合金工具钢等。按用途,可分为刃具钢、模具钢和量具钢。

碳素工具钢属于含碳量 0.65% ~ 1.35% 的高碳钢,常用于制造钳工、木工和形状简单受力不大的刃具、磨具。在碳素工具钢的基础上加入少量(一般不超过 3% ~ 5%)的硅、锰、铬、钼、钨、钒等合金元素,就形成了低合金工具钢。常用的低合金工具钢如 9SiCr,CrWMn,9Mn2V 等。高速钢是一种含有钨、铬、钒等多种元素的高碳高合金工具钢。高速钢用于制造高速切削用车刀、刨刀、钻头、铣刀等。常用高速钢如 W6Mo5Cr4V2,W9Mo3Cr4V 等。

模具钢一般分为冷作模具钢和热作模具钢两大类。冷作模具钢用于制造冷冲模和冷挤压模等,工作温度大都接近室温。常用的冷作模具钢有 Cr12,Cr12MoV 等。热作模具钢用于制造热锻模和压铸模等,工作时型腔表面温度可高达 600 ℃ 以上。常用的热作模具钢如5CrNiMo,5CrMnMo,3Cr2W8V 等。

量具钢是用于制造量具的钢,如卡尺、千分尺、块规及塞尺等。量具钢要求硬度高、组织稳定性高、耐磨性好。常用的量具用钢包括碳素工具钢和低合金工具钢。

(4)特殊性能钢

特殊性能钢是指具有特殊的物理、化学性能的钢,包括不锈钢、耐热钢和耐磨钢等。

不锈钢是指能抵抗大气或酸等化学介质腐蚀的钢。不锈钢并非不生锈,只是在不同介质中的腐蚀行为不一样。不锈钢可分为马氏体不锈钢(如 4Cr13 等)、铁素体不锈钢(如 0Cr13等)、奥氏体不锈钢(如 1Cr18Ni9Ti 等)。

耐热钢是指高温下仍具有一定强度和抗氧化、耐腐蚀能力的钢。耐热钢常用于制造蒸汽锅炉、蒸汽轮机、燃气轮机、喷气发动机、火箭以及原子能装置的构件或零件。常用耐热钢有4Cr10Si2Mo,4Cr14Ni14W2Mo 等。

耐磨钢是指具有高耐磨性的钢种,广义耐磨钢包括工具钢、轴承钢等。高锰耐磨钢主要用于制造铁道上的辙尖、辙岔、转辙器以及挖掘机铲斗,碎石机颚板、衬板、磨板及坦克车履带板等。

13.5.3 铸铁

铸铁是含碳量大于 2.11% 的铁碳合金。铸铁是人类历史上使用得较早的金属材料之一,目前仍广泛应用于机械制造、冶金、石油化工、交通、建筑等领域。铸铁制造零件毛坯只能用铸造方法,不能用锻造或轧制方法。铸铁组织与钢的区别在于铸铁组织中存在不同形状的游离石墨。

根据碳在铸铁中的存在形式,铸铁可分为:白口铸铁,碳的主要存在形式是渗碳体,断口呈白色;灰铸铁,碳的主要存在形式是碳的单质,即游离状态石墨,断口呈黑灰色;麻口铸铁,其中的碳既有游离石墨又有渗碳体。

根据石墨在铸铁中的存在形式,灰口铸铁又可分为:普通灰铸铁,石墨呈片状;球墨铸铁,石墨呈球状;蠕墨铸铁,石墨呈蠕虫状;可锻铸铁,石墨呈团絮状。

白口铸铁的脆性特别大,又特别坚硬,作为零件在工业上很少用,多作为炼钢用的原料,作为原料时,通常称它为生铁。在铸铁中还有一类特殊性能铸铁,如耐热铸铁、耐蚀铸铁、耐磨铸铁等,它们都是为了改善铸铁的某些特殊性能加入一定的合金元素 Cr,Ni,Mo,Si 等,故又把这类铸铁称为合金铸铁。

按组织分,灰铸铁又可分为铁素体基灰铸铁、铁素体加珠光体基灰铸铁、珠光体基灰铸铁。

(1)灰铸铁

灰铸铁的成分大致范围为:$w_C = 2.5\% \sim 4.0\%$,$w_{Si} = 1.0\% \sim 3.0\%$,$w_{Mn} = 0.25\% \sim 1.0\%$,$w_S = 0.02\% \sim 0.20\%$,$w_P = 0.05\% \sim 0.50\%$。具有上述成分范围的铁液在进行缓慢冷却凝固时,将发生石墨化,析出片状石墨。其断口呈黑灰色,其显微组织如图 13.28 所示。

灰铸铁的性能与普通碳钢相比,具有以下特点:

1) 力学性能低

其抗拉强度和塑性、韧性都远远低于钢。这是由于灰铸铁中片状石墨的存在,不仅在其尖端处引起应力集中,而且破坏了基体的连续性。但是,灰铸铁在受压时石墨片破坏基体连续性的影响则大为减轻,其抗压强度是抗拉强度的 2.5 ~ 4 倍。因此,常用灰铸铁制造机床床身、底座等耐压零部件。

图 13.28　灰铸铁的显微组织

2) 耐磨性与减振性好

由于铸铁中石墨有利于润滑及储油,故耐磨性好。同样,由于石墨的存在,灰铸铁的减振性优于钢。

3) 工艺性能好

由于灰铸铁含碳量高,接近于共晶成分,故熔点比较低,流动性良好,收缩率小,因此铸造性能好,适宜于铸造结构复杂或薄壁铸件。另外,由于石墨使切削加工时易于断屑,因此,灰铸铁的切削加工性能优于钢。

表 13.8 为常用灰铸铁的牌号、力学性能及用途。牌号中“HT”为“灰铁”的汉语拼音首字母,在“HT”后面的数字表示最低抗拉强度值。

表 13.8　灰铸铁的牌号、力学性能及用途

牌号	铸件壁厚 /mm		σ_b /MPa	显微组织		用　途
	>	<	≥	基体	石墨	
HT100	2.5	10	130	F	粗片状	下水管、底座、外罩、端盖、手轮、手把、支架等形状简单、不甚重要的零件
	10	20	100			
	20	30	90			
	30	50	80			
HT150	2.5	10	175	F + P	较粗片状	机械制造业中一般铸件,如底座、手轮、刀架等;冶金工业中流渣槽、渣缸、轧钢机托辊等;机车用一般铸件,如水泵壳、阀体、阀盖等;动力机械中拉钩、框架、阀门、油泵壳等
	10	20	145			
	20	30	130			
	30	50	120			
HT200	2.5	10	220	P	中等片状	一般运输机械中的汽缸体、缸盖、飞轮等;一般机床中的床身、箱体等;通用机械承受中等压力的泵体、阀体等;动力机械中的外壳、轴承座、水套筒等
	10	20	195			
	20	30	170			
	30	50	160			

续表

牌号	铸件壁厚 /mm		σ_b /MPa	显微组织		用途
	>	<	≥	基体	石墨	
HT250	4	10	270	细 P	较细片状	运输机械中薄壁缸体、缸盖、进排气歧管等;机床中立柱、横梁、床身、滑板、箱体等;冶金矿山机械中的轨道板、齿轮等;动力机械中的缸体、缸盖、活塞等
	10	20	240			
	20	30	220			
	30	50	200			
HT300	10	20	290	细 P	细小片状	机床导轨、受力较大的机床床身、立柱、机座等;水泵出口管、吸入盖等;动力机械中的液压阀体、蜗轮,汽轮机隔板、泵壳,大型发动机缸体、缸盖等
	20	30	250			
	30	50	230			
HT350	10	20	340	细 P	细小片状	大型发动机缸体、缸盖、衬套等;水泵缸体、阀体、凸轮等;机床导轨、工作台等摩擦件;需经表面淬火的铸件
	20	30	290			
	30	50	260			

(2)球墨铸铁

在浇注前向铁液中加入球化剂和孕育剂进行球化处理和孕育处理,则可获得石墨呈球状分布的球墨铸铁,如图 13.29 所示。球墨铸铁常用的球化剂有镁、稀土或稀土镁,孕育剂常用的是硅铁和硅钙。球墨铸铁的化学成分范围为:$w_C = 3.6\% \sim 3.9\%$, $w_{Si} = 2.0\% \sim 3.2\%$, $w_{Mn} = 0.3\% \sim 0.8\%$, $w_S < 0.07\%$, $w_P = 0.1\%$, $w_{Mg} = 0.03\% \sim 0.08\%$。与灰铸铁相比,球墨铸铁具有较高的抗拉强度和弯曲疲劳强度,也具有相当良好的塑性及韧性。在一定条件下球墨铸铁可代替铸钢、锻钢等,制造受力复杂、负荷较大和要求耐磨的铸件。

图 13.29　球墨铸铁的显微组织

表 13.9 为常用球墨铸铁的牌号、力学性能及用途。牌号中的"QT"是"球铁"的汉语拼音的首字母,为球墨铸铁的代号;在"QT"后面的两组数字分别表示最低抗拉强度和最低伸长率。

(3)蠕墨铸铁

蠕墨铸铁是由铁液经变质处理和孕育处理冷却凝固后所获得的一种铸铁。通常采用的变质元素(又称蠕化剂)有稀土硅铁镁合金、稀土硅铁合金、稀土硅铁钙合金或混合稀土等。蠕墨铸铁中的石墨形态介于片状和球状之间(见图 13.30),石墨为短小的蠕虫状,形态弯曲,端部圆钝。由于蠕墨铸铁的组织是介于灰铸铁与球墨铸铁之间,因此蠕墨铸铁的性能也介于两者之间,即强度和韧性高于灰铸铁,但不如球墨铸铁。蠕墨铸铁的耐磨性较好。蠕墨铸铁的导热性比球墨铸铁要高得多,几乎接近于灰铸铁,它的高温强度、热疲劳性能大大优于灰铸铁。

蠕墨铸铁的减振能力优于球墨铸铁,铸造性能接近于灰铸铁,铸造工艺简便,成品率高。

表 13.9　球墨铸铁的牌号、力学性能及用途

牌号	基体	力学性能(不小于)					用　途
		σ_s /MPa	$\sigma_{0.2}$ /MPa	δ /%	α_K /J·cm^{-2}	HBS	
QT400-18	F	400	250	17	60	≤179	阀门的阀体和阀盖,汽车、内燃机车、拖拉机底盘零件,机床零件等
QT400-15	F	420	270	10	30	≤207	
QT500-7	F + P	500	350	5	—	147 ~ 241	机油泵齿轮、机车、车辆轴瓦等
QT600-3	P	600	420	2	—	229 ~ 302	柴油机、汽油机的曲轴、凸轮轴等;磨床、铣床、车床的主轴等;空压机、冷冻机的缸体、缸套等
QT700-2	P	700	490	2	—	229 ~ 304	
QT800-2	S$_{回}$	800	560	2	—	241 ~ 321	
QT900-2	B$_下$	1 200	840	1	30	≥38HRC	拖拉机减速齿轮、柴油机凸轮轴等

　　蠕墨铸铁的化学成分一般为: $w_C = 3.4\% \sim 3.6\%$, $w_{Si} = 2.4\% \sim 3.0\%$, $w_{Mn} = 0.4\% \sim 0.6\%$, $w_S \leq 0.06\%$, $w_P \leq 0.07\%$ 。对于珠光体蠕墨铸铁,要加入珠光体稳定元素,使铸态珠光体量提高。

　　表 13.10 为蠕墨铸铁的牌号、力学性能及用途。牌号中的"RuT"是"蠕铁"二字的汉语拼音字母,为蠕墨铸铁代号;在"RuT"后面的数字表示最低抗拉强度,蠕化率为在有代表性的显微视野内,蠕虫状石墨数目与全部石墨数目的百分比。

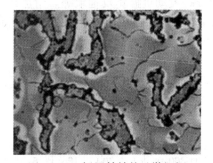

图 13.30　蠕墨铸铁的显微组织

表 13.10　蠕墨铸铁的牌号、力学性能及用途

牌 号	力学性能(不小于)			HBS	蠕化率 /%	基体组织	用　途
	σ_s /MPa	$\sigma_{0.2}$ /MPa	δ /%				
RuT420	420	335	0.75	200 ~ 280	≥50	P	活塞环、制动盘、钢球研磨盘、泵体等
RuT380	380	300	0.75	193 ~ 274	≥50	P	
RuT340	340	270	1.0	170 ~ 249	≥50	P + F	机床工作台、大型齿轮箱体、飞轮等
RuT300	300	240	1.5	140 ~ 217	≥50	F + P	变速器箱体、汽缸盖、排气管等
RuT260	260	195	3.0	121 ~ 197	≥50	F	汽车底盘零件、增压器零件等

（4）可锻铸铁

可锻铸铁是由白口铸铁经长时间石墨化退火而获得的一种高强度铸铁，又称马铁。白口铸铁中的渗碳体在退火过程中分解出团絮状石墨（见图13.31），因此明显减轻了石墨对基体的割裂。与灰铸铁相比，可锻铸铁的强度和韧性有明显提高，耐蚀性较好。可锻铸铁不可锻，不能用锻造方法制成零件。

可锻铸铁的化学成分一般为：$w_C = 2.5\% \sim 3.2\%$，$w_{Si} = 0.6\% \sim 1.3\%$，$w_{Mn} = 0.4\% \sim 0.6\%$，$w_S = 0.05\% \sim 0.1\%$，$w_P = 0.1\% \sim 0.26\%$。

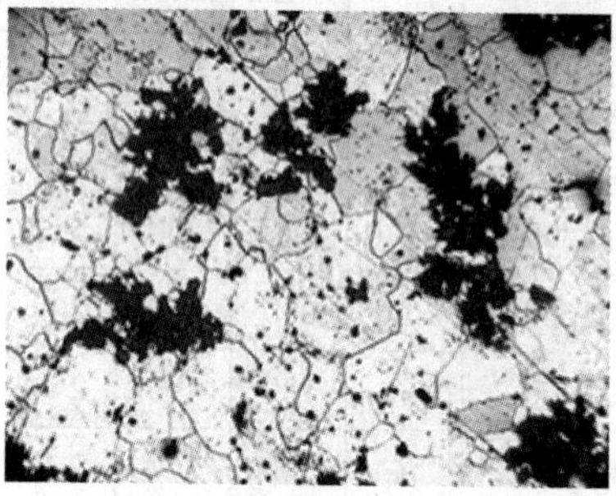

表13.11为可锻铸铁的牌号、力学性能及用途。牌号中的"KT"是"可铁"二字汉语拼音的大写首字母，为可锻铸铁代号，"H"表示"黑心"，"Z"表示珠光体基体；后面的两组数字分别表示最低抗拉强度和最低伸长率。

图13.31 可锻铸铁的显微组织

（5）合金铸铁

合金铸铁通常包括耐磨铸铁、耐热铸铁和耐蚀铸铁等。耐磨铸铁主要用于矿山及建筑机械，如球磨机衬板、磨球、发动机缸套及轴承等。耐热铸铁常用做加热炉炉底板、换热器和废气管道等部件。耐蚀铸铁主要用于化工机械，如制度化工机械的容器、管件、耐酸泵及阀门等。

表13.11 可锻铸铁的牌号、力学性能及用途

牌　号	基体	力学性能（不小于）				用　途
		σ_s /MPa	$\sigma_{0.2}$ /MPa	δ /%	HBS	
KTH300-06	F	300	186	6	120～150	管道、弯头、接头、三通、中压阀门
KTH330-08	F	330	—	8	120～150	扳手；犁刀；纺机和印花机盘头
KTH350-10	F	350	200	10	120～150	汽车前后轮毂、差速器壳、制动器支架、铁道扣板、电动机壳、犁刀等
KTH370-12	F	370	226	12	120～150	曲轴、凸轮轴、连杆、齿轮、摇臂、活塞环、轴套、犁刀、耙片、万向节头、棘轮、扳手、传动链条、矿车轮等
KTZ450-06	P	450	270	6	150～200	
KTZ550-04	P	550	340	4	180～250	
KTZ650-02	P	650	430	2	210～260	
KTZ700-02	P	700	530	2	240～290	

13.6 有色金属及其合金

13.6.1 铝及其合金

(1) 纯铝

纯铝是一种银白色的轻金属,熔点为 660 ℃,具有面心立方晶格结构,没有同素异构转变。纯铝主要用于制造电线、铝箔、耐蚀器皿和生活器皿等。其主要性能特征如下:

1) 具有优良的物理化学性能

纯铝密度小(2 720 kg/m³),只有铁的 1/3;导电性好,仅次于银、铜和金;导热性好,比铁几乎大 3 倍。纯铝化学性质活泼,在大气中极易与氧作用,在表面形成一层牢固致密的氧化膜,可阻止进一步氧化,从而使它在大气和淡水中具有良好的耐蚀性。

2) 加工性能良好

纯铝在低温下,甚至在超低温下都具有良好的塑性和韧性,易于通过压力加工制成各种规格产品;纯铝也易于铸造和切削。但纯铝的强度很低,其抗拉强度仅有 90～120 MPa,一般不宜制作承受较大载荷的机械零件。

纯铝按其纯度分为高纯铝、工业高纯铝和工业纯铝。高纯铝的纯度为 99.93%～99.996%,主要用于科研和电容器;工业高纯铝的纯度为 99.85%～99.9%,主要用于制造铝箔及铝合金原料;工业纯铝的纯度为 98.0%～99.0%,主要用于配制铝基合金和制造导线、电缆等。

(2) 铝合金

铝合金中常用合金元素有硅、镁、铜、锰、锌及稀土等。这些合金元素与铝大都具有类似的相图。根据铝合金的成分、组织和工艺特点,可将其分为铸造铝合金与变形铝合金两大类。变形铝合金具有良好的塑性变形能力,可通过压力加工(轧制、挤压、模锻等)制成产品。铸造铝合金具有良好的铸造性能,可将熔融的合金直接浇铸成形状复杂的铸件。

由图 13.32 可知,凡位于相图上 D 点成分以左的合金,在加热至高温时能形成单相固溶体组织,合金的塑性较高,适用于压力加工,故称为变形铝合金;凡位于 D 点成分以右的合金,因含有共晶组织,液态流动性较高,适用于铸造,故称为铸造铝合金。对于变形铝合金,位于 F 点以左成分的合金,在固态始终是单相的,不能进行热处理强化,被称为不可热处理强化的铝合金。成分在 F 和 D 之间的铝合金,由于合金元素在铝中有溶解度的变化会析出第二相,可通过热处理使合金强度提高,故称为可热处理强化铝合金。

13.6.2 铜及其合金

(1) 纯铜

纯铜是玫瑰红色金属,表面形成氧化铜膜后,外观呈紫红色,故常称为紫铜。纯铜有优异的物理化学性能,高的导电、导热能力,在大气和淡水中的耐腐蚀能力也很高。铜还有良好的冷热加工性能和铸造性能。但纯铜的强度低,不宜直接用作结构材料。纯铜主要用于制作电工导体以及配制各种铜合金。

工业纯铜中含有锡、铋、氧、硫、磷等杂质,它们都使铜的导电能力下降。铅和铋能与铜形

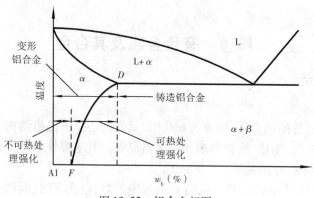

图 13.32　铝合金相图

成熔点很低的共晶体(Cu + Pb)和(Cu + Bi),共晶温度分别为 326 ℃和 270 ℃,分布在铜的晶界上。进行热加工时(温度为 820 ~ 860 ℃),因共晶体熔化,破坏晶界的结合,使铜发生脆性断裂(热裂)。氧、硫与铜也形成共晶体(Cu + Cu$_2$S)和(Cu + Cu$_2$O),共晶温度分别为 1 067 ℃和 1 065 ℃,因共晶温度高,它们不引起热脆性。但由于 Cu$_2$S,Cu$_2$O 都是脆性化合物,在冷加工时易促进破裂(冷脆)。

根据杂质的含量,工业纯铜可分为 4 种:T1,T2,T3,T4。"T"为铜的汉语拼音首字母,编号越大,纯度越低。

（2）黄铜

铜锌合金或以锌为主要合金元素的铜合金称为黄铜。黄铜具有良好的塑性和耐腐蚀性、良好的变形加工性能和铸造性能。按化学成分的不同,黄铜可分为普通黄铜和特殊黄铜两类。特殊黄铜又分为锡黄铜、铅黄铜、铝黄铜、硅黄铜及锰黄铜等。

（3）青铜

铜与锡的合金最早称为青铜。现在习惯把除黄铜以外的所有铜合金都称为青铜。青铜实际上包含锡青铜、铝青铜、铍青铜及硅青铜等。青铜也可分为压力加工青铜和铸造青铜两类。

思考题与习题

1. 金属材料分哪几类?

2. 金属材料的性能主要包括哪几方面? 举例说明机械零件选材中力学性能、物理性能、化学性能、工艺性能的重要性。

3. 常用的测量硬度的方法有哪几种? 如何选用?

4. 简述金属常见的 3 种晶体结构的基本特点和铁的同素异构转变。

5. 与理想金属晶体相比,实际的金属晶体结构有什么不同?

6. 固溶体和化合物分哪几种? 它们的特性如何?

7. 简述合金、组元、铁素体、奥氏体、马氏体、渗碳体及珠光体等术语的概念。

8. 画出铁碳合金相图,说明图中特性点、线的物理意义并在图中标出 7 种铁碳合金的位置和成分范围。

9. 简述热处理的概念和基本类型。

10. 简述钢加热时的转变过程和钢加热时常见的缺陷。

11. 简述珠光体转变、贝氏体转变和马氏体转变的特征。

12. 叙述退火、正火、淬火及回火的工艺和应用。

13. 简述工业用钢的分类和编号方法,并就每种结构钢列举出典型的钢号。

14. 铸铁分哪几类? 与钢相比,在性能、组织和应用等方面有哪些特征?

15. 铜、铝及其合金的性能与钢比,有何特征? 它们主要应用于哪些领域?

附　录

附表1　深沟球轴承(摘自 GB/T 276—1994)

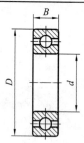

轴承代号	基本尺寸			基本额定载荷		极限转速	
60000 型	d	D	B	C_r	C_{0r}	脂润滑	油润滑
	mm			kN		r/min	
6005	25	47	12	10.0	5.85	13 000	17 000
6205		52	15	14.0	7.88	12 000	16 000
6305		62	17	22.2	11.5	10 000	14 000
6405		80	21	38.2	19.2	8 500	11 000
6006	30	55	13	13.2	8.30	10 000	14 000
6206		62	16	19.5	11.5	9 500	13 000
6306		72	19	27.0	15.2	9 000	12 000
6406		90	23	47.5	24.5	8 000	10 000
6007	35	62	14	16.2	10.5	8 500	11 000
6207		72	17	25.5	15.2	8 000	10 000
6307		80	21	33.2	19.2	7 500	9 000
6407		100	25	56.8	29.5	6300	8 000
6008	40	68	15	17.0	11.8	8 500	11 000
6208		80	18	29.5	18.0	8 000	10 000
6308		90	23	40.8	24.0	7 000	9 000
6408		110	27	65.5	37.5	6300	8 000

轴承代号	基本尺寸			基本额定载荷		极限转速	
	d	D	B	C_r	C_{0r}	脂润滑	油润滑
60000 型	mm			kN		r/min	
6009	45	75	16	21.0	14.8	8 000	10 000
6209		85	19	31.5	20.5	7 000	9 000
6309		100	25	52.8	31.8	6 300	8 000
6409		120	29	77.5	45.5	5 600	7 000
6010	50	80	16	22.0	16.2	7 000	9 000
6210		90	20	35.0	23.2	6 700	8 500
6310		110	27	61.8	38.0	6 000	7 500
6410		130	31	92.2	55.2	5 300	6 700
6011	55	90	18	30.2	21.8	6 300	8 000
6211		100	21	43.2	29.2	6 000	7 500
6311		120	29	71.5	44.8	5 300	6 700
6411		140	33	100	62.2	4 800	6 000

附表 2　角接触球轴承(单列)(摘自 GB/T 292—2007)

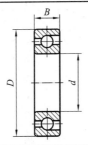

轴承代号	基本尺寸			基本额定载荷		极限转速	
	d	D	B	C_r	C_{0r}	脂润滑	油润滑
70000 型	mm			kN		r/min	
7005 C	25	47	12	11.5	7.45	12 000	17 000
7005 AC		47	12	11.2	7.08	12 000	17 000
7205 C		52	15	16.5	10.5	11 000	16 000
7205 AC		52	15	15.8	9.88	11 000	16 000
7205 B		52	15	15.8	9.45	9 500	14 000
7305 B		62	17	26.2	15.2	8 500	12 000

续表

轴承代号	基本尺寸			基本额定载荷		极限转速	
70000 型	d	D	B	C_r	C_{0r}	脂润滑	油润滑
	mm			kN		r/min	
7006C		55	13	15.2	10.2	9 500	14 000
7006AC		55	13	14.5	9.85	9 500	13 000
7206C	30	62	16	23.0	15.0	9 000	13 000
7206AC		62	16	22.0	14.2	9 000	13 000
7206B		62	16	20.5	13.8	8 500	12 000
7306B		72	19	31.0	19.2	7 500	10 000
7007C		62	14	19.5	14.2	8 500	12 000
7007AC		62	14	18.5	13.5	8 500	12 000
7207C	35	72	17	30.5	20.0	8 000	11 000
7207AC		72	17	29.0	19.2	8 000	11 000
7207B		72	17	27.0	18.8	7 500	10 000
7307B		80	21	38.2	24.5	7 000	9 500
7008C		68	15	20.0	15.2	8 000	11 000
7008AC		68	15	19.0	14.5	8 000	11 000
7208C		80	18	36.8	25.8	7 500	10 000
7208AC	40	80	18	35.2	24.5	7 500	10 000
7208B		80	18	35.2	23.5	6 700	9 000
7308B		90	23	46.2	30.5	6 300	8 500
7408B		110	27	67.0	47.5	6 000	8 000
7009C		75	16	25.8	20.5	7 500	10 000
7009AC		75	16	25.8	19.5	7 500	10 000
7209C	45	85	19	38.5	28.5	6 700	9 000
7209AC		85	19	36.8	27.2	6 700	9 000
7209B		85	19	36.8	26.2	6 300	8 500
7309B		100	25	59.5	39.8	6 000	8 000
7010C		80	16	26.5	22.0	6 700	9 000
7010AC		80	16	25.2	21.0	6 700	9 000
7210C		90	20	42.8	32.0	6 300	8 500
7210AC	50	90	20	40.8	30.5	6 300	8 500
7210B		90	20	37.5	29.0	5 600	7 500
7310B		110	27	68.2	48.0	5 000	6 700
7410B		130	31	95.2	64.2	5 000	6 700

附表 3　圆锥滚子轴承(单列)(摘自 GB/T 297—1994)

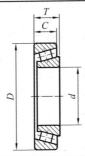

轴承代号	基本尺寸					基本额定载荷		极限转速		计算系数		
	d	D	T	B	C	C_r	C_{0r}	脂润滑	油润滑	e	Y	Y_0
30000C	mm					kN		r/min				
32905	25	42	12	12	9	16.0	21.0	6 300	10 000	0.32	1.9	1
32005		47	15	15	11.5	28.0	34.0	7 500	9 500	0.43	1.4	0.8
33005		47	17	17	14	32.5	42.5	7 500	9 500	0.29	2.1	1.1
30205		52	16.25	15	13	32.2	37.0	7 000	9 000	0.37	1.6	0.9
33205		52	22	22	18	47.0	55.8	7 000	9 000	0.35	1.7	0.9
30305		62	18.25	17	15	46.8	48.0	6 300	8 000	0.3	2	1.1
31305		62	18.25	17	13	40.5	46.0	6 300	8 000	0.83	0.7	0.4
32305		62	25.25	24	20	61.5	68.8	6 300	8 000	0.3	2	1.1
32906	30	47	12	12	9	17.0	23.2	7 000	9 000	0.32	1.9	1
32006X2		55	17	16	14	27.8	35.5	6 300	8 500	0.26	2.3	1.3
32006		55	17	17	13	35.8	46.8	6 300	8 500	0.43	1.4	0.8
33006		55	20	20	16	43.8	58.8	6 300	8 500	0.29	2.1	1.1
30206		62	17.25	16	14	43.2	50.5	6 000	7 500	0.37	1.6	0.9
32206		62	21.25	20	17	51.8	63.8	6 000	7 500	0.37	1.6	0.9
33206		62	25	25	19.5	63.8	75.5	6 000	7 500	0.34	1.8	1
30306		72	20.75	19	16	59.0	63.0	5 600	7 000	0.31	1.9	1.1
31306		72	20.75	19	14	52.5	60.5	5 600	7 000	0.83	0.7	0.4
32306		72	28.75	17	23	81.5	96.5	5 600	7 000	0.31	1.9	1.1
32007	35	62	18	18	14	43.2	59.2	5 600	7 000	0.44	1.4	0.8
33007		62	21	21	17	46.8	63.2	5 600	7 000	0.31	2	1.1
30207		72	18.25	17	15	54.2	63.5	5 300	6 700	0.37	1.6	0.9
32207		72	24.25	23	19	70.5	89.5	5 300	6 700	0.37	1.6	0.9
33207		72	28	28	22	82.5	102	5 300	6 700	0.35	1.7	0.9
30307		80	22.75	21	18	75.2	82.5	5 000	6 300	0.31	1.9	1.1
31307		80	22.75	21	15	65.8	76.8	5 000	6 300	0.83	0.7	0.4
32307		80	32.75	31	25	99.0	118	5 000	6 300	0.31	1.9	1.1

续表

轴承代号	基本尺寸					基本额定载荷		极限转速		计算系数		
	d	D	T	B	C	C_r	C_{0r}	脂润滑	油润滑	e	Y	Y_0
30000C	mm					kN		r/min				
32008		68	19	19	14.5	51.8	71.0	5 300	6 700	0.38	1.6	0.9
33008		68	22	22	18	60.2	79.5	5 300	6 700	0.28	2.1	1.2
33108		75	26	26	20.5	84.8	110	5 000	6 300	0.37	1.6	0.9
30208		80	19.75	18	16	53.0	74.0	5 000	6 300	0.37	1.6	0.9
32208	40	80	24.75	23	19	77.8	97.2	5 000	6 300	0.36	1.7	0.9
33208		80	32	32	25	10.5	135	5 000	6 300	0.36	1.7	0.9
30308		90	25.25	23	20	90.8	108	4 500	5 600	0.35	1.7	1
31308		90	25.25	23	17	81.5	96.5	4 500	5 600	0.83	0.7	0.4
32308		90	32.75	33	27	115	148	4 500	5 600	0.35	1.7	1
32009		75	20	20	15.5	58.8	81.5	5 000	6 300	0.39	1.5	0.8
33009		75	24	24	19	72.5	100	5 000	6 300	0.32	1.9	1
33109		80	26	26	20.5	87	118	4 500	5 600	0.38	1.6	1
30209		85	20.75	19	16	67.8	83.5	4 500	5 600	0.4	1.5	0.8
32209	45	85	24.75	23	19	80.8	105	4 500	5 600	0.4	1.5	0.8
33209		85	32	32	25	110	145	4 500	5 600	0.39	1.5	0.9
30309		100	27.25	25	18	95.5	115	4 000	5 000	0.35	1.7	1
31309		100	27.25	25	18	95.5	115	4 000	5 000	0.83	0.7	0.4
32309		100	38.25	36	30	145	118	4 000	5 000	0.35	1.7	1
32010		80	20	20	15.5	61.0	89	4 500	5 600	0.42	1.4	0.8
33010		80	24	24	19	76.8	110	4 500	5 600	0.32	1.9	1
33110		85	26	26	20	89.2	125	4 300	5 300	0.41	1.5	0.8
30210		90	21.75	20	17	73.2	92.0	4 300	5 300	0.42	1.4	0.8
32210	50	90	24.75	23	19	82.8	108	4 300	5 300	0.42	1.4	0.8
33210		90	32	32	24.5	112	155	4 300	5 300	0.41	1.5	0.8
30310		110	29.25	27	23	130	158	3 800	4 800	0.35	1.7	1
31310		110	29.75	27	19	108	128	3 800	4 800	0.83	0.7	0.4
32310		110	42.25	40	33	178	235	3 800	4 800	0.35	1.7	1

附表4　标准公差数值(GB/T 1800.1—2009)

基本尺寸/mm		标准公差等级																	
		IT1	IT2	IT3	IT4	IT5	IT6	IT7	IT8	IT9	IT10	IT11	IT12	IT13	IT14	IT15	IT16	IT17	IT18
大于	至	μm											mm						
—	3	0.8	1.2	2	3	4	6	10	14	25	40	60	0.1	0.14	0.25	0.4	0.6	1	1.4
3	6	1	1.5	2.5	4	5	8	12	18	30	48	75	0.12	0.18	0.3	0.48	0.75	1.2	1.8
6	10	1	1.5	2.5	4	6	9	15	22	36	58	90	0.15	0.22	0.36	0.58	0.9	1.5	2.2
10	18	1.2	2	3	5	8	11	18	27	43	70	110	0.18	0.27	0.43	0.7	1.1	1.8	2.7
18	30	1.5	2.5	4	6	9	13	21	33	52	84	130	0.21	0.33	0.52	0.84	1.3	2.1	3.3
30	50	1.5	2.5	4	7	11	16	25	39	62	100	160	0.25	0.39	0.62	1	1.6	2.5	3.9
50	80	2	3	5	8	13	19	30	46	74	120	190	0.3	0.46	0.74	1.2	1.9	3	4.6
80	120	2.5	4	6	10	15	22	35	54	87	140	220	0.35	0.54	0.87	1.4	2.2	3.5	3.9
120	180	3.5	5	8	12	18	25	40	63	100	160	250	0.4	0.63	1	1.6	2.5	4	6.3
180	250	4.5	7	10	14	20	29	46	72	115	185	290	0.46	0.72	1.15	1.85	2.9	4.6	7.2
250	315	6	8	12	16	23	32	52	81	130	210	320	0.52	0.81	1.3	2.1	3.2	5.2	8.1
315	400	7	9	13	18	25	36	57	89	140	230	360	0.57	0.89	1.4	2.3	3.6	5.7	8.9
400	500	8	10	15	20	27	40	63	97	155	250	400	0.63	0.97	1.55	2.5	4	6.3	9.7
500	630	9	11	16	22	32	44	70	110	175	280	440	0.7	1.1	1.75	2.8	4.4	7	11
630	800	10	13	18	25	36	50	80	125	200	320	500	0.8	1.25	2	3.2	5	8	12.5
800	1 000	11	15	21	28	40	56	90	140	230	360	560	0.9	1.4	2.3	3.6	5.6	9	14
1 000	1 250	13	18	24	33	47	66	105	165	260	420	660	1.05	1.65	2.6	4.2	6.6	10.5	16.5
1 250	1 600	15	21	29	39	55	78	125	195	310	500	780	1.25	1.95	3.1	5	7.8	12.5	19.5
1 600	2 000	18	25	35	46	65	92	150	230	370	600	920	1.5	2.3	3.7	6	9.2	15	23
2 000	2 500	22	30	41	55	78	110	175	280	440	700	1 100	1.75	2.8	4.4	7	11	17.5	28
2 500	3 150	26	36	50	68	96	135	210	330	540	860	1 350	2.1	3.3	5.4	8.6	13.5	21	33

注:基本尺寸小于或等于1 mm时,无IT14至IT18。

附表5 轴的基本偏差数值

基本尺寸/mm		上偏差 es（所有标准公差等级）												基本偏 下			
大于	至	a	b	c	cd	d	e	ef	f	fg	g	h	js	IT5 和 IT6	IT7	IT8	IT4 至 IT7
—	3	−270	−140	−60	−34	−20	−14	−10	−6	−4	−2	0		−2	−4	−6	0
3	6	−270	−140	−70	−46	−30	−20	−14	−10	−6	−4	0		−2	−4		+1
6	10	−280	−150	−80	−56	−40	−25	−18	−13	−8	−5	0		−2	−5		+1
10	14	−290	−150	−95		−50	−32		−16		−6	0		−3	−6		+1
14	18																
18	24	−300	−160	−110		−65	−40		−20		−7	0		−4	−8		+2
24	30																
30	40	−310	−170	−120		−80	−50		−25		−9	0		−5	−10		+2
40	50	−320	−180	−130													
50	65	−340	−190	−140		−100	−60		−30		−10	0		−7	−12		+2
65	80	−360	−200	−150													
80	100	−380	−220	−170		−120	−72		−36		−12	0		−9	−15		+3
100	120	−410	−240	−180													
120	140	−460	−260	−200		−145	−85		−43		−14	0	偏差 $=\pm\dfrac{\mathrm{IT}n}{2}$ 数值，式中 ITn 是 ITn 数值	−11	−18		+3
140	160	−520	−280	−210													
160	180	−580	−310	−230													
180	200	−660	−340	−240		−170	−100		−50		−15	0		−13	−21		+4
200	225	−740	−380	−260													
225	250	−820	−420	−280													
250	280	−920	−480	−300		−190	−110		−56		−17	0		−16	−26		+4
280	315	−1 050	−540	−330													
315	355	−1 200	−600	−360		−210	−125		−62		−18	0		−18	−28		+4
355	400	−1 350	−680	−400													
400	450	−1 500	−760	−440		−230	−135		−68		−20	0		−20	−32		+5
450	500	−1 650	−840	−480													
500	560					−260	−145		−76		−22	0					
560	630																
630	710					−290	−160		−80		−24	0					
710	800																
800	900					−320	−170		−86		−26	0					
900	1 000																
1 000	1 120					−350	−195		−98		−28	0					
1 120	1 250																
1 250	1 400					−390	−220		−110		−30	0					
1 400	1 600																
1 600	1 800					−430	−240		−120		−32	0					
1 800	2 000																
2 000	2 240					−480	−260		−130		−34	0					
2 240	2 500																
2 500	2 800					−520	−290		−145		−38	0					
2 800	3 150																

注：1. 基本尺寸≤1 mm 时，基本偏差 a 和 b 均不采用。

2. 公差带 js7—js11，若 ITn 值是奇数时，则取偏差 $=\pm\mathrm{IT}/2$。

（GB/T 1800.1—2009）/μm

差数值														
偏差 ei														
≤IT3 >IT7					所有标准公差等级									
k	m	n	p	r	s	t	u	v	x	y	z	za	zb	zc
0	+2	+4	+6	+10	+14		+18		+20		+26	+32	+40	+60
0	+4	+8	+12	+15	+19		+23		+28		+35	+42	+50	+80
0	+6	+10	+15	+19	+23		+28		+34		+42	+52	+67	+97
0	+7	+12	+18	+23	+28				+40		+50	+64	+90	+130
							+39	+45			+60	+77	+108	+150
0	+8	+15	+22	+28	+35		+41	+47	+54	+63	+73	+98	+136	+188
						+41	+48	+55	+64	+75	+88	+118	+160	+218
0	+9	+17	+26	+34	+43	+48	+60	+68	+80	+94	+112	+148	+200	+274
						+54	+70	+81	+97	+114	+136	+180	+242	+325
0	+11	+20	+32	+41	+53	+66	+87	+102	+122	+144	+172	+226	+300	+405
				+43	+59	+75	+102	+120	+146	+174	+210	+274	+360	+480
0	+13	+23	+37	+51	+71	+91	+124	+146	+178	+214	+258	+335	+445	+585
				+54	+79	+104	+144	+172	+210	+254	+310	+400	+525	+690
0	+15	+27	+43	+63	+92	+122	+170	+202	+248	+300	+365	+470	+620	+800
				+65	+100	+134	+190	+228	+280	+340	+415	+535	+700	+900
				+68	+108	+146	+210	+252	+310	+380	+465	+600	+780	+1 000
0	+17	+31	+50	+77	+122	+166	+236	+284	+350	+425	+520	+670	+880	+1 150
				+80	+130	+180	+258	+310	+385	+470	+575	+740	+960	+1 250
				+84	+140	+196	+284	+340	+425	+520	+640	+820	+1 050	+1 350
0	+20	+34	+56	+94	+158	+218	315	+385	+475	+580	+710	+920	+1 200	+1 550
				+98	+170	+240	+350	+425	+525	+650	+790	+1 000	+1 300	+1 700
0	+21	+37	+62	+108	+190	+268	+390	+475	+590	+730	+900	+1 150	+1 500	+1 900
				+114	+208	+294	+435	+530	+660	+820	+1 000	+1 300	+1 650	+2 100
0	+23	+40	+68	+126	+232	+330	+490	595	+740	+920	+1 100	+1 450	+1 850	+2 400
				+132	+252	+360	+540	+660	+820	+1 000	+1 250	+1 600	+2 100	+2 600
0	+26	+44	+78	+150	+280	+400	+600							
				+155	+310	+450	+660							
0	+30	+50	+88	+175	+340	+500	+740							
				+185	+380	+560	+840							
0	+34	+56	+100	+210	+430	+620	+940							
				+220	+470	+680	+1 050							
0	+40	+66	+120	+250	+520	+780	+1 150							
				+260	+580	+840	+1 300							
0	+48	+78	+140	+300	+640	+960	+1 450							
				+330	+720	+1 050	+1 600							
0	+58	+92	+170	+370	+820	+1 200	+1 850							
				+400	+920	+1 350	+2 000							
0	+68	+110	+195	+440	+920	+1 500	+2 300							
				+460	+1 100	+1 650	+2 500							
0	+76	+135	+240	+550	+1 250	+1 900	+2 900							
				+580	+1 400	+2 100	+3 200							

附表6　孔的基本偏差数值

| 基本尺寸/mm | | 下偏差 EI 所有标准公差等级 | | | | | | | | | | | | J | | | K | | M | | N[*] | 基本偏 上 |
大于	至	A	B	C	CD	D	E	EF	F	FG	G	H	JS	IT6	IT7	IT8	≤IT8	>IT8	≤IT8	>IT8	≤IT8	>IT8
—	3	+270	+140	+60	+34	+20	+14	+10	+6	+4	+2	0		+2	+4	+6	0	0	-2	-2	-4	-4
3	6	+270	+140	+70	+46	+30	+20	+14	+10	+6	+4	0		+5	+6	+10	-1+Δ		-4+Δ	-4	-8+Δ	0
6	10	+280	+150	+80	+56	+40	+25	+18	+13	+8	+5	0		+5	+8	+12	-1+Δ		-6+Δ	-6	-10+Δ	0
10	14	+290	+150	+95		+50	+32		+16		+6	0		+6	+10	+15	-1+Δ		-7+Δ	-7	-12+Δ	0
14	18																					
18	24	+300	+160	+110		+65	+40		+20		+7	0		+8	+12	+20	-2+Δ		-8+Δ	-8	-15+Δ	0
24	30																					
30	40	+310	+170	+120		+80	+50		+25		+9	0		+10	+14	+24	-2+Δ		-9+Δ	-9	-17+Δ	0
40	50	+320	+180	+130																		
50	65	+340	190	140		+100	+60		+30		+10	0		+13	+18	+28	-2+Δ		-11+Δ	-11	-20+Δ	0
65	80	+360	+200	+150																		
80	100	+380	+220	+170		+120	+72		+36		+12	0		+16	+22	+34	-3+Δ		-13+Δ	-13	-23+Δ	0
100	120	+410	+240	+180																		
120	140	+460	+260	+200		+145	+85		+43		+14	0		+18	+26	+41	-3+Δ		-15+Δ	-15	-27+Δ	0
140	160	+520	+280	+210																		
160	180	+580	+310	+230																		
180	200	+660	+340	+240		+170	+100		+50		+15	0		+22	+33	+47	-4+Δ		-17+Δ	-17	-31+Δ	0
200	225	+740	+380	+260																		
225	250	+820	+420	+280																		
250	280	+920	+480	+300		+190	+110		+56		+17	0		+25	+36	+55	-4+Δ		-20+Δ	-20	-34+Δ	0
280	315	+1050	540	+330																		
315	355	+1200	+600	+360		+210	+125		+62		+18	0		+29	+39	+60	-4+Δ		-21+Δ	-21	-37+Δ	0
355	400	+1350	680	+400																		
400	450	+1500	+760	+440		+230	+135		+68		+20	0		+33	+43	+66	-5+Δ		-23+Δ	-23	-40+Δ	0
450	500	+1650	+840	+480																		
500	560					+260	+145		+76		+22	0										
560	630																					
630	710					+290	+160		+80		+24	0										
710	800																					
800	900					+320	+170		+86		+26	0										
900	1000																					
1000	1120					+350	+195		+98		+28	0										
1120	1250																					
1250	1400					+390	+220		+110		+30	0										
1400	1600																					
1600	1800					+430	+240		+120		+32	0										
1800	2000																					
2000	2240					+480	+260		+130		+34	0										
2240	2500																					
2500	2800					+520	+290		+145		+38	0										
2800	3150																					

JS 列：偏差 $= \pm \dfrac{ITn}{2}$，式中 ITn 是 IT 数值

注:1. 基本尺寸 ≤1 mm 时,基本偏差 A 和 B 及大于 IT8 的 N 均不采用。

2. 公差带 JS7—JS11,若 ITn 指数为奇数,则偏差 $= \pm \dfrac{ITn-1}{2}$。

3. 对 ≤IT8 的 K,M,N 和 ≤IT7 的 P—ZC,所需 Δ 值从表内右侧选取。

　　例如:18～30 mm 段的 K7:Δ=8 μm,故 ES = -2+8 = +6 μm

　　　　18～30 mm 段的 S6:Δ=4 μm,故 ES = -35+4 = -31 μm

4. 特殊情况:250～315 mm 段的 M6,ES = -9 μm(代替 -11 μm)。

（GB/T 1800. 1—2009）

差数值 偏差 ES ≤ IT7 P 至 ZC	标准公差等级大于 IT7												Δ 值 标准公差等级					
P	R	S	T	U	V	X	Y	Z	ZA	ZB	ZC	IT3	IT4	IT5	IT6	IT7	IT8
−6	−10	−14		−18		−20		−26	−32	−40	−60	0	0	0	0	0	0
−12	−15	−19		−23		−28		−35	−42	−50	−80	1	1.5	1	3	4	6
−15	−19	−23		−28		−34		−42	−52	−67	−97	1	1.5	2	3	6	7
−18	−23	−28		−33		−40		−50	−64	−90	−130	1	2	3	3	7	9
−18	−23	−28		−33	−39	−45		−60	−77	−108	−150						
−22	−28	−35		−41	−47	−54	−63	−73	−98	−136	−188	1.5	2	3	4	8	12
−22	−28	−35	−41	−48	−55	−64	−75	−88	−118	−160	−218						
−26	−34	−43	−48	−60	−68	−80	−94	−112	−148	−200	−274	1.5	3	4	5	9	14
−26	−34	−43	−54	−70	−81	−97	−114	−136	−180	−242	−325						
−32	−41	−53	−66	−87	−102	−122	−144	−172	−226	−300	−405	2	3	5	6	11	16
−32	−43	−59	−75	−102	−120	−146	−174	−210	−274	−360	−480						
−37	−51	−71	−91	−124	−146	−178	−214	−258	−335	−445	−585	2	4	5	7	13	19
−37	−54	−79	−104	−144	−172	−210	−254	−310	−400	−525	−690						
−43	−63	−92	−122	−170	−202	−248	−300	−365	−470	−620	−800	3	4	6	7	15	23
−43	−65	−100	−134	−190	−228	−280	−340	−415	−535	−700	−900						
−43	−68	−108	−146	−210	−252	−310	−380	−465	−600	−780	−1 000						
−50	−77	−122	−166	−236	−284	−350	−425	−520	−670	−880	−1 150	3	4	6	9	17	26
−50	−80	−130	−180	−258	−310	−385	−470	−575	−740	−960	−1 250						
−50	−84	−140	−196	−284	−340	−425	−520	−640	−820	−1 050	−1 350						
−56	−94	−158	−218	315	−385	−475	−580	−710	−920	−1 200	−1 550	4	4	7	9	20	29
−56	−98	−170	−240	−350	−425	−525	−650	−790	−1 000	−1 300	−1 700						
−62	−108	−190	−268	−390	−475	−590	−730	−900	−1 150	−1 500	−1 900	4	5	7	11	21	32
−62	−114	−208	−294	−435	−530	−660	−820	−1 000	−1 300	−1 650	−2 100						
−68	−126	−232	−330	−490	−595	−740	−920	−1 100	−1 450	−1 850	−2 400	5	5	7	13	23	34
−68	−132	−252	−360	−540	−660	−820	−1 000	−1 250	−1 600	−2 100	−2 600						
−78	−150	−280	−400	−600													
−78	−155	−310	−450	−660													
−88	−175	−340	−500	−740													
−88	−185	−380	560	−840													
−100	−210	−430	−620	−940													
−100	−220	−470	−680	−1 050													
−120	−250	−520	−780	−1 150													
−120	−260	−520	−780	−1 300													
−140	−300	−640	−960	−1 450													
−140	−330	−720	−1 050	−1 600													
−170	−370	−820	−1 200	−1 850													
−170	−400	−920	−1 350	−2 000													
−195	−440	−1 000	−1 500	−2 300													
−195	−460	−1 100	−1 650	−2 500													
−240	−550	−1 250	−1 900	−2 900													
−240	−580	−1 400	−2 100	−3 200													

在大于 IT7 的相应数值上添加一个 Δ 值

参考文献

[1] 闻邦椿. 机械设计手册[M]. 5 版. 北京：机械工业出版社，2010.

[2] 高志. 机械原理[M]. 上海：华东理工大学出版社，2013.

[3] 冯立艳. 机械原理[M]. 北京：机械工业出版社，2012.

[4] 陆宁，樊江玲. 机械原理[M]. 2 版. 北京：清华大学出版社，2012.

[5] 初嘉鹏，刘艳秋. 机械设计基础[M]. 北京：机械工业出版社，2014.

[6] 侯书林，尹丽娟. 机械设计基础[M]. 北京：中国农业大学出版社，2013.

[7] 王春华. 机械设计基础[M]. 北京：北京理工大学出版社，2013.

[8] 李靖华. 机械设计[M]. 重庆：重庆大学出版社，2002.

[9] 陈庭吉. 机械设计基础[M]. 北京：机械工业出版社，2002.

[10] 隋祥栋. 机械设计基础[M]. 北京：航空工业出版社，1999.

[11] 傅成昌，傅晓燕. 几何量公差与技术测量[M]. 北京：石油工业出版社，2013.

[12] 陆玉兵，朱忠伦，孙怀陵. 机械制图与公差配合[M]. 北京：北京理工大学出版社，2013.

[13] 孔晓玲. 公差与测量技术[M]. 北京：北京大学出版社，2009.

[14] 崔占全，王昆林，吴润. 金属学与热处理[M]. 北京：北京大学出版社，2010.

[15] 陈惠芬. 金属学与热处理[M]. 北京：冶金工业出版社，2009.

[16] 刘天佑. 金属学与热处理[M]. 北京：冶金工业出版社，2009.